BAMBOO GUIDE BOOK
タケ・ササ総図典

Uchimura Etsuzo
内村 悦三

創森社

ハチク(京都市洛西竹林公園、6月)

タケ・ササに魅せられて〜序に代えて〜

　かねてより、公務から身を引くことを決めていた私は、退職後のある日、麗らかな小春日和の日差しを受けつつ何となく哀愁に満ちた、それでいて未だに完全燃焼しきれていないわが身に、その不甲斐なさを覚えつつ、未来よりもむしろタケやササとともに生きてきた人生を改めて振り返るという時間を持ち合わせることができた。

　私が幼年期から青年期までのほぼ30年近くを過ごしたのは、京都市内でも市電が通っている大通りに面していたところで、幅広い道路も1937年頃には完全舗装されていて都会らしい体裁が整っていたのを覚えている。当時は表通りに面した場所でもまだ所々に野菜畑や稲田が見られたものの、さすがにタケ林や樹林地といった自然系の景観は見当たらなかった。

　しかし、近くにあった大徳寺やいくつかの寺社にはこんもりと茂ったスギ林やタケ林があったので、腕白小僧たちはそこここの境内をいつも走り回って遊ぶことができたのだった。夏休みになると父親の郷里である滋賀県の湖西へよく連れて行ってもらい、美しく削られた扇骨が安曇川（あどがわ）の河原に並べられて乾燥されているのを見たものである。もちろん、近くにあった竹藪へ入り込み、タケを伐っては水鉄砲、竹馬、竹笛、竹製水筒などをつくって夏休みの宿題をこなした思い出も残っている。

＊

　その10年後、大学の卒業論文で「ササに含まれている貯蔵デンプンの動態」を取り上げたことがタケやササとつき合うきっかけになったといえる。卒業後はそのまま、大学の研究室に勤め始めたのがもとになって、結果的には半世紀余りもタケの研究や講演者として携わることになったのである。

　勤め先をいくつも望まれて替えることになったが、タケの研究だけがずっと続けられ

チゴザサ(新宿御苑、10月)

たのはタケに魅せられたからではなく、なぜか中途半端で止めたくなかったからに違いない。日本でタケの研究を片手間に実施してきた研究者は多いが、継続してきた人は意外と少ない。なぜなら、タケやササといっても生態、生理、病虫害、分類、育種、材質、加工……と専門分野がいくつも分科しているからである。タケそのものの利活用では日常生活に密着していたとはいえ、植物界や研究面ではマイナーな位置に置かれていたことにも一因はあるだろう。

もっとも、今日のようにあるテーマを選んで大形プロジェクトを組めば複数の研究者や専門家が集まって総合的な成果を早く得られるのであるが、当時は誰もが単独で研究することに意義があっただけに、私も例外なく一人で生態や生理に興味を持って調査していたのだった。

当初に完全燃焼できずに不甲斐なさを感じていると書いたのは、後年になってからタケをテーマにしているということで、まるでタケに関しては何でも知っていると思われて、いつの間にかデパートで売られている商品のように、一点集中的にタケのことなら何でも聞かれる立場になってしまったのである。

もっとも知識不足のところは文献や書物、写真などで知識を得るようにして補ったのである。当然ながら自分で体験し、調査していない事項に関しては常に自信につながることはなく、今も不安がまったくないわけではない。

＊

生態学といえば野外調査が多く、タケ林では初夏から晩秋までは汗と蚊との戦いがあるだけに辛い思いは十分に体験したが、それでも成果が出るとまた新たな挑戦を始めたくなるのだった。その後、熱帯林の修復やアグロフォレストリー(農耕林または混農林ともいい、同一の場所で、ある期間、農業と林業を行うシステム)の研究にも関わったが、フィリピンの林産研究所や在コスタリカの国際研究所では長期滞在して熱帯性タケ

オウゴンチク（竹笹園、9月）

林の研究を行うことができたのは、今もって楽しい思い出となっている。

　当初から私が研究目標に掲げてきたことは、親から引き継がれている農家の人たちのタケ林管理や作業がどれだけ科学的な裏づけに基づくものかどうかを検証することにあったので、その成果が出ると、この次はあれを取り上げようという意欲が湧くのだった。これがタケやササに魅せられてきた一面だといわれれば、そうなのかもしれない。

　もともと我々の身近なところで竹製品が数多く見受けられた時代は、どこのタケ林も美しく整備されていて青竹の隙間から遠方が見通せるほどであった。それだけに、タケ林を見ると気分が爽快になったものである。それが最近では、限られた林地だけが管理されていて人目を引くというありさまになってしまっている。タケ林所有者には積極的な介入をしていただき、ぜひとも責任があることの自覚を呼び起こしていただきたいと願うしだいである。

＊

　本書は、わが国に分布しているタケやササのなかから比較的なじみのある種を選び出し、それに熱帯地域の観光地でも見られる一般的な種類を取り上げて、野外で種名を判断できるように取りまとめたものである。私自身がタケの分類を専門に学んできたわけでもないだけに、それぞれの種の解説が生態的な視点に基づいて書かれているのは、いつも自分の関心がその部分にあったからだといわざるを得ない。いうならば野外でのフィールド対応型の手引書、カラー版ビジュアル図鑑、もしくは知識の修得に役立つガイドブックとして利用していただければ幸いである。

　なお、最後になるが、長い年数をかけての本書の発刊にあたり、タケ・ササ類が集植されている植物園、庭園、公園はもとより、取材・報告・写真の協力者、編集・撮影などの関係者の方々に記して謝意を表したい。

内村　悦三

タケ・ササに魅せられて〜序に代えて〜　1　　　凡例　8

第1部　温帯性タケ類の生態・特徴・用途　9

◆マダケ属　10

マダケ　12　　キンメイチク　16　　ギンメイチク　17　　カシロダケ　18　　シボチク　20
カタシボチク　21　　オウゴンチク　22　　ムツオレダケ　24　　コンシマダケ　26
オキナダケ　27　　タイワンマダケ　28　　モウソウチク　30　　キッコウチク　34
キンメイモウソウ　36　　ギンメイモウソウ　38　　オウゴンモウソウ　40　　クロチク　41
ウンモンチク　44　　メグロチク　46　　ハチク　48　　ヒメハチク　50
トサトラフダケ　51　　ゴマダケ　52　　サカサダケ　52　　ホテイチク　53
ギンメイホテイ　56　　オウゴンホテイ　57　　キンメイホテイ　58　　ウサンチク　58
インヨウチク　60

◆ナリヒラダケ属　61

ナリヒラダケ　62　　アオナリヒラ　64　　ビゼンナリヒラ　65　　クマナリヒラ　66
ニッコウナリヒラ　67　　ビロードナリヒラ　67　　リクチュウダケ　68　　ヤシャダケ　69
ヒメヤシャダケ　70　　キンメイヤシャダケ　71

◆トウチク属　72

トウチク　72　　スズコナリヒラ　75

◆シホウチク属　77

シホウチク　77

◆オカメザサ属　80

オカメザサ　80　　シマオカメザサ　82
シロフオカメザサ　82

ウンモンチク（千葉県花植木センター、1月）

第2部　温帯性ササ類の生態・特徴・用途　83

◆ササ属　84

●チシマザサ節――84
チシマザサ　85　　キンメイネマガリ　87　　シモフリネマガリ　87　　ナガバネマガリ　88
オクヤマザサ　88　　シャコタンチク　89

●ナンブスズ節――89
ナンブスズ　90　　ホソバノナンブスズ　90　　ツクバナンブスズ　91　　ゴテンバザサ　91

アリマコスズ　92　　　タキザワザサ　92
イッショウチザサ　93　　カガミナンブスズ　94
カシダザサ　95　　　　オモエザサ　95
ミカワザサ　96

●アマギザサ節──97
イブキザサ　97　　　　ミヤマクマザサ　98
トクガワザサ　99

●チマキザサ節──100
チマキザサ　100　　　オオザサ　102
シナノザサ　103　　　ヤヒコザサ　104
ミヤマザサ　105　　　クテガワザサ　106　　クマザサ　106　　オオバザサ　110
チュウゴクザサ　111　ヤネフキザサ　112　　キシマヤネフキザサ　113
タンナザサ　114　　　ヤリクマザサ　115　　ミナカミザサ　115

●ミヤコザサ節──116
ミヤコザサ　116　　　オヌカザサ　118　　　ウンゼンザサ　119　　ニッコウザサ　120
カツラギザサ　120

◆アズマザサ属　　　　　　　　　　121

アズマザサ　121　　　ヒロハアズマザサ　122　　スエコザサ　123　　トウゲダケ　124
ヒメシノ　124　　　　レイコシノ　126　　　ハコネシノ　127　　　シイヤザサ　128
シロシマシイヤ　129　キシマシイヤ　130　　クリオザサ　131

◆ヤダケ属　　　　　　　　　　　　132

ヤダケ　132　　　　　メンヤダケ　134　　　ラッキョウヤダケ　134
ヤクシマヤダケ　136　オオバヤダケ　137　　アケボノヤダケ　138

◆スズダケ属　　　　　　　　　　　139

スズダケ　139　　　　ハチジョウスズダケ　141　　ケスズ　142　　クマスズ　143

◆メダケ属　　　　　　　　　　　　144

●リュウキュウチク節──144
リュウキュウチク　144　　カンザンチク　146　　ラセッチク　147　　タイミンチク　148
●メダケ節──149
メダケ　149　　　　　ハガワリメダケ　151　　ハコネダケ　152　　ヨコハマダケ　153
●ネザサ節──154
アズマネザサ　154　　ネザサ　156　　　　　キンメイアズマネザサ　157
ギンタイアズマネザサ　157　ヒメシマダケ　158　　ゴキダケ　158　　オロシマチク　160
アケボノザサ　162　　チゴザサ　163　　　　カムロザサ　165　　ケネザサ　166　　ウエダザサ　166

◆カンチク属　　　　　　　　　　　167

カンチク　167　　　　チゴカンチク　169

カムロザサ（京都洛西竹林公園、6月）

第3部 熱帯性タケ類の生態・特徴・用途　171

[バンブーサ亜連]

◆バンブーサ属　172

ホウライチク　172　　スホウチク　174　　ホウショウチク　175　　ホウオウチク　176
ベニホウオウ　177　　コマチダケ　178　　タイサンチク　179　　リョクチク　180
シチク　181　　ダイフクチク　182

◆デンドロカラムス属　184

マチク　184

第4部 外国の熱帯性タケ類の生態・特徴・用途　185

世界の熱帯性タケ類　186

[アジア地域]

◆バンブーサ属　186

バンブーサ バンボス　186　　バンブーサ ブルメアナ　187
バンブーサ ツルダ　188　　バンブーサ ブルガリス　189

◆セファロスタキウム属　190

セファロスタキウム ペルグラシール　190

◆デンドロカラムス属　191

デンドロカラムス アスパー　191
デンドロカラムス ギガンチウス　192
デンドロカラムス ラティフロラス　192
デンドロカラムス ストリクタス　193

◆ギガントクロア属　194

ギガントクロア アプス　194

◆チルソスタキス属　195

チルソスタキス シアメンシス　195

◆メロカンナ属　196

メロカンナ バンブーソイデス　196

ショウコマチ（富士竹類植物園、10月）

もくじ

[中南米地域]

◆グアドゥア属　197
グアドゥア アングスティフォリア　198

◆チュスクエア属　199
チュスクエア メイエリアナ　199
チュスクエア ロンギフォリア　199

◆オタテア属　200

◆スワレノクロア属　200
スワレクロア サブテッセラータ　200

[アフリカ地域]

◆アルンディナリア属　201
アルンディナリア アルピナ　201

◆オキシテナンセラ属　202
オキシテナンセラ アビシニカ　202

◆オレオバンボス属　202
オレオバンボス ブフワルディ　202

ホウショウチク（富士竹類植物園、10月）

第5部　タケ・ササ類のフィールド知識　203

タケ・ササ類の分類と種類　204
タケの学名で見る主な命名者　209
タケノコの発生とタケの皮の役割　216
タケ・ササ類の栽培と管理　222
タケ・ササ類の代表的用途　232
京銘竹の種類と製品技術　241
タケ・ササ類の竹垣への利用　246
タケ・ササ類の学名と命名　206
タケ・ササ類の生態と生理　213
タケ・ササ類の分布と生育地　218
主な病虫害等の対策　228
タケ・ササ類の建築材への利用　238
タケ・ササ類の造園的利用法　243
竹炭・竹酢液の特徴と活用　249

タケ・ササ類の名称と解説　252
タケ・ササ類が集植されている主な植物園・庭園・公園など　255
タケ・ササ類の簡易検索表　262
主な参考資料　264

タケ・ササ名さくいん（五十音順、第4部・アルファベット順）　265

凡　例

◆本書には親しまれたり、有用だったりする国内外のタケ・ササを中心に240種ほど収録しています。

◆各種の解説には名称（属名）、学名、和名（漢字名　地方名）、分布、特徴、用途、メモ欄を設けています。文中の基準地、基準産地は、種の特徴を表すタケ・ササの生育、生態が確認されている場所です。なお、記載人物の敬称を略しています。

◆生態写真は樹形、林相、稈（かん）、芽溝（がこう）、枝、葉、皮、稈基、タケノコ、花、種子などを主に載せ、必要に応じて撮影地、撮影時期を説明しています。

◆生態写真などの主な撮影地は下記のとおりです。

　　千葉県花植木センター　　　蓼科笹類植物園
　　　（千葉県成田市）　　　　　（長野県茅野市）
　　竹笹園（千葉県大多喜町）　　有楽苑（愛知県犬山市）
　　新宿御苑（東京都新宿区）　　京都府立植物園
　　清澄庭園（東京都江東区）　　　（京都市左京区）
　　神代植物公園　　　　　　　　京都市洛西竹林公園
　　　（東京都調布市）　　　　　　（京都府西京区）
　　三溪園（神奈川県横浜市）　　松花堂庭園（京都府八幡市）
　　フラワーセンター大船植物園　高山竹林園（奈良県生駒市）
　　　（神奈川県鎌倉市）　　　　船岡竹林公園（鳥取県八頭町）
　　横浜市こども植物園　　　　　水俣竹林園（熊本県水俣市）
　　　（神奈川県横浜市）　　　　磯庭園（鹿児島市）
　　富士竹類植物園　　　　　　　かぐや姫の里ちくりん公園
　　　（静岡県長泉町）　　　　　　（鹿児島県さつま町）

スズコナリヒラ（フラワーセンター大船植物園、10月）

第1部

温帯性タケ類の生態・特徴・用途

キンメイチク(京都市洛西竹林公園、6月)

温帯性タケ類(単軸型)の基本的な特徴
1. 温帯性気候の地域に生育分布する。特に降水量が生育要因となる。
2. 地下茎が長く伸長し(単軸分枝)、稈は散稈状に生育する。
3. 稈鞘(タケの皮)が成長の終了とともに早期に離脱、脱落する。
4. 稈はオカメザサ属を除いて大形、もしくは中形である。
5. 葉脈は網目状。
6. 染色体数は 2n=48、4倍体。

マダケ属 Genus *Phyllostachys*

　本属の種は日本、中国、東アジアの温帯地域に分布しているが、温帯地域に該当する気象条件を有する亜熱帯や熱帯地域の高地では過去の移民者が栽培するために導入した温帯性タケ類が、その後、各地で順化して栽培されつつ拡大していった結果、今日まで持続的に生育し続けている場所が何か所も存在している。

　例えば台湾の嘉義県阿里山周辺やブラジルのサンパウロ州とその周辺各地などでは標高1000m前後の場所で立派なモウソウチク林やマダケ林が育っている様子を目にすることができる。

　また、フランス南部（北緯43度）マルセイユに近いアンデューセにはモウソウチク林やマダケ林の見られる私設タケ園がある他、小規模ではあるが各国の植物園やアメリカの日本庭園などでも生育環境の整ったところでは植栽されているマダケ属のみならず、その他の温帯性タケ林を見ることができる。

　マダケ属のタケ類はいずれも地中を走行する長い地下茎を持っていて、地下茎にある各節についている芽がランダムに発芽することで、地上部で見られる稈は分散して生育するために散稈型、あるいは単軸型のタケ類と呼ばれている。また、地下茎の分枝は主として先端部がそのまま伸びる単軸分枝を行う。染色体数はいずれも $2n=48$ の4倍体である。

　稈は一般に大形のものが多く、稈の節からは大小2本に分かれた枝をつけている。葉はほとんどの種で披針状長楕円形となっており、多くの平行脈に細い網状脈（横小脈）が直交して格子目状の脈理を形成しているが、肉眼では主脈と平行した側脈のみが見える。ほとんどの種では肩毛を発達させているものの本数や生えている角度の他に長さなどが異なっていることから同定に利用されることもある。

　また、稈や枝の稈鞘（タケの皮＝タケノコの皮のこと）は成長を終えると同時か早期に脱落する。節輪（成長帯）は種によって異なるが、多くは2輪状で下側が明瞭な線状なのに比べて上側は膨出している。高さや形状などはそれぞれ種によって異なっている。本属の種ではその多くの材は堅く、表面が緻密なために美しく、割り竹でなく丸竹としての利用も多く見られる。タケノコは春季に発生する。

　なお、本属や以下に述べる各属の解説中、花に関する情報を省略したのはタケやササの開花が他の植物のように頻繁に見られないこと、開花予測ができにくいこと、種ごとの花に関するデータの集積がなく、また、種による相違もあり得ることなどを考慮してあえて記載することを避けた。

　本属には品種や変種が多く、日本には7種と24品種・変種があり、世界中では30種が知られている。なかでも中国には種や品種の大部分が分布している。

　主な種の検索方法を以下で述べておく。

〈節の隆起線が1本で肩毛の発達は必ずしもよくない〉
- 稈の先端が曲がる。枝には小さな葉が多い。（大形種）……………モウソウチク
- 稈の下方部が亀の甲のように変形する。（大形種）……………キッコウチク
- 黄金色の稈に緑色の縦の条線が入る。（大形種）……………キンメイモウソウ
- 緑色の稈に黄色の縦の条線が入る。（大形種）……………ギンメイモウソウ

〈節の隆起線が2本で、肩毛の発達は顕著である。タケの皮に黒褐色の斑点がある〉
- 稈の下方部に寄り節があって奇形に見える。（中形種）……………ホテイチク
- 稈の下方部は正常で葉舌が長い。タケの皮の斑点が大きくて濃い。葉舌の先が割れる。（大形種）……………タイワンマダケ
- 葉はモウソウチクよりも大きく、稈の先端が直立する。（大形種）……………マダケ

モウソウチクとマダケの違い

モウソウチクは稈の先端がゆらりと曲がり、枝に多くの小さな葉がつく（1月）

モウソウチクの稈の節は1輪状

マダケの稈の節は、すべて2輪状

マダケは稈の先端が直立し、葉はモウソウチクよりも大きい

キッコウチク

稈の下方部の節間が交互に亀の甲のようにふくらむ（10月）

ホテイチク

稈の下方部の節間が狭くなったり、ふくらんだりしている（7月）

クロチク

稈は初め緑色だが、2年目から黒斑が現れ、黒褐色や紫黒色になる（10月）

- 稈の芽溝部が緑色で、その他の表皮は黄色。（大形種）……………キンメイチク
- 稈の芽溝部が黄色で、その他の表皮は緑色。（大形種）……………ギンメイチク
- 稈は2年目から黒褐色になる。葉は小さく披針形。（小形種）……………クロチク
- 稈の表面に皺ができる。（中形種）……………シボチク
- 稈の節部がジグザグになる。（中形種）……………ムツオレタケ

〈タケの皮に黒い斑点はない〉

- 稈全体が蠟質物質に薄く覆われていて白く見える。葉の形状はマダケ並みで、上輪は丸くて低い。（大形種）……………ハチク

マダケ（マダケ属）

学名：*Phyllostachys bambusoides* Sieb. et Zucc.

和名：（漢字名　地方名）真竹、剛竹、苦竹　カラタケ、カラダケ、ニガタケ、オトコダケ、オダケ、カワダケ、ホンダケなど

分布：主要な分布地域は日本、および中国中部の温帯地域で、日本ではモウソウチクの北限よりも緯度にして2度程度北部側まで自生することができる。

中国では長江以南で生育している。熱帯地域内では標高1000m余りの高地で植栽されている。ブラジルではサンパウロ郊外やさらに南のサンタカタリナなど、台湾では中部の山麓などで栽培されている。特別な例として南フランスのアンデューセには広いマダケ林が造成されていて視察することができる。

特徴：稈は通直で稈長15～20m、胸高直径は5～12cmで、稈の先端部は直立する。節間長は直径の割に長く、稈は完満（上下節間の太さの差が少ない）である。節は2輪状で下側が鋭く飛び出しているのに対して上側は少し緩やかに膨出している。稈長の中央部辺りの各節から上部には大小2本の枝を分枝している。

枝先についている数枚の葉の裏面は表面よりもいくぶん淡緑色で毛があり披針形となっている。洋紙質である。形状はモウソウチクよりも大きく、葉長10～12cm、幅2～2.5cmで葉長は幅の5倍程度になる。

稈全体の葉数は数千枚から2万枚ほど着生しており、モウソウチク林に比べて林内が明るく、葉の重なり具合がまばらである。枝の第1節間には空洞があり、モウソウチクやハチクには空洞がないところが違っているのも特徴の一つである。肩毛は黒褐色で枝に対して直角についている。

用途：稈は柔細胞に対して多くの維管束があるために縦割りしやすく、縦方向に対する伸縮がないこと、弾力性と屈曲性が大きいこ

節間の長さは30～40cm。上下節間の太さの差が少ない（8月）

葉の重なり具合はモウソウチクに比べ、まばらである（8月）

となどから割り竹にして編み、竹細工品として加工しやすいだけでなく、耐久性のある工芸品に加工することができる。また、日用雑貨品、家具、建築の内装材などとして広範囲の竹製品をつくり出せるという便利な素材として、広い分野で利用されている。稈鞘には暗紫褐色の斑点があり無毛で薄いことから生食品の包装に使われる。

メモ：開花後の結実種子は種子が充実していなくて発芽しない粃（しいな）が多く、たと

稈は通直で稈長15～20cmにもなる大形種のタケ(松花堂庭園、6月)

通常、太さの違う枝が2本出る。第1節間には空洞がある(6月)

葉長10～12cm。葉は肩毛が発達して放射状に開出(6月)

節は2輪状。下側が鋭く、上側が緩く膨出している(10月)

え充実種子であっても、実際に発芽できるものは5％程度に過ぎない。そして5℃の低温貯蔵を行っても約1か月で発芽能力を失うので、実生苗をつくるには結実後ただちに蒔く取り蒔きを行うのが好ましい。

タケノコは春季に発生し、苦味やあくが強いので生鮮食品として食することはほとんどなかったが、いったん大きく成長させて先端部にタケの皮がついている部分を切り取って、穂先タケノコとして食用に供すれば、苦味やえぐ味が軽減されているので生鮮食品とすることができる。

また、タケの皮は表面に毛がなく、やや紙質で、乾燥している皮でも折り曲げることができ、折れたり割れたりすることが少ないことや通気性、抗菌性なども備わっているので、羊羹、食肉、鯖寿司、ささ団子などの食品の包装用として昔から利用されている。

中国では、マダケの細い稈が好まれて利用される傾向がある。

稈の先端部は直立している（10月）

マダケの開花には、一斉開花と部分開花がある

小穂は苞に包まれ、小花には雄しべが3個

マダケの種子。不稔性が強く、発芽率が5％程度と低い

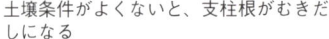
土壌条件がよくないと、支柱根がむきだしになる

タケノコは春季に発生。稈鞘は無毛で黒斑がある

タケの皮がいちばん最後まで残るのは稈基部分

よく手入れされたマダケ林（京都市・大覚寺、2月）

1年目の稈は鮮やかな緑色。老齢竹（中央）は間引きの対象になる（9月）

盛り皿はマダケによる加工品

マダケを材料として編んだ腰籠

間引き後の切り口の状態

マダケを配した園路（京都市洛西竹林公園、10月）

15

キンメイチク（マダケ属）

学名：*Phyllostachys bambusoides* var. *castillonis* (Marliac ex Carr.) Makino

和名：（漢字名　地方名）金明竹、金竹シマダケ、ヒヨンチク、アオバチク、カタスジチク、キンギンチク、ベッコウチク

分布：関東地方以西の各地で植栽用として栽培している。群馬県渋川市の森八幡宮境内に生育しているキンメイチクは、国指定天然記念物となっている。

特徴：マダケの変種で、稈長8〜10m、胸高直径6〜8cmでマダケよりも細い。芽溝部（芽がついているところが溝状に窪んでいる部分）は緑色を保っているが、その他の稈や枝の表皮部分は黄金色である。

用途：主として造園用として植栽する。伐採した稈は、数年後には黄金色や緑色の色彩が薄くぼやけてしまうために観賞価値は短く、また、加工には必ずしも適した材料とはいえない。

メモ：庭園に植栽しているタケでも4〜5年もすれば黄金色や緑色が退化してくるので、常に手入れして新竹を発生させ、更新しておくことが必要である。タケノコは春季に発生する。

マダケに比べると稈はいくぶん細い（7月）

節の上部から枝が2本出る。芽溝部が緑色（9月）

キンメイチクの展示植栽（富士竹類植物園、7月）

春季に発生したタケノコ

葉は緑色だが白条斑の入ったものも所々に現れる（9月）

ギンメイチク（マダケ属）

学名：*Phyllostachys bambusoides* var. *castilloni-inversa* Houz de Leh.

和名：（漢字名　地方名）銀名竹　キンスジタケ（鹿児島県）

分布：大阪府能勢町に栽培地があるほか、関東以西で小規模の栽培地が点在している。

特徴：マダケの変種で、キンメイチクとほぼ同一の形態である。しかし、キンメイチクとは逆に芽溝部が黄金色で、その他の稈の表面は緑色となっている。

用途：ほとんどは造園用に用いる。

メモ：タケ類では稈の大部分が黄色いものを黄金色に例えてキンメイと名づけ、反対に緑色が稈の大部分を占めるものを銀色に見立ててギンメイと名づけている。こうしたタケは他にもモウソウチク、ハチクやホテイチクにも存在する。タケノコは春季に発生する。

キンメイチクとは逆に芽溝部が黄金色になる（9月）

節の上部から太さの違う枝が2本出ている（9月）

葉はマダケと同じく緑色

ギンメイチクの展示植栽（6月）

節間の芽溝部が黄金色（9月）

主に造園用に植栽される（9月）

カシロダケ（マダケ属）

学名：*Phyllostachys bambusoides* f. *kasirodake* Makino

和名：(漢字名　地方名) 皮白竹　シラタケ、シロダケ、シロタケ、ホシナシダケ（鹿児島県）、シロカワタケ、ハクチク

分布：かつて、福岡県南部辺りで多く栽培していた。

特徴：節は下側が鋭角で上側は丸く、やや鋭角に膨出している。材質部はやや厚い。稈そのものはマダケとは大差ない。

用途：稈鞘は斑点が薄く、まれに斑点のないものもあり、繊維質で丈夫なために加工しやすく、馬連、草履表などのタケの皮細工に利用される。稈もまた、丈夫なことから養殖牡蠣の筏（いかだ）、養殖海苔の支柱として利用できるが、生産量が少ないために一部で使われている程度である。

メモ：タケの皮はマダケ以上に上質で柔らかく弾力性があるが、生産量がきわめて少ないのが惜しまれる。福岡県産のタケの皮は江戸の南部屋敷で草履表として使われて以来、有名になった。本品種はマダケの実生苗から発生しやすい。

なお、タケノコは春季に発生する。

カシロダケの展示植栽（京都市洛西竹林公園、9月）

節は上側が丸く、下側が鋭く膨出している（京都市洛西竹林公園、9月）

葉の重なり具合がまばらである（9月）

節の上部から太さの違う枝が2本出ている（9月）

美しい稈なので観賞用としても好まれる（9月）

稈は節高ではあるがマダケに似ている（9月）

梢端部はいくぶん曲がる

タケノコは春季に発生

タケの皮は柔らかく弾力性がある（9月）

シボチク（マダケ属）

学名：*Phyllostachys bambusoides* var. *marliacea* Makino

和名：（漢字名　地方名）　皺竹　シワダケ、シワタケ、シロチク、ヤマダケ

分布：兵庫県たつの市周辺で栽培地がある。

特徴：マダケの変種で稈は緑色、地際から上方部に向かって各節間の表面に縦皺状の細い溝がいくつもランダムに入っている。皺の深いところは、浅い部分よりも木質部分が厚く堅くなっていて、その空洞部分は狭くなっている。形状は、マダケの細い稈と同等程度と見なせる太さである。地下茎でも縦皺が見られる。

用途：縦皺が特徴的なので花器、和室や茶室の床の間の柱などとして優雅さを表すために装飾用として利用することができる。

メモ：稈の表面が、ざらついているように感じられる種である。節間部分の皺が交互に見られるものをカタシボチクという。

稈の表面全体に縦方向の皺が入る（6月）

このような皺は本種とカタシボチクの特徴

皺（シワ）といわずシボという

葉はマダケと同様の形状を示す

稈基に残るタケの皮

発生初期のタケノコ

カタシボチク(マダケ属)

学名：*Phyllostachys bambusoides* f. *katashibo* Muroi
和名：(漢字名　地方名) 片皺竹
分布：兵庫県たつの市（国指定天然記念物）。

特徴：芽溝部は少し平滑であるが、その裏側に相当する部分に縦縞が部分的に存在するのが特徴的である。稈長は8m程度でマダケよりも短く、節は高く、皺のある部分は必ずしも維管束が均等に分布しているとはいいがたい。

用途：稈は硬くて割りにくいため、丸竹のままで一輪挿し用の花器や室内の化粧飾り用柱として使うこともある。

メモ：節間の片面のみに皺があるために、この名がついたとされている。生育地は流紋岩の岩盤上という、表土の浅い実竹と混生している場所となっている。

マダケの品種で芽溝部の裏側面などに皺が現れない（10月）

維管束の異常発育によると考えられている

葉の形態はマダケに似ている

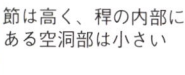
節は高く、稈の内部にある空洞部は小さい

樹形は中形である

オウゴンチク（マダケ属）

学名：*Phyllostachys bambusoides* var. *holochrysa* Pfitzer ex Houz. de Leh,

和名：（漢字名　地方名）黄金竹　キンチク（金竹）

分布：各地で造園者が栽培している。

特徴：マダケの変種で稈長5〜8m、胸高直径5cm程度になる。稈や枝の全体が黄金色で、所々に緑色の条斑が現れ、葉にも白い筋が入っていることがある。

用途：稈に弾力性がなく、折れやすいことから細工用の原材料となりにくいので、もっぱら造園用として使われる。

メモ：名前は黄金であるが、年が経過すれば変色して輝きが失われることから、必ずしも貴重さが感じられない。

稈が美しく見えるのは、発生後の1〜2年の秋から冬にかけてである。マダケの開花後の実生苗で時折、出現することがある。密植して稈を直射日光に当てないことが美しさを保つコツといえよう。

稈や枝全体が黄金色で、主に小面積の庭園で植栽される（9月）

節はやや高く尖っている

黄金色の稈に、まれに細い緑色の縦線が入ることもある（6月）

黄金色の稈を楽しむには3年生が限度

枝垣越しにオウゴンチクの庭が見える（竹笹園、9月）

南面や夕日の当たる西斜面の林では黄金色が早く退色する

緑色の葉脈に沿って白い条線が数本入ることもある

5年を過ぎると稈に艶がなくなる

放置状態の林地ではオウゴンチクの良さが見えない（6月）

ムツオレダケ（マダケ属）

名は体を表すというが、まさに体から名がつけられたマダケの品種である

稈はマダケよりも細く稈長も短い（9月）

葉は通常の披針形であるが細長い

細かに割りにくいために丸竹のまま円形窓の装飾材として使う

学名：*Phyllostachys bambusoides* f. *geniculata* (Nakai) Muroi
　和名：（漢字名　地方名）六折竹
　分布：兵庫県丹波市加古川上流などの河川敷、四国、日本海側の山陰地方などで見ることがある。
　特徴：マダケの1品種で、地際からの節間が交互に折れ曲がったかのようにジグザグになったタケで、上方部では通常のマダケに戻るような傾向を持っている。稈の形状は細いマダケの形態に類似している。
　用途：ほとんど利用されることはないが、まれに室内で装飾的な扱い方で用いられることがある。
　メモ：生育のよいものほど高い位置まで、ジグザグ傾向をはっきりと認めることができる。タケ本来の通直性がないため、利用価値が低い。しかし、風流を好む茶人にとっては室内に風雅さを感じさせるため、茶室の内装に用いることがある。

タケは通直な植物といわれるが本種のように節ごとに屈曲する例もある(10月)

葉は常に少し萎れたような形状を示している

外部形態を見る限りでは、かならずしも美的ではない

本種のほとんどが稈の下方部で強く曲がり、上部ではあまり曲がらない

コンシマダケ(マダケ属)

学名：*Phyllostachys bambusoides* f. *subvariegata* Makino ex Tsuboi
和名：(漢字名　地方名) 紺縞竹
分布：栽培種として生育している。
特徴：稈長4〜7m、胸高直径4〜6cmになるマダケの品種である。葉に特徴があり、緑葉のなかにさらに濃い緑の縦筋（条）が入る。稈にも緑色の条斑が見られる。
用途：マダケ類のなかでも木質部が厚く、稈の表面に艶があることから茶道具や工芸品の材料となる。
メモ：葉や稈の条斑は必ずしも濃緑色だけとは限らず、濃い白条のこともあるので庭園植栽を楽しむ人もいる。マダケの開花後の実生苗のなかに出現することがある。稀少種といえよう。

見本林として植栽されている本種(手前のやや大きめのタケ、9月)

稈から分枝している丈夫な枝

緑色の稈により濃い緑色の縦縞のあるのが確認できる

葉にも緑色の縦条がついている

オキナダケ(マダケ属)

展示植栽林(10月)

稈に薄い緑色の縦条が数本入る

学名：*Phyllostachys bambusoides* f. *albo-variegata* (Makino) Muroi
　和名：(漢字名　地方名) 翁竹
　分布：栽培種。
　特徴：マダケの稈の表面に幾筋かの白い縦条が入る品種で、葉にも同様の白い縦条が数本主脈に平行して見られる。この場合の条は、葉によって太い場合や細い場合などまちまちである。
　用途：庭園に植栽して観賞用に供されている。
　メモ：栽培種であるために、自然分布としては見られない。キンメイチクの開花後、再生してくる際にまれに見出すことがある。日光の当たるところでは白条が多くなるものの、後発の葉では白条が少ないといわれるが、科学的な根拠はない。
　マダケの開花後に実生苗として育てたもののなかに出現することがある。これも稀少種である。

葉にもやや白い条斑が認められる

少し退色した5年生のタケ

条が目立たないので栽培されることも少ない(10月)

タイワンマダケ（マダケ属）

節の２輪が均整である

枝はまばらで枝先の葉も少ない

葉はやや長く垂れ具合が美しいので庭園に植栽する

稈はマダケとハチクの中間型で節は低く均整がとれていて美しい（６月）

学名：*Phyllostachys makinoi* Hayata

和名：（漢字名　地方名）台湾真竹　ケイチク（桂竹）、タイワンケイチク

分布：台湾、中国。日本へは1913年に導入された。

特徴：稈長12〜18m、胸高直径7〜9cm。節には２列状の節があり、初年度は稈の表面が蠟質の白みを帯びているように見える。日本のマダケに似ていることも多く、枝は各節より２本出し、稈鞘の表面は平滑で、やや淡く小さな黒褐色の斑点が見られる。ただ、枝の第１節間には小さな空洞がない点がマダケと異なっている。

葉の表面は無毛であるが、裏面には短毛が密生している。形状は基部が丸く、先端が鋭く尖り、卵状披針形で紙質となっている。葉脈は格子目状を示し、葉長9〜11cm、幅13〜18mmの形状を示している。葉舌（小舌）は、数mmで先が割れているのも特徴の一つである。葉耳は、ほとんど発達しないといってよい。ホテイチク、ハチクなどと混植すれば本種が優占する。耐寒性がある。

用途：竹材は割りやすく、曲げると元に戻りにくいことを利用して細工物や熊手などにして使っている。タケノコを食用とすることも多い。繊維が長く、工芸品の材料として適し、節がマダケよりも低いために原産地では好んで利用される。

メモ：本種を鹿児島県で栽培している。繁殖力が強く、ホテイチク、ハチク、ウンモンチクなどとの混植地では、これらのタケを駆逐してしまい、タイワンマダケの純林となる。タケノコは初夏に発生する。

第 1 部　温帯性タケ類の生態・特徴・用途

稈の表面は淡緑色

マダケよりもやや細いタケノコを発生する

タケの皮はマダケよりも黒斑が少ないが色は濃い

◆キンジョウギョクチク

中国原産の栽培種。黄色の稈で芽溝部が緑色となっている（富士竹類植物園）

◆タテジマキョウチク

中国原産の栽培種。緑色の稈に黄色の縦皺や縦条が見られる（富士竹類植物園）

◆オウソウチク

中国原産の栽培種。稈長 5m 程度で芽溝部がやや薄い緑色となる（富士竹類植物園）

◆ハクホケイチク

中国原産のマダケ属の栽培種（富士竹類植物園）

◆ハッキョウチク

中国原産の栽培種。稈の下方部でいくぶん曲がる（富士竹類植物園）

モウソウチク（マダケ属）

学名：*Phyllostachys pubescens* Mazel ex Houz.

和名：（漢字名　地方名）孟宗竹、江南竹、毛竹　カラ、カラタケ、カラダケ、カラモソ、モウソウ、ワセダケ

分布：北は青森県の南部と岩手県の北部一帯から本州、四国、九州を南下して南は鹿児島県に至るまでの日本各地の低地帯に生育している。今世紀に入ってからは栽培林が減少しているにもかかわらず、拡大林や手入れされていない林地が各地に急増している。

特徴：日本国内では最大のタケで、稈の先端部が湾曲して垂れかけたように見える。稈長は20m前後に達し、平均胸高直径は12cm程度になる。稈の節部は1輪で、鋭く突出していて、その下側には白いワックス状の物質が付着しているが、年とともに汚れて消滅していく。枝は稈の中央部よりやや下辺りから2本出す。

枝の第1節間に空洞がなく、枝の節も明瞭な1輪となっている。年が経過するにつれて分枝して側枝を増やし、各先端部に数枚の小形で披針形をした葉をつける。1本のタケについている葉数は2万～5万枚に達する。このため、モウソウチクの過密林分内では日光の透過が妨げられて、陽樹の低木類が光合成不足による障害を受けて枯死することがある。

稈鞘は厚く、表面には黒褐色の斑点があり、表面に剛毛がある。乾燥すれば割れやすく利用価値はほとんどない。

用途：タケノコは大きく、しかも柔らかくてうま味があるためにカロリー値の低い繊維食品として生鮮食品のみならず、塩漬けや水煮としても重宝されている。

モウソウチクは材質部分がタケ類のなかでは厚いために木材の代替え素材として利用されるが、稈の中央部に空洞があることと直径は太いものの利用方法しだいでは使い勝手が悪かったが、最近では集成材として加工する

わが国の放任林で拡大し続けるモウソウチクは先端部が葉の重みで曲がっている（8月）

モウソウチクの節は1輪状。発生後間もない稈には白い蝋質物質が目立つ（左写真）が数年後には消える（右写真）

ことにより、建材として柱材や床板材にも利用しやすくなっている。

また、軽量で縦割りしやすく曲げやすいものの、タケのなかでは材質が粗雑であるために、緻密な細工品には利用されにくく、以前から花器、容器類、農産物や果実の採取籠などとして利用されている。最近では竹炭、竹酢液、竹粉利用の他に炭素繊維の素材として多様な利用法が開発されている。

メモ：本種は栽培目的によって栽培管理方法が異なり、稈材採取の場合はごく粗放的管理法がとられる。すなわち、春季の新竹発生

稈の色でタケの年齢を判断することができる。若いタケは稈の緑色が鮮明でも年を経るにしたがって黄化（9月）

タケは成長停止とともにタケの皮を離脱するが、稈基の数葉の皮は1年間付着する

モウソウチクの開花。白く垂れ下がっているのは雄しべ

モウソウチクの種子

低発芽率の種子から得られた実生苗（発芽1か月後）

後に枯損竹や過密になった不良竹を伐採整理し、秋季になれば販売用のタケを伐採して基本的な残存本数を6000～7000本/ha（平均的な稈の胸高直径が10cm以下であれば残存本数を多く、同様に10cm以上であれば少なくする）にすること、さらに施肥は土壌の養分不足が認められない限り多用しないことなどで省力管理作業とする。

これに対してタケノコ採取林の場合は、春季のタケノコの発生前にタケノコの発生がわかりやすいように地表面に散在している不用物を整理することと、発生後は施肥、夏季の除草、秋季の整理伐と施肥を行い、11月になると敷き藁、12月にはその上に客土（土入れ）を行うなど集約的な栽培管理を行う必要がある。場合によってはタケノコが成長を終えた頃に、稈の中部から先端部を切除する先止め作業を行う地域もある。この作業の効果は、春先に土壌の地表面の温度を早く高めることで早期収穫を期待できることと、切除することで葉緑素の多い葉を多く再生できることにある。タケノコの発生は早春である。

モウソウチクのタケノコ畑の林地は疎植にして管理する（6月）

管理されたモウソウチク林の美は観光客の評判を呼んでいる（京都府向日市）

モウソウチク発祥の碑（京都府長岡京市）

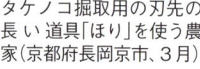

タケノコ掘取用の刃先の長い道具「ほり」を使う農家（京都府長岡京市、3月）

京都西山産のタケノコは早朝に掘るのが鉄則

鹿児島県では多くの良質なモウソウチクが各地で生産されている（鹿児島県薩摩川内市入来町、10月）

太い大きなタケの伐採には地際より水平に伐る（9月）

帰化竹のなかでも江南竹と呼ばれて古くから著名な庭園（磯庭園、10月）

江南竹林の石碑（磯庭園）

モウソウチクの枝を使った竹穂垣（京都府向日市）

キッコウチク（マダケ属）

学名：*Phyllostachys pubescens* var. *heterocycla* Houz. de Leh

和名：（漢字名　地方名）亀甲竹、人面竹ヘンチク、カメチク（広島県）、チンチクダケ、ジンメンチク

分布：わが国では北緯40度の秋田県や岩手県南部から以南の本州や四国、九州で栽培されているモウソウチク林内で発生することがある。人為的に生産することは不可能である。

特徴：モウソウチクの突然変異によって現れる種で、本来なら水平に稈を取り巻いている節が芽子をつけていない反対側の節を持ち上げ、さらにその上側にある芽子をつけた節が下降して相接した様子を繰り返す。このため、それぞれの節間が膨れた亀の甲のように見えることから亀甲竹（キッコウチク）と名づけられたと考えられる。

こうした異形が起こるのは地上約3mまでであり、その部分より上方は急に細くなって正常なモウソウチクと同様の形態を示すことになる。したがって稈長10m以下となっている個体が多く見られる。亀甲状部分の平均直径は、近接のモウソウチクの太さとほぼ同じか多少太い程度といえる。

用途：通常、発生後1年を経過した段階で伐採されると、油抜きと乾燥を行って荷重のかからない飾り床柱として利用する。花器や飾り物として加工することもある。また、日本庭園に植栽して庭全体の景観づくりに利用されることが多い。

メモ：キッコウチクに似たブツメンチクは外部形態において、前者と稈の曲がり具合や節部の膨出具合が多少異なっているといわれている。しかし、両者の電気泳動によるザイモグラフィーのパターンはまったく同一であり、遺伝的な違いは検出されていないことから、おそらく環境変異によるものと思われる。

モウソウチクの下方部の節が亀の甲状になっている突然変異体

稈の下方部2m余りだけが亀甲となり、それ以上の節間は正常で細くなる（5月）

モウソウチクの突然変異だけに、時折亀甲状とならない個体が発生することもある（6月）

亀甲状のクローズアップと枝の発芽

亀甲状のクローズアップと分枝の様子

葉の形状はモウソウチクと同じ

キッコウチクの稈基についているタケの皮

◆ブツメンチク

キッコウチクの小庭園（松花堂庭園、6月）

遺伝的にはキッコウチクと同一である

キンメイモウソウ（マダケ属）

モウソウチクの稈や枝が黄金色になっているが部分的に緑の縦条がある（6月）

緑色の条斑は芽溝部で太く、規則的に現れる

本種の芽溝部は、稈の下方部では浅いか平坦になっている

学名：*Phyllostachys pubescens* var. *nabeshimana* (Munro) S. Suzuki
和名：（漢字名　地方名）金明孟宗
分布：各地のモウソウチク林で突然変異によって発生したため、天然記念物として指定されているところが各地にある。例えば高知県日高村（県指定）、大分県臼杵市（県指定）など。現在では、株分けによって植栽された林地を各地で見ることができる。
特徴：モウソウチクの変種で、表皮が黄色の稈にそれぞれ幅の違った緑色の縦線が節間ごとにランダムに入っている。本来は芽溝部が緑色で残っているものと思われるが、その部分がマダケのように深くなくて不明瞭になっている。稈長8～18m、胸高直径10cm前後でモウソウチク同様のタケが多い。
用途：造園用に植栽される他、イベント用に植えつけられることがあるが、色のコントラストが明らかなのは数年間だけである。
メモ：もともと稈は3層からなる多層構造組織から構成されていて、第1層は黄色易変性遺伝子が含まれ、第2層と第3層には緑色易変性遺伝子が含まれているといわれる。そして分枝部では第1層が薄くなっていて第2層と第3層が露出するが第1層の一部が残るため、淡い緑色になると報告されている。この易変性遺伝子は上方部に向かうにつれて緑色になり、葉はほとんど緑色で、まれに白色の縦縞として残るという（笠原他）。
　タケノコの発生は早春である。

繁殖が旺盛なキンメイモウソウ林

葉の形状はモウソウチクと同じ

枝にも明瞭な緑色の条斑がある

根元のタケの皮

園路を設けたキンメイモウソウ林(京都市洛西竹林公園、6月)

ギンメイモウソウ（マダケ属）

学名：*Phyllostachys pubescens* f. *gimmei* Muroi et Kasahara

和名：（漢字名　地方名）銀明孟宗

分布：モウソウチク林内で突然変異して現れた品種であるが、キンメイモウソウよりも出現頻度は低い。各地で栽培されている。

特徴：モウソウチクの芽溝部に黄色の縦条が現れている以外の表皮部は通常のモウソウチクと同様の緑色で、キンメイモウソウとは配色が逆転している。葉は緑色である。

用途：栽培種は、いずれも造園材料として植栽用に用いている。

メモ：変異体としてタテジマモウソウ（*Phyllostachys heterocycla* f. *nabeshimana* Muroi）、オウゴンモウソウ（*Phyllostachys heterocycla* f. *holochrysa* Muroi et Kasahara）、さらにアケボノモウソウがモウソウチクの実生林から発生することがある。

本品種は突然変異によって生じるものだけに、偶然に見つけた人が栽培している。そのため、生育地として特定できる場所はない。

タケノコはモウソウチクと同じく早春に発生する。

稈全体を緑色が覆うが芽溝部が黄金色となる（10月）

芽溝部は、全面黄金色や間に緑条が入っていることもある

鮮やかなコントラストを示す新竹

新竹の根元に残るタケの皮

植栽数年後の細いタケ（中央左）

ギンメイモウソウの色彩はキンメイモウソウと反転する（11月）

◆タテジマモウソウ

条斑の色の多少によってキンメイモウソウともいう

ギンメイモウソウに無数の黄金条が入ったもの（1月）

◆アケボノモウソウ

稈の表皮部が薄い緑色から曙色と見立てる

アケボノモウソウ林（富士竹類植物園、10月）

オウゴンモウソウ（マダケ属）

学名：*Phyllostachys heterocycla* f. *holochrysa* Muroi et Kasahara
和名：（漢字名　地方名）黄金孟宗
分布：モウソウチクの変異体として出現したものを栽培により増殖したもので、富士竹類植物園などに展示用の栽培林があるが一般の林としては見られない。
特徴：モウソウチクの品種で稈全体が黄色に変わったもの。まれに稈にわずかに条斑が現れることがある。葉は緑色であるが、まれに黄色の条が入ることがある。
用途：造園用として利用することは可能であるが、発生後数年で退色することもあり、市販されていない。
メモ：モウソウチクの実生苗から育ったタケからは、数多くの変異体が発生する。タケノコの発生は早春である。

稈の表面全体が黄金色になる。ただし、まれに細い縦条が入ることもある

通常、葉は緑色であるが、まれに黄色の条斑が葉脈に入る

芽溝部に薄い緑色が残っていることがある

オウゴンモウソウの生育展示林（富士竹類植物園、10月）

クロチク（マダケ属）

展示植栽されているクロチク林（京都府立植物園、11月）

光沢のある黒い稈を見せるクロチク（牧野植物園）

学名：*Phyllostachys nigra* Munro
和名：（漢字名　地方名）黒竹・烏竹、紫竹　クロダケ、ゴマダケ、ニタグロチク、サビダケ
分布：耐寒性が強く、青森県中部以南や標高200m程度の寒風にさらされない傾斜地に生育する。広く栽培されているのは和歌山県日高町や印南町、高知県中土佐町などで、他に山口県、京都府などでも栽培されている。
特徴：稈は中形の小といったところで、稈長3〜5m、胸高直径2〜3cmとなる。節は2輪で上側の節輪が稈鞘輪よりも出張っている。発生初年度の稈は緑色であるが、翌年以降は年とともに黒紫色の斑点からしだいに黒く変わり3年目には稈全体が黒くなる。細いほど早期に黒く変色する傾向が見られ、太いものよりも黒くなる傾向がある。

葉は長さ5〜11cm、幅6〜16mmの披針形で、表面は緑色、裏面は少し白色を帯び、無毛である。通常、根元直径が15〜16mmでは1ha当たり3万〜5万本という高密度で栽培されるが、根元直径が30mm程度だと1ha当たり1万5000本程度に減らす。クロチクは商品価値寿命が通常2年と短く、3年生では稈の光沢が低下するか枯れ始めるものも出てくるので伐採は早く行われる。

用途：和室の窓飾り用桟、掛け軸、筆軸、叩きの柄、日よけに用いる。また、主庭や前庭、坪庭へ植栽したり、間仕切りとして列植したり、鉢植えで楽しんだりして多彩に利用する。

メモ：中国に舜という帝がおり、堯王の娘と蛾皇女英という二人の后を娶って日々楽しく暮らしていた頃の、ある逸話が今も人々の間で語り継がれている。それは帝がいつもながら彼女らを平等に愛し、后同士も大変仲が良かった。しかし、帝が突然亡くなり、広大な草原に埋葬されたことから二人は毎日墓前で泣き悲しんでいたそうである。

ところがあるとき、彼女らの涙が周囲のタケにかかり、それまで緑色だったタケに黒い斑点が現れ、やがて稈が黒色に変わってしまったところから、このタケを忌むようになったといわれている。

新生のクロチク(右)と1年後に変色しつつあるクロチク(左)

2〜3年生のクロチクが最も鮮明な黒色を示す

稈鞘(タケの皮)は紙質で柔らかく節間長よりも短い

2本の枝を出す

無毛の葉の表面は緑色で裏面よりも濃い

定植には将来の地下茎の拡張を考えておく

販売用のクロチクは1鉢3〜5本が多い

発生間もないタケノコ

クロチク林内で生育している新緑のタケはその年の春に伸びたもの(6月)

クロチクの先端部を切断して葉量を増やした作庭(三溪園、6月)

稈の太さと小さな葉が玄関へのアプローチに適している(7月)

建物の目隠しと造園を兼ねた植栽(東京都・新歌舞伎座、2月)

ウンモンチク（マダケ属）

学名：*Phyllostachys nigra* f. *boryana* (Mitford) Makino

和名：（漢字名　地方名）雲紋竹　ハンチク（斑竹）、ハンモンチク

分布：基準地は兵庫県北部の丹波市周辺。

特徴：形状はほぼハチクに似ている。稈に紫褐色の大きな雲紋（同心円状の斑紋）が発生後の数年目にいくつも現れてくる。稈基には斑紋が少ない。

用途：茶室の床柱、衣紋掛、茶器、天井板の他、生活用品として用いられてきた。

メモ：稈の雲紋が現れるのは、発生後3年を経過した頃からなので4年生のものを利用する。この場合、雲紋の取り扱い一つで製品の価値が変わるため、生産者のセンスが問われることになる。林地は粗放栽培しておくのがよく、通常は施肥など実施しないほうが美しい斑紋が現れる。

斑紋の出るハンチク類に産地名のついたタンバハンチク（*P. nigra* f. *boryana* (Mitf.) Makino）、ヒュウガハンチク（*P. bambusoides* f. *tanakae* Makino ex Tsuboi）などがある。

斑紋が美しいのは無施肥地の2～3年生の稈

節は高く尖っている

稈基部に斑紋は現れにくい

手入れの行き届いたウンモンチク林（6月）

第1部　温帯性タケ類の生態・特徴・用途

ハチクの一品種で稈の表面に大きな褐色の斑紋がランダムに現れる（6月）

◆タンバハンチク

古い稈や本数が密生していると美しい斑紋とならない（11月）

タケノコの皮は褐色で柔らかい

兵庫県丹波市周辺地に生育しているハンチクの地方名（有楽苑、6月）

45

メグロチク（マダケ属）

ハチク系のタケ。稈は緑色で芽溝部が
やや黒くなっている（6月）

葉はハチク
系の大きさ
からなって
いる

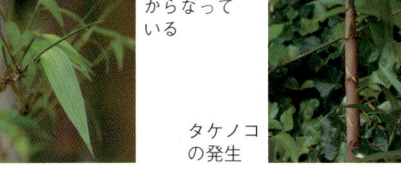

タケノコ
の発生

芽溝部が黒くなる前
の若い稈

節間長よりも短いタ
ケの皮は紙質で軽い

学名：*Phyllostachys nigra* f. *megro-chiku* (Makino) Nakai

和名：（漢字名　地方名）芽黒竹

分布：兵庫県淡路島の洲本市奥畑に県指定（1970年）の天然記念物となっている200㎡の個人所有地がある。周辺地域にも広く生育している。

特徴：ハチクの品種で、稈の芽溝部のみが黒くなっていて、各節間の他の部分は緑色である。形状はハチクと同様で、また、ハチクの開花後に現れたものといわれている。ハチクには黒条の出やすい系統と出にくい系統とがある。

用途：茶道具や工芸品の原材料として利用されることもあるが、大企業的な利用は特にない。

メモ：芽溝部が節間のすべてにあるため、稈の正面から見ると緑色と黒色が交互に現れるだけに造園の背景として植栽されることもある。日当たり地や雨後の稈では黒と緑のコントラストが美しい。

同じハチク系で黒条や黒斑の状態が異なるメジロチク（*Phyllostachys nigra* f. *mejiro* Muroi et H.Okamura）、チゴザサの別名のこともあるシマダケ（*Pleioblastus fortunei* Nakai）、ニタグロチク（*Phyllostachys nigra* f. *punctata* Nakai）がある。

古い枝より現れた新芽

管理しだいでは美しい林分に仕立てることが可能である(11月)

◆メジロチク

メグロチクと対照的な名前であるが稈は黒くなる(11月)

◆ニタグロチク

クロチク系で斑点が地域によって異なる(11月)

芽溝部は緑色である

クロチク系ゴマダケのシマダケ(9月)

◆シマダケ

ハチク系ゴマダケのシマダケ

47

ハチク(マダケ属)

学名：*Phyllostachys nigra* var. *henonis* Stapf.

和名：(漢字名　地方名)　淡竹　アワダケ、アワタケ、オオタケ、オネッダケ(鹿児島県)、クレタケ、カラタケ、ミズタケ、ワカタケ、オオタケ

分布：耐寒性があるため、北海道南部から山陰地方までの日本海側に生育するが、積雪の重みで折れたり割れたりして枯損することが多い。

特徴：稈長は10～16m、胸高直径6～10cm、節間長40cmと比較的大きなタケで、マダケに似ているが、稈は表皮全体が付着物のために少しマダケよりも白っぽく見える。また、節は2輪状で上部の節輪がマダケよりもやや膨出している他、葉の形態がマダケに似ていて、モウソウチクより大きく、葉長5～13cm、幅1～1.6cmになる。洋紙質で、表面は無毛であるが裏面の主脈には産毛のような白い毛をつけている。緑色で短い肩毛は、枝に対して直角に伸びている。

また、枝の稈に対する分枝角度は小さく、第1節間には空洞がない。タケの皮はやや淡い褐色で薄く斑点がない。維管束が多く、しかも小さいことから縦割りしやすい。

用途：細かく割りやすいことから茶筅、提灯、簾といった竹ひご細工に利用される。また、数寄屋建築の下地窓、天井の棹、吊り棚などいろいろな部分に使われている。枝が細くて多いことから竹箒や穂垣に使う。タケノコは柔らかさと甘さにおいて優れており、生鮮食品タケノコとしては1級品である。広い庭園に植栽されることも多い。

メモ：桂離宮の竹垣にはハチクが使われている。また、京都御所の清涼殿の前庭に植栽されている呉竹は今でこそホテイチクに変わっているが、平安時代に桓武天皇が紫宸殿の南にある南壽殿に和気清麻呂に植えさせた呉竹はハチクだったと伝わっている。当時の

上側の節輪の凸出状態がマダケより膨出している

枝の第1節間にはモウソウチクと同様に空洞がない

「源氏物語」、「徒然草」などに詠まれた和歌にも呉竹が再三出てくるが、それらはハチクのことだったのではないかと考えられている。

ハチクで意外と知られていないのがこのタケノコの風味としこしこ、しゃきしゃきとした食感がすぐれていることである。宮崎県の山間部などでは、梅雨前に収穫したタケノコの皮をむき、頭頂部を切り落とし、ゆがいて切り目を入れて天日乾燥。必要に応じて湯でもどし、煮しめに入れたり、きんぴらの具材にするという。タケノコはモウソウチクよりも1か月遅い春季に発生する。

どこのハチク林も1か所の面積が狭いためにタケノコの生産量が少なく、市場に出回るだけの量がない。

ハチク林を遠望すると稈全体がいくぶん淡緑色に見える（10月）

葉の形態はマダケと同様でモウソウチクよりも大きい

開花時のハチクの小穂着生はきわめて多い

種子はジャポニカ米のように丸味がある

タケの皮は平滑で斑点がなく紙質である

タケノコはきわめて美味である

稈はマダケ同様に上下の細り率が少なく完満である

稈には小さな維管束が多く、縦方向に細分割しやすいために茶筅の素材を天日乾燥する（奈良県生駒市、1月）

49

ヒメハチク（マダケ属）

学名：*Phyllostachys nigra* f. *boryana* (Mitf.) Makino

和名：（漢字名　地方名）　姫淡竹　フイリハチク、ウンモンチク

分布：瀬戸内海の乾燥地帯の他、各地に点在している。

特徴：稈長2〜4m、胸高直径2〜3cmと小形のタケである。稈の先端部が直立しているほか節輪が高いこと、稈は芽溝部が浅く正円で、稈全体が黒味を帯びているが1年経過すると緑色に変わるという特徴がある。小さいながら容姿端麗に見えるのは稈の長さに対して枝が水平に広がり、かつその長さが全体の形にバランスを与えているからであろう。

葉は主脈がやや白味を帯びて細長く、両面とも無毛で柔らかいだけでなく、艶があるために光を浴びるとより美しく輝くので、多くの人に愛好されている。

用途：坪庭の植栽によく用いられるが、さらに小形に育てて盆栽などの寄せ植えに利用されることが多い。他には飾り窓などの材料とする。

メモ：タケノコは春遅く発生する。

2輪状の節輪のうち上部側が下部よりも大きくなっている（6月）

稈長が短い割に枝張りが大きい

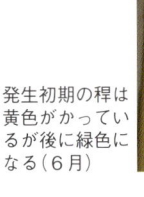

地上部の形態が小形で、稈の芽溝部が浅いか平坦なために丸くて美しいところが好まれて小庭園用の素材として利用される

発生初期の稈は黄色がかっているが後に緑色になる（6月）

1年生のタケ

トサトラフダケ（マダケ属）

学名：*Phyllostachys nigra* var. *tosaensis* Makino ex Tsuboi

和名：（漢字名　地方名）土佐虎斑竹　トラフダケ

分布：高知県須崎市。

特徴：クロチクの変種で、稈に黒褐色の縦長の斑紋がランダムに現れる高知県特有のものである。本種の栽培が他県でうまくできないのは、環境や立地が適応しないためではないかと考えられている。

用途：高知県では特産の袖垣に使われ、縁台やミニ垣、虫籠の他、買い物籠など日常生活と密着した品物の材料となってきた。

メモ：斑紋は、油抜きの作業中に浮き出てくるように現れる。タケノコは春季後半に発生する。例年、加工用に伐採したトサトラフダケを田んぼ一面に広げる様子は、早春の風物詩となっている。

高知県特有のハンモンチクで、縦に並ぶかのように茶褐色の斑点が出る（6月）

クロチクの変種で高知県須崎市近郊の土地環境が生育適地

毎年10～1月の伐り出し後に天日乾燥されるトサトラフダケ（高知県須崎市）

典型的な本種の形状

曲がりやソリを矯正したトサトラフダケで袖垣を製作

ガスバーナーで熱して、トサトラフダケの油抜きをする

ゴマダケ（マダケ属）

稈の表面に黒点がついたものであるが、人工的には立ち枯れさせたものに菌を培養してつくる（6月）

学名：*Phyllostachys nigra* f. *punctata* Nakai

和名：（漢字名　地方名）胡麻竹　ニタグロチク、サビタケ

分布：かつては京都市周辺や京都府下の日本海側のタケ林で見られ、その他、四国、九州で見ることができる。

特徴：一見したところ、稈表面に小さな黒点が散在しているように見え、クロチクのように全面が黒くならないことからニタグロチクと呼んでいる人や地方もあるが、実際は稈の表面に菌が着生したものが小さな突起状となっていくつも点在しているのである。

用途：棟木、回り縁、竿縁、花器、装飾材、工芸用に利用されることもある。

メモ：人工的につくる際はモウソウチクや太めのマダケ、ハチクなどの先端部を切除して切り口から下の枝も切り、切り口から稈の空洞内に水が溜まるようにする。こうして徐々に立ち枯らせて菌の着生を促すような環境をつくっておく。ゴマ状に菌が着生すれば、翌年の早春までに伐採する。この工程は半人工的方法であるが、菌を培養した種駒をつくり、これを稈の切り口に射し込んで着生するのを待ってつくることもできる。

サカサダケ（マダケ属）

学名：*Phyllostachys nigra* f. *pendula* Takenouchi

和名：（漢字名　地方名）逆生竹

分布：新潟市中央区島屋野の西方寺旧跡に隣接した場所に、新潟県七不思議の一つとして国の天然記念物に指定（1922年10月）されて以降、サカサダケ保存会により手厚く管理と保全が行われている。

特徴：ハチクの突然変異によってできた枝垂れした品種で、稈から分枝した芽子がその成長時に分裂方向に突然変異を起こして垂れたと見なされている。しかし、長い枝を伸ばして先端部分に葉が着生すると、その重圧によって柔軟な枝の分岐点が基点となり、第1節間が垂れ下がったとする意見もある。

天然記念物に指定されているために、タケの伐採やタケノコの採取などが禁止されてお

ハチクの稈から出た枝が垂れ下がったようになるタケであるが、その確率は10～20%と少ない（新潟市、8月）

り、本来の育成管理が適正でなく、多くの細いタケで過密林になっていることや先祖返りしている稈が多い。

用途：利用はされていない。

メモ：その昔、親鸞聖人が竹杖を逆さまにして土に挿し、「我が宗旨、仏意に叶い、末代に栄えなば、この枯竹に根と芽を生じ、逆さに繁茂すべし」と宣告したところ、後日、これが活着して発根したという伝説が残されている。

現在の面積は0.9haと広く、そこには約20万本のタケが生育していると推定されているものの、すべてのタケの枝が垂れ下がっているというのではなく、そのなかの数パーセントに垂れ枝が認められる程度で、以前より減少したともいわれている。

現在は寺やNPO（非営利組織）の人たちが手厚く保全管理を行っているが、枝垂れしていない細いハチクを伐採することがサカサダケを保全するうえでは大切である。タケノコは晩春に発生する。

天然記念物に指定されているため勝手に管理伐採することができない

タケノコの発生は良いがハチク林に返らない保全管理が必要である（5月）

ホテイチク（マダケ属）

稈基部から1m前後の節が寄り合った形の奇形稈である（9月）

学名：*Phyllostachys aurea* Carrière ex A. Rivière C. Rivière

和名：（漢字名　地方名）布袋竹・人面竹、仏眼竹　ゴサンチク（五三竹）、コサン、コサンチク、コサンダケ、クレタケ（呉竹）、ギンメイハチク　ギンメイチク、ギンメイホテイチク、タケダチク、フシヨリダケ、ムチダケ、リュウキュウチク

分布：本州中南部以西の温暖な河川敷や里山などには中国より導入後帰化して定着したところがある。栽培は関東北部辺りまでで九州に多い。

特徴：稈長は6〜8m余り、胸高直径4cmほどの中形のタケで、稈の基部から高さ3m以内までの節間が異様に圧縮されたかのような状態になるか、あるいはキッコウチクのような異形を示す部分ができる。こうした位置や節数は個体によって異なっていて、同一のものがまったくないという特徴を持ったタケである。

枝は稈に対して鋭角となる。タケの皮は皮質で、毛はない。黒褐色の斑点がある。葉は長さ5〜10cm、幅8〜12mm、披針形で先端部は鋭く尖り、葉柄の近くは鈍形である。

葉はやや細長い披針形で1本当たりの枚数は多い

枝分かれは稈に対して鋭角である。第1節間の空洞の有無は不定

稈の節寄り数や位置などがそれぞれで違っていることから五三竹ともいわれる（6月）

表面は緑色で裏面は薄緑色に白く見える。裏面の下部には細毛があり、時折裏面全体に微毛が見られる。

用途：乾燥すると堅くて丈夫なため、節の詰まった部分を釣り竿のグリップにする。また、杖にもする。細い稈では、やはり節の詰まった部分を利用して箸置きなどもつくる。
　タケノコはやや黄色味がかっているが柔らかくて甘味のある1級品で、乾燥タケノコとしても利用できる。タケの皮は笠としても使える。

メモ：九州ではコサンチクとも呼んでいる。春タケノコとしての発生は最初にモウソウチク、20日ほど遅れてハチク、さらに10日ほど遅れてホテイチク、そしてマダケという順になる。
　ホテイチクの品種として葉に白い縦縞のあるシマホテイチク（*Phyllostachys aurea* f. *ariegata* Makino）、ギンメイホテイ、キンメイホテイなどがある。

春の後期に開花し、秋に結実する

稈鞘は細長く、紙質で斑点は先端部に少しある

タケノコは食用として1級品である

先端部まで立ち上がった稈は鹿児島県で多く見られる（10月）

細く密生することが多い（10月）

坪庭として植えられる（有楽苑、6月）

四つ目垣越しに見えるホテイチク（東京都台東区・隅田公園、1月）

◆ シマホテイチク

1本植えの苗木（7月）

ホテイチクの鉢植え

葉は披針形である

稈には白条が少し入っているが葉にはこれが多く見られる（9月）

ギンメイホテイ（マダケ属）

学名：*Phyllostachys aurea* f. *flavescens-inversa* Muroi
和名：（漢字名　地方名）銀明布袋　ギンメイハチク
分布：各地で栽培している。
特徴：ホテイチクの品種で、稈の芽溝部が淡黄色、他の部分はホテイチクと同様の緑色である。葉は緑色だが時折、淡黄色の縦縞が見られることもある。稈の下方部にはホテイ状の異形がある。
用途：造園用に植栽される。
メモ：本種に対し、稈の芽溝部が緑色に、稈の表皮部分が黄色になる変種をキンメイホテイと呼んだが、今は野外では見あたらない。タケノコは晩春に発生する。

芽溝部が黄色で他は緑色（10月）

ホテイチクの品種で稈の下方部は節間がふくらみ、寄り節になっている

葉はすべて緑色であるが、まれに淡黄色の縦縞が入ることがある

形状は大きくない。主庭や前庭などに植栽される

富士竹類植物園などに植栽されているが、野外ではほとんど見られない（10月）

オウゴンホテイ（マダケ属）

学名：*Phyllostachys aurea* f. *holochrysa* Muroi et Kasahara
和名：（漢字名　地方名）黄金布袋
分布：栽培種。
特徴：稈の表面がすべて黄金色になっているホテイチクの品種で、まれに稈や葉に白い縦条が入っている。稈の下方部分には、ホテイチク特有の寄り節が存在している。
用途：造園用のタケとして利用できるが、生産されているところはわずかである。
メモ：黄金色の特徴が長期にわたって持続することはなく、ややもすれば枯死する前の印象を与えるのでそれほど利用されていない。発生直後は淡緑黄色であるが、しばらくするとアントシアニンのために少し紫色味を帯びてくる。

比較的本数の多い林分（富士竹類植物園）

稀に稈や葉に白条をつけた個体を見ることがある

稈の下方部で見るタケの皮

春季のタケノコ

稈の表面全体が黄金色になったホテイチクの林相（6月）

キンメイホテイ（マダケ属）

下方部にはホテイチクと同様の寄り節がある

ギンメイホテイとは逆に芽溝部が緑色になっている。野外ではほとんど見られない（9月）

葉に淡黄色の縦条が見られる

学 名：*Phyllostachys aurea* var. *flavescens* (Houzeau de Lehaie) Nakai

和 名：（漢字名　地方名）金明布袋　キンメイハチク

分 布：九州などで栽培されている。

特 徴：稈の芽溝部は緑色で、その他の表皮部分は淡黄色をしている。時折、葉にも淡黄色の縦縞が見られる。

用 途：造園用として利用される。

メ モ：学名ではホテイチクの変種だけにキンメイホテイと名づけられているが、なぜか和名をハチクの変種としてキンメイハチクと呼ぶ向きもある。稈の下方部にホテイチクと同様の寄り節が見られるだけに、紛らわしいところである。同様に芽溝部が黄色で稈の表皮面が緑色となっているホテイチクもギンメイハチク（*P. aurea* var. *flavescens-inversa* (Houzeau de Lehaie) Nakai）と名づけられているが、これもギンメイホテイでなければならない。

ウサンチク（マダケ属）

学 名：*Phyllostachys aurea* f. *takemurai* Muroi

和 名：（漢字名　地方名）烏山竹　オオタケ（大竹）

分 布：鹿児島県や宮崎県の湿潤地や河川敷で自生する。南九州で栽培されている。

特 徴：稈長8〜10m、直径4〜7cmの中形のタケで、節間長30cmとマダケを小さくした形に似ている。稈はマダケ属のうち最も正円を示し、節は水平かつ低い。葉はホテイチクに似たような形態を示している。稈は裂けやすいために若齢竹を利用する。

用 途：家具、建材、花器など丸竹のまま利用することが多い。

メ モ：九州地方では「コ」は小を意味し、これに対して「ウ」は大きいことを意味する。したがって小さなコサンチクに対して大きなコサンチクを意味しているといわれている。

稈は中形で太めのタケで寄り節はない

タイワンマダケに似たタケであるが、南九州ではコサンは小さい、ウサンは大きいの意を持っていることから命名されたらしい(6月)

稈の色彩が美しい

過密になっているウサンチク林(鹿児島県姶良市、10月)

整頓されたウサンチク林(鹿児島県姶良市、10月)

稈基部に寄り節はない

タケノコの発生

インヨウチク（マダケ属）

いくぶん厚めの葉は無毛で、大きいのが印象的である（6月）

硬い稈鞘は節間より短く、下方部のものは毛が多い

枝は束生し、ササを思わせる

上部に出る枝

学名：*Phyllostachys tranquillans* (Koidzumi) Muroi

和名：（漢字名　地方名）陰陽竹　ヒバザサ

分布：原産地は島根県比婆山。

特徴：稈長3〜5m、直径2cmの小形のタケで、1節から1〜2本の枝を出す。稈鞘は皮質で硬く、黄褐色で表面にはやや長い毛が密生していることが多い。葉耳はあまり発達しないで、肩毛が数本見られるが短期間のうちに離脱する。葉は大きく葉長15〜20cm、幅4〜5cmの披針形楕円状を示す。両面とも無毛でやや皮質といえる。葉鞘の肩毛はよく発達している。

用途：特になし。

メモ：発見は1941年と報告されている。また、稈や葉身に白条が入るシロシマインヨウ（*Hibanobambusa tranquillans* f. shiroshima H.Okamura）もまれに見られる。

本種はタケの皮が早期に脱落すること、花序が枝の基部に束生すること、開花後の再生竹の過程を見るとマダケ属と見られる。他方、タケノコの形態がササ属に似ていること、チュウゴクザサの群落内で見られることなどから、チュウゴクザサとマダケ属との交雑種ではないかともいわれている。葉の大きさから女性に、稈形態から男性に見立てて陰陽竹にしたともいわれている。

◆シロシマインヨウ

葉に白い条が多数入り、稈にも白条が入ることがある。インヨウチクよりも小形（1月）

第1部　温帯性タケ類の生態・特徴・用途

ナリヒラダケ属
Genus *Semiarundinaria*

　温帯性タケ類に属し、単軸分枝する中形種のタケ類で、稈や地下茎はほぼ円形となっている。稈長4m程度、胸高直径3〜4cmで、いずれも短い枝を3〜7本分枝するが剪定や年数の経過によって増加する。節は高く、節間長は7〜28cmもある。

　稈鞘（タケの皮）は無毛の紙質で薄く、斑点がなく、薄いベージュ色をしている。成長後すぐに脱落することなく、しばらくの間、基部の中央を節につけているという特徴がある。

　葉片の発達はよく、葉耳は見られない。葉は披針形、または広披針形で長さ7〜23cm、幅1〜3.5cmあり、洋紙質である。横小脈は平行脈とで網目状になっていることがよくわかる。稈の太さに対して節間はやや長い。

　穂状花序は5〜9個の小穂からなり、小穂は長さ4〜7cmで、4〜6個の小花をつけ、披針形で、小穂の基部の苞は花頴よりも大きい。タケノコは春季に発生する。

　本属には日本に5種、1変種があり、東アジアにはほぼ10種が分布している。

　各種の検索は以下のようにして行える。
　稈鞘は無毛か、基部に長毛がある。

〈葉の裏面が無毛のもの〉
- 稈鞘の基部は無毛、また節部に短毛が密生。まれに白い長毛が散生する。
　……………………………ナリヒラダケ
- 稈の色が緑色である点がナリヒラダケと異なる。……………………アオナリヒラ
- 稈鞘の基部に褐色の長毛が密生する。
　……………………………………ヤシャダケ

〈葉の裏面が有毛のもの〉
- 葉は狭い披針形で葉鞘に細毛がある。
　……………………………リクチュウダケ
- 葉は広い披針形で葉鞘は無毛である。
　……………………………ビゼンナリヒラ

ナリヒラダケの稈（6月）

リクチュウダケの葉（6月）

クマナリヒラの稈（6月）

- 稈鞘の下部には細毛が逆に向かい、葉鞘に短毛が密生。………………クマナリヒラ

ナリヒラダケ（ナリヒラダケ属）

学名：*Semiarundinaria fastuosa* (Mitford) Makino

和名：（漢字名　地方名）業平竹　ダイミョウチク（関東）、フエダケ（静岡県）

分布：本州の南西部、四国、九州などの河川敷。関東では広く栽培している。

特徴：やや小形の種で稈長4～8m、胸高直径4～5cm。稈は発生後しばらく緑色であるが、しだいに淡い褐色に変化していく。節は2輪状でわずかに隆起し、発生年の分枝数は1節から3本であるが翌年に剪定すると2倍ほどになる。

枝はそれほど長く伸びない。節間長は20～30cmで、芽溝部分は浅い。タケノコの発生は6月頃とやや遅い。タケの皮全体に毛はなく、基部に細毛がある。葉耳は小さく、あったとしてもわずかである。肩毛も少ない。葉は紙質で薄く、枝の先端に披針形をした数枚をつけている。その形状はマダケよりも大きく、長さ12～20cm、幅2～2.5cmで両面とも無毛であるがまれに裏面の基部に毛を認めることもある。稈鞘は皮質で曲げにくく、加工品には向かない。

用途：稈は緑色でないがやや褐色系であるのと通直なことから、茶室の前庭や玄関脇に数本まとめて植えつけることが多い。タケの皮は、貼り絵の材料として用いることができる。

メモ：タケの皮は成長後すぐに離脱しないで、数日だけ下部の中央部を一点だけで支えている。植物学者の牧野富太郎は、このタケの命名に当たって、容姿端麗な形態を見て、全体としては男性的であるが、節が女性のような優しさを覚えるとして万葉歌人の在原業平になぞらえて命名したという逸話が残されている。なお、観賞用に、まれに節間が布袋状に膨らんだホテイナリヒラ（*Semiarundinaria makinoi* Hisauti et Muroi）が植栽されていることもある。

節は2輪状で隆起

葉質は薄く、枝の先端付近にマダケよりも大きな葉を数葉つける

1節からの分枝数は長短3本以上で短い（9月）

本種のタケの皮は成長後ただちに
離脱しない

数週間程度、稈鞘の下側真ん中でタケの皮が付着しているという特徴がある（11月）

稈の根元から判断されるように節間長は長く稈の緑が爽やかさを与える（6月）

ナリヒラダケの開花状況

タケの皮が完全に落下したところ

◆ホテイナリヒラ

密生している林分
（6月）

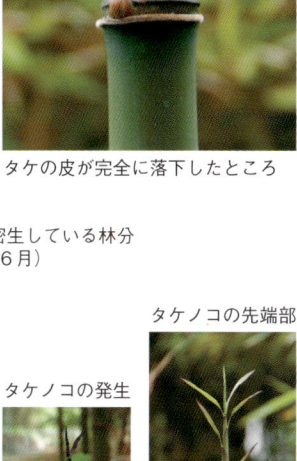

タケノコの先端部

タケノコの発生

節間は長く、下部の節間がホテイチク状になる。また発生初期には紫緑色の表皮となる。枝は長く稈に対して鈍角につく。枝数は剪定すると叢生する（9月）

63

アオナリヒラ(ナリヒラダケ属)

学名：*Semiarundinaria fastuosa* var. *viridis* Makino
和名：(漢字名　地方名) 青業平　アイハラダケ (東京都)、フエダケ (三島)
分布：関東地方での栽培種。
特徴：稈長約10m、胸高直径3〜4cmで、ナリヒラダケと異なるのは稈や枝がきれいな緑色であること。葉は狭披針形で、葉長18〜21cm、幅2cmとなっている。紙質で両面とも無毛。稈鞘の基部に短毛が見られる。
用途：笛の材料とすることからフエダケという別名がある。
メモ：一部の地域では、食用タケノコとして利用している。稈鞘の離脱する前の様子はナリヒラダケと同様である。

初年度の分枝は3本で葉は幅が狭く披針形で紙質である

アオナリヒラの叢林 (6月)

稈や枝が長期間緑色のまま変色しない点がナリヒラダケと異なっている

稈の木質部が薄く、節間長が長いことから笛の材料となる

ビゼンナリヒラ（ナリヒラダケ属）

学名：*Semiarundinaria okuboi* Makino
和名：（漢字名　地方名）備前業平　ビゼンチク、ビロウドナリヒラ、ケナリヒラ
分布：関東地方以西で栽培されているようであるが、備前といわれるように岡山県内では2か所で栽培されているという。
特徴：稈長は6～7m、胸高直径2～3cmの中形種である。枝は1節より3本出し、長くは伸びないが翌年にはさらに多くなる。節は2輪状で上方がやや膨らむ。葉は広披針形で基部が丸みを帯びているのに対して、先端部は尖った形状となっている。葉長12～18cm、幅2～3cmの紙質で表面は無毛、裏面は軟毛が密生している。しかし、稈鞘や葉鞘には毛が見られない。
用途：最初の頃は緑色をしている稈も数年で黄褐色に変色するが、それでも庭園に植栽されることが多い。
メモ：本種は岡山県で初めて見出されたために備前が頭につけられているが、どれほど個体数があるかは不明である。岡山県赤磐市周辺で生育している。また、西日本で栽培されている。

節の上部が高く膨らみ、節間長は長い。発生から3年後には稈が黄化する

1節からの分枝数は3本で、剪定により増加する。葉は広披針形で紙質

細い稈では地際からも枝が出る

小さな叢林。数年後には6mの稈長の個体も発生する（7月）

クマナリヒラ(ナリヒラダケ属)

学名：*Semiarundinaria fortis* Koidz.
和名：(漢字名　地方名) 球磨業平　アサコギダケ (福岡県ではクマナリヒラに斑点のあるマダラナリヒラのことをアサコギダケと呼んでいる)

分布：漢字でも明らかなように熊本県人吉市から八代 (やつしろ) 市に向かって流れている球磨川上流の河川敷に分布しているだけでなく、福岡県内でも分布しているといわれている。

特徴：稈長8m、胸高直径3〜4cmの中形のタケ。節は2輪状で、その膨らみはナリヒラダケに似ていて節間長は50cm以上になる長いものもある。稈や稈鞘の他、葉鞘にも細い毛が密生している。木質部は薄く、枝は初年度に3本分枝するが、翌年には2倍ほどに増加する。葉は披針形で表面に毛はないが、裏面の主脈には短毛が密生する。

用途：造園材料として植栽することもある。葉の形態が美しいので好む人が多い。

メモ：かつては、麻を挟むための大形のタケ箸に似た棒として利用していたことから、原産地ではアサコギダケと呼ばれていた。

熊本県球磨川上流に生育している。タケの皮は成長後しばらく稈についている

葉は披針形で表面は無毛、裏面の主脈には短毛が密生する (5月)

植栽された若い叢林 (9月)

比較的短期ながらタケの皮がついている

第 1 部　温帯性タケ類の生態・特徴・用途

ニッコウナリヒラ（ナリヒラダケ属）

学名：*Semiarundinaria yoshi-matsu-murae* Muroi

和名：（漢字名　地方名）日光業平　ナリヒラダケ

分布：栃木県日光市。東京大学理学部付属植物園日光分園のみで栽培。

特徴：稈長3〜5m、胸高直径2cm、節間長20〜25cm、短い逆毛が密生。本属中最も長い枝は約50cmで3本に分枝している。稈鞘の節部のみに微毛がある。肩毛はよく発達する。葉は披針形で裏面に軟毛が密生する。

用途：生育地域が狭く、特別な価値もないため利用された記録なし。

メモ：偶然発見されたもので、室井により命名されている。

葉の裏側に軟毛が密生し、枝は本属のなかでは長い（10月）

東大理学部付属植物園日光分園などの植物園で栽培（11月）

ビロードナリヒラ（ナリヒラダケ属）

ビゼンナリヒラとも呼ばれる（6月）

葉はどちらかというと広披針形。表面に短毛、裏面には密生した軟毛がある

分枝数は3本

学名：*Semiarundinaria okuboi* Makino

和名：（漢字名　地方名）天鵞絨業平　ビゼンナリヒラ

分布：栽培種のみ。

特徴：稈は6〜7m、胸高直径1.5〜2cm、節間長20〜25cm、稈は緑色である。節はやや膨らんでいる。葉は披針形、または広披針形で、葉長16〜20cm、幅3〜4cmと大きく、表面には短毛があり、裏面には軟毛が密生している。稈、稈鞘、葉鞘などは無毛。

用途：生育はごくまれで、個人の庭に植栽されている程度である。

メモ：おそらく葉が厚みを持ち、美しいことからビロードに例えて命名されたのではないだろうか。地域によってはビゼンナリヒラをビロードナリヒラと呼ぶことがある。

リクチュウダケ(ナリヒラダケ属)

学名：*Semiarundinaria kagamiana* Makino

和名：(漢字名　地方名) 陸中竹　クビツリダケ (山形県)、タナバタダケ

分布：岩手、秋田、山形、宮城県などの東北で栽培。

特徴：稈長6～10m、胸高直径3cm余り。最初は稈が緑色であるが、しだいに淡紫色に変色する。タケの皮は一般に無毛であるが、まれに基部に長毛が散生することがある。節は2輪状で上側が膨出する。節間長は50cm前後で、各節部からの分枝は3～6本認められる。葉は長さ15～25cm、幅2.5～4cmで披針形を示し、紙質で薄い。葉の表面には長めの毛がまばらにあるか無毛であるが、裏面には細毛が密生している。タケノコは梅雨期に発生する。

メモ：山形県では本種のことをクビツリダケと呼んでいるが、それはナリヒラダケ系統特有のことで、稈鞘が成長後も一点ではがれずにぶら下がっていることから比喩的な呼び名をつけたものと思われている。この言葉から屋敷内には植えない習慣があるといわれている。

稈は細く長いため釣竿にする(10月)

枝は短く、葉も20cm×3cmとそれほど大きくないので庭園に植栽する

東北地方に多く分布可能な耐寒性のあるタケで、タケの皮が宙吊りになることから山形地方ではクビツリダケともいう

タケノコの皮は緑がかっている

稈の生育初期は緑色であるが黄化しやすい(6月)

ヤシャダケ（ナリヒラダケ属）

節は上側を膨出する

葉は小形で耐寒性が強い

1節の分枝数は3本

稈は節間が長く、芽溝部は浅く、発生数年後には黄化する（6月）

ほぼ1年経過した頃のタケの皮は緑色よりも褐色が強く現れる

タケノコ時代のタケの皮は緑色である

学名：*Semiarundinaria yashadake* Makino

和名：（漢字名　地方名）夜叉竹　キセルダケ・アオバダケ（鹿児島県）、ダイミョウダケ（島根県）、ダイショウチク（岡山県）、バカダケ（宮崎県）、ハンニャダケ

分布：日本海側の多雪地帯にある北陸、山陰地方などの各県から九州一円まで生育している。

特徴：稈長5～7m、胸高直径3～4cmの中形のタケで、芽溝部が浅いために稈の形状は丸い。節は2輪状で上部側が明確に膨出している。節間長は長く、1節からの分枝数は3本であまり長くは伸びない。発生初期の稈は緑色であるが数年後には淡褐色に変色する。稈鞘はやや緑色に見え、基部に長い毛が生えている点がナリヒラダケと異なっている。葉は葉長13～20cm、幅3～4cmで耐寒性が大きい。タケノコは梅雨の時期に発生する。

メモ：タケの皮はナリヒラダケと同様に伸長終了後も暫時付着している。多雪地方の造園材料として好まれる。節間長が長いために一輪挿し用の花器として利用されるほか、木質部が薄いために茶器としても使われる。

変種にキンメイヤシャダケがあり、これは芽溝部が緑色でその他の表皮が黄色をしている。葉やタケの皮に白い線の入るものと、色合いが逆になるギンメイヤシャダケ、さらに稈長が短く稈の細いヒメヤシャダケ、稈の色が黄色になるオウゴンヤシャダケもある。

ヒメヤシャダケ(ナリヒラダケ属)

学名：*Semiarundinaria maruyamana* Muroi

和名：(漢字名　地方名) 姫夜叉竹　ナリヒラダケ

分布：島根県松江市郊外の山間地。

特徴：稈長2～3m、稈の直径は約5mm。節間長は8～13cmで、全体に黒褐色の斑紋がある。枝は各節より3～5本出ている。葉身は長さ10～15cm、幅1～1.5cmの長披針形。葉の表面は無毛だが、裏面には微毛が見られる。タケの皮は黄褐色である。

用途：稈に斑点があって美しく、こぢんまりした姿なので庭園に植栽される。

メモ：家庭の庭園材料としても親しまれている。

稈の長さは2～3mと小形で、節間長も長くない(10月)

細いため本数管理は困難だが小さな叢林に好まれる

1節の分枝数は3～5本。葉は長披針形の紙質で上面は無毛であるが裏面に細毛がある

◆オウゴンヤシャダケ

地上部全体のバランスが良く、虎斑が稈に出ると美しいので造園材料に使われる

葉は長披針形で冬季に葉の周辺が巻き込むようになる

稈は細く、小形であるが赤味を帯びた黄金色が美しい(9月)

キンメイヤシャダケ（ナリヒラダケ属）

葉と稈、またタケの皮には白条の入ることがある

稈の芽溝部が緑色で、その他は黄金色という点では一般的なキンメイのパターンである

栽培種のため山野で見ることはない（船岡竹林公園、9月）

枝は緑色で数本分枝する

学名：*Semiarundinaria yashadake* f. *kimmei* Muroi et Kashiwagi
和名：（漢字名　地方名）金明夜叉竹
分布：栽培種。福岡県久留米市の原田一正が発見。
特徴：稈の表面は黄色だが、芽溝部に緑条が現れる。枝は黄褐色で、葉やタケの皮には白条が入る。タケノコは緑色で黄白色の条斑がある。稈鞘の中心部に白条が少なく、周辺部に多い。
用途：観賞用、造園用
メモ：小形のタケなので、狭い場所でも栽培が可能。稈の黄色と緑色のコントラストが美しい。本種に対し、稈の表面は緑色だが、芽溝部が黄色になるギンメイヤシャダケも出現している。

◆ギンメイヤシャダケ

稈の芽溝部が黄金色でその他は緑色となっている。古くなるとギンメイの色彩が崩れてしまう（10月）

トウチク属 Genus *Sinobambusa*

稈の形状からいうと中形の小といったところで、温帯性タケ類に属する。地下茎は単軸分枝して地中を横走する。稈、枝、地下茎はいずれも円形で、枝は短く、1節より多数の枝が出る。節は膨出し、発生初期には紫色を帯びた毛が密生する。節間長は60〜80cmでタケのなかでも長い。

葉片はよく発達しているが葉耳は見られない。葉は披針形で横小脈が発達していて平行脈とで網目をなしている。肩毛はよく発達している。耐寒性が弱い。穂状花序は12個の小穂よりなり、小穂は長さ8〜25cmで20〜25mmの小花をつけ、線形で小穂の基部の苞は花穎よりも小さい。タケノコは春季に発生する。

本属の種は日本には1種があり、南アジアに数種が分布しているといわれている。

トウチクは本属を代表する種である

日本建築と庭園にスズコナリヒラの葉は欠かせない

トウチク（トウチク属）

学名：*Sinobambusa tootsik* Makino
和名：（漢字名　地方名）唐竹　ダイミョウチク、ダイミョウ、ダイショウダキ、ダンチク（鹿児島県）、デメチク、ビゼンチク
分布：関西以西の各地で栽培している。
特徴：地下茎は地中を横走した後、株立ちとなる。稈は円柱状で、稈長5〜8m、胸高直径3〜4cm、節間長は50〜80cmに達するほど長く、タケ類中で最も長い。節は2輪状で高く、上部が下部以上に膨出していて両者の間隔が広くなっている。節には毛がまばらに生えている。稈鞘は長く黄褐色もしくは暗褐色で、発生直後は表側に長い褐色の毛が全体に生えている。しかし、数か月後も基部にはやや長い毛が密生しているが上部には毛がほとんど見られない。1節からの枝数は3〜5本である。

葉は大形で長さ10〜18cm、幅12〜16mmと大きくて薄い紙質であり、表面は無毛で裏面には細毛が密生している。葉鞘は無毛で肩毛はよく発達している。材質は柔らかく、耐寒性に欠けるのが欠点。

用途：ダイミョウチク（関東地方）とも呼ばれ、最も親しまれている園芸用種の一つ。市販苗木も多く見かける。庭園で利用する際は初夏に枝を切っておくと、さらに多くの枝を発生させることができるので、並木植えとして通路の両サイドに植える。枝を2〜3節で止めて短い小枝を出しやすくし、丸い叢生の状態に仕立てたりするのも盛んである。坪庭に数本まとめて植栽したり、鉢植えにしたりするのにも適している。

メモ：植栽には直射日光が終日当たらない場所を選び、維持には小まめに灌水や管理に注意する必要がある。

葉に白または黄色の縦縞のあるものをスズコナリヒラという。

第 1 部　温帯性タケ類の生態・特徴・用途

節間長の最も長い種で 80cm に達する稈もある（6月）

1節の枝数は3本が基本であるが、翌年の春に剪定すると非常に多くの枝分かれをする（7月）

葉はやや大きく、紙質で軽く、微風でもササの音を立てる

種子

タケの皮は厚く、細長い広披針形を示し、最初は表面に褐色の微毛が密生している

稈との分枝部分を剪定しておけば多くの葉が分枝して葉が密生する（7月）

タケノコの発生

人手の加えられていないトウチクの勇姿（6月）

植え込み後、枝の剪定を行うことで葉の密度が高くなる（磯庭園、10月）

四つ目垣の背景として列状植栽し枝の剪定を行って葉を叢生させる（東京都新宿区、8月）

JR九州・隼人駅の駅舎を取り巻く2000本近いトウチク（デザインは水戸岡鋭治）

鉢植えにして出荷用に整えられた商品（7月）

定植には鉢を取り除いた状態で植え込む

前もって堆肥や腐葉土を入れておくのも良い

定植後は踏み固めて風が来ても倒れないようにしておく

スズコナリヒラ（トウチク属）

学名：*Sinobambusa tootsik* f. *albostriana* Muroi

和名：（漢字名　地方名）鈴小業平　シマダイミョウ（愛知県）、シマトウチク

分布：栽培品種として各地で栽培している。

特徴：ナリヒラダケという和名がつけられているが実際はトウチクの品種で、新しく出た葉には黄色味を帯びた縦縞が数本入り、年の経過とともに黄色の縦縞が白色に変わることと、通直な稈に色彩の映える葉が美しいことから園芸愛好者に好まれている。稈長2～4m、胸高直径2～3cmという小形のタケで稈にも少し白い条が入る。

用途：住宅の前庭や小規模庭園の植栽材料として使う。

メモ：葉で見られる白い条斑は中央部に多く広がっているだけに目立ち、強いインパクトを与えるので前庭に植えられている例が多い。数本でも十分に観賞に耐えることができる。

葉の両面が無毛のものはホソバトウチク（*Shinobambusa tootsik* var. *tenuifolia* (Koidzumi) S. Suzuki）と命名されている。

維持管理には葉の剪定と密植にならないように本数管理することが必要である。また、直射日光を避けることで葉の縞模様を、長期に美しく保つことができる。

葉や稈には黄色の縦縞が多数入るだけでなく稈にも緑の縦条が入る

和名はナリヒラダケであるが実際はトウチクの品種である（11月）

庭園に植え込むときは葉刈りを行う（7月）

緑色の稈は比較的早い段階で黄金色に変化してしまう（6月）

本種のポイントは緑葉に映える白黄色の条模様のコントラストにあるので葉刈りを常に行うことが大切

枝の剪定は毎年行っていくほど美しい葉を生ませることができる

袖垣の近くに植栽した例（東京都北区、5月）

スズコナリヒラの生垣（かぐや姫の里ちくりん公園、9月）

廊下と庭先から望める植え込み（三溪園、6月）

シホウチク属
Genus *Tetragonocalamus*

トウチクと同様に稈の形状は中形の小といったところである。地下茎は単軸分枝し、地中を長く横走する。稈はやや柔らかな角を持った四角形となっているのが最大の特徴である。節は強く突起し、3本の枝を出す。稈の基部の節には鋭く尖った気根が多数見出せる。節間長は20cm余りで、稈はざらついた感触を受ける。稈鞘は無毛で葉片はごく小さい。葉は稈の先端につく。タケノコは秋季に発生する。

本属には日本に1種と1変種と1品種が生育している他、台湾、中国にそれぞれ1種がある。

小形の稈にしては細長い葉が垂れるような姿に清楚さを感じることができる（10月）

シホウチク（シホウチク属）

学名：*Tetragonocalamus angulatus* Nakai

和名：（漢字名　地方名）四方竹　シカクダケ、カクダケ、ホウチク、イボタケ（九州）、その他

分布：中国からの外来種で、関東以西で栽培されている。

特徴：通直な稈は稈長4〜5m、胸高直径3〜4cmになり、四方形であるが角はやや丸みを帯びたようになっている。稈の表面は多少ざらついた感触を覚える。稈そのものには光沢がなく、柔軟性に欠けている。下方部の節に堅い気根があり、その先端に触れると痛い。各節から出る枝数は3〜6本で、先端につく数枚の葉は狭披針形、薄い紙質。表面は無毛であるが、細毛が裏面には密生するもののいずれは消滅してしまう。葉のおおよその形状は長さ14〜20cm、幅1〜18mmで、その先端が垂れ下がるように枝についている。

用途：冬季でも葉が美しいので庭園に植栽したり、手水鉢の脇に数本植えていることが多い。まれに、生垣として植栽している例を見ることができる。

メモ：秋タケノコとして食用に適しており、高知県南国市などに産地があるが、収穫後すぐに皮つきのままゆがき、水に浸して袋詰めにして出荷する。しゃきしゃきとした歯ごたえ、ほのかな甘みがあり、柔らかい部分は炒め物、堅い部分は煮物にして食する。なお、稈の表皮に緑条の入ったタテジマシホウ（*Tetragonocalamus quadrangularis* f. *tatejima* Kasahara et H.Okamura）、キンメイシホウ（キンメイシカクダケ　*Tetragonocalamus quadrangularis* f. *Nagamineanus* Muroi et H.Hamada）、ギンメイシホウ（ギンメイホウチク　*Tetragonocalamus quadrangularis* f. *gimmei* Kasahara et H.Okamura）が観賞用に植栽されている。

キンメイシホウは稈の芽溝部に緑色を残し、稈は全体として黄色を保ち、葉に少し白い条斑を見せる。本品種は特徴のあるものを残していくことをしなければ、形質が不安定なために先祖返りしやすい。

角が丸くなっている四角の稈はシホウチクと呼ぶにふさわしい。表面はざらついている

やや大形の葉は先端を垂れる（9月）

稈の横断面。四角い稈の木質内部には丸い空洞がある。下側に飛び出しているのは気根

稈の下方部には節を取り巻くように多くの気根があって触れると痛い

シホウチク林は湿気のある環境を好む（6月）

各節からの枝は長短3本以上見られる

地際からの数個の節には気根がある

タケノコの発生は秋でタケの皮は紙質

楚々と植えられているシホウチク(新宿御苑、10月)

竹垣の前にゆったりと植え込まれている林分(京都市洛西竹林公園、6月)

脇庭に緑の空間(東京都新宿区、5月)

鉢物となったシホウチク(7月)

◆タテジマシホウ

黄金色の稈に緑の縦縞が数条入ったもの。節の上輪が膨出する。スオウシカクダケとも称する

◆キンメイシホウ

タテジマシホウよりも細い緑の条が多く、節が1輪のように見え気根がある(9月)

◆ギンメイシホウ

キンメイシホウと稈の色が反転したもので節は同様である

オカメザサ属 Genus *Shibataea*

単軸分枝する温帯性タケ類のなかで最も小さい種類で、稈長や直径などの特徴についてはオカメザサの項を参照されたい。地下茎の側芽の発芽率が高いため稈の本数密度は高く、多くのササ類と同様に地上に空間地をつくらないほど密生する。稈鞘は成長後わずかの間は稈についているが、早期に離落する。

枝は1節から数本出るがいずれも短く、ずんぐりした広披針形の葉を枝の先端に1〜2枚つける。横小脈はよく発達し、縦の平行脈とで網目の脈理をつくっている。稈鞘は小さくて薄く、紙質で無毛。葉鞘は発達しない。枝基部の節から出た穂状花序は、長さ2〜4cmで短い花弁がある。小穂は苞で包まれ膜質で披針形となっている。タケノコは春季に発生する。

本属の種は日本に1属2品種、中国に1種の2種のみである。

オカメザサ（オカメザサ属）

学名：*Shibataea kumasaka* Nakai

和名：（漢字名　地方名）阿亀笹　イッサイザサ、イナリザサ、イヨザサ、カグラザサ、ソロバンダケ、ソロバンザサ、チンチクザサ、テンジンザサ、ブンゴザサ、メゴザサ、オサンダケ、クマザサ、カンノンザサなど多数

分布：自生地は不明であるが、関東以西の各地で見られる。地方名からして四国や九州地方の自生かと思われる。

特徴：1属1種で、稈は1〜2m、根元直径3〜4mmで、温帯性タケ類のなかでは最小の種である。通常は刈り込まれていてわかりにくいが、稈はよくしなって曲げやすく、強靭である。節は2輪状であるが、上側は大きく膨出していて1節から数本の枝を出し、その先端から各々1枚のずんぐりした披針形の葉をつけている。葉は長さ7〜9cm、幅2〜2.5cmで、裏面には微毛がある。春になると多数のタケノコを出して密生状態になる。

用途：庭園や公園の縁取りの他、根締め、地被、生垣として植栽されている。放任すると稈長が2mほどになるので、毎年こまめに枝葉を剪定する。また、稈がしなやかなため、秋に伐って細工材にするとよいが、いったん乾燥すると堅くなり加工できない。編み物細工として籠や受け皿にする。

メモ：名称からササ類と誤認されやすい。各地の恵比寿（または戎）神社の酉の市には、このタケの枝に熊手、百両小判、千両箱、お面などを括りつけて、屋内に1年間吊り下げておくと、熊手がお金をかき集めてくれて商売繁盛や福が訪れるという縁起物の福笹として飾っている。

1節より短い枝を5本出し、そこに各1枚の葉をつけている（11月）

稈長が1〜2mという見た目にはササ類を思わせるタケの一属で、稈は柔軟性があるために伐採後ただちに籠や笊の細工用に利用することができる。乾燥すれば硬くなり曲げにくい（9月）

葉は丸味を帯びた特有の形を持ち、披針形をしている（9月）

回遊式の築山泉水庭園。中国の風物を取り入れ、本種を植栽した小山を小蘆山と命名している（小石川後楽園、5月）

樹木の根締めとして前庭に刈り込まれたオカメザサ（東京都新宿区、7月）

オカメザサを列状植栽した大形コンテナガーデン（伊豆箱根鉄道・修善寺駅、3月）

地被あるいは根締めとしての利用も多い（日比谷公園、7月）

道路沿いの生垣（竹笹園、9月）

低く円形状に刈り込まれた庭園（京都市洛西竹林公園、6月）

シマオカメザサ（オカメザサ属）

学名：*Shibataea kumasaka* f. *aureo-striata* (Regel) S.Suzuki

和名：（漢字名　地方名）黄縞阿亀笹　キシマオカメザサ

分布：栽培種なので自然分布はない。

特徴：オカメザサの1品種で、葉に黄緑色の縦縞（条）が入る。

用途：庭園の縁取り、根締めなどに用いられることもある。初夏には葉の黄条が不規則で美しいことから観賞用として好まれる。

オカメザサの1品種。葉に黄緑色の鮮やかな縦縞が数多く入っている（7月）

細い稈に葉が密生するため、春先は新緑がまぶしい

シロフオカメザサ（オカメザサ属）

葉に細くて白い条斑がランダムに入る（9月）

稈に見られる節の上側輪が大きく膨出する。そして基部近くの節部がムツオレダケのように曲がる

繁殖力が旺盛なために簡単に植え込みが広がる様子

学名：*Shibataea kumasaka* f. *albo-variegata* Muroi et Yuk.Tanaka

和名：（漢字名　地方名）白斑阿亀笹　フイリオカメザサ、シロスジオカメザサ

分布：栽培種なので自然分布はない。

特徴：キシマオカメザサが葉に黄緑色の縦縞が入るのに対して、葉の条斑が細くて白、もしくは白黄色の条となっている。

用途：キシマオカメザサと同じく庭園の縁取り、根締め、地被など観賞用に植栽される。

第2部

温帯性ササ類の生態・特徴・用途

ウラゲタンナザサ(蓼科笹類植物園、6月)

温帯性ササ類(単軸型)の基本的な特徴
1. 暖温帯性気候の地域に分布生育する他、冷温帯や亜寒帯にも生育する。
2. 地下茎が長く伸びて単軸分枝する属だけでなく、亜熱帯性タケ類のように地下茎を伸ばして仮軸分枝する属もある。
3. 稈の成長が終わっても稈鞘はすぐに離脱しない。
4. 稈は小形、もしくは中形の小で、中形以上に大きくはならない。
5. 染色体数は 2n=48、4倍体。

ササ属 Genus *Sasa*

ササ属はチシマザサ節、ナンブスズ節、アマギザサ節、チマキザサ節、ミヤコザサ節の5節に分かれており、ほとんどの種が日本国内に分布している。国外には樺太の南部、南千島、北朝鮮の一部、中国の日本海側のみで、種による分布域が明確に分かれている。

チシマザサ節とチマキザサ節は主に日本海側に、ナンブスズ節、アマギザサ節、ミヤコザサ節は太平洋側のみに分布している。その原因として日本海側は夏季に雨量が少なく、冬季に降雪量も含めて降雨量が多いのに対して、太平洋側は夏季や秋季に雨量が多く、冬季に雨が少ないことによると考えられている（鈴木、1978）。

本属の多くの種は稈長3m程度の中形から小形のササ類で、地下茎が地中を長く走行する単軸分枝や地下茎のない仮軸分枝をするものがある。したがって地上では散稈型が多いが、自然状態で放置されているために密生状態で群生している。枝分かれは稈の上部や先端で見られることが多いために、1本当たりの葉数は大形の葉をつけている種では少なく、小形の葉をつけている種では多い傾向があり、通常は羽様状になっている。

節は隆起し、種によって無毛や有毛などの違いがある。稈鞘は成長後もついたままのものが多く、節間よりも短い。花弁は稈や枝に側生し、花序は無苞。小穂は線形あるいは披針形で緑色や淡い紫色で小花をいくつもつけている。タケノコは春から初夏にかけて発生する。

世界中では日本、樺太、千島、北朝鮮などに35種ほどが分布していると考えられている。

節の検索には稈の長さや葉の付き方などによって以下のような違いが見られる。

〈稈長が1m以上になり、数年間生存できる。節はかなり膨出し、節間はやや短い〉

- 稈鞘の長さが節間の2/3のため、枝の伸長時に基部を直視できる。花弁は上方の枝から出る。 ……………… チシマザサ節
- 稈鞘の長さは節間と同じかやや短く、枝の伸長時は基部を隠す。花弁は稈の上部か下部から出る。 ……………… ナンブスズ節
- 稈鞘は節間よりかなり短く1/2以下。節はかなり膨出する。 ……………… アマギザサ節
- 稈の下部から枝を出す。花弁は稈の基部から出て、稈より長くなる。
  ……………… チマキザサ節

〈稈長は1m以下で、稈は1年で枯れる。節輪は目立つほど膨出している〉

- 基部から2〜3本分枝する。節間は細長い。
  ……………… ミヤコザサ節

チシマザサ節
〈Section *Macrochlamys*〉

稈はササ属のなかでも太く、地際で根曲がりし、放任すれば稈長2〜3m、直径5〜12mmに達する。上方部で枝分かれする。節間長はやや短く、節は少し隆起する。葉は表面に光沢があり皮質で、長楕円形か披針形となっている。肩毛の発達は悪い。花弁は稈上部の枝から出て、稈と同程度の高さに達する。小穂は大きく披針形で紫色となる。

この節の種は北朝鮮、北緯51度以南の樺太、東北地方や日本海側の鳥取県以北と長野県などに分布している。

本節の主要種の検索のポイントは以下のとおりである。

〈稈鞘や葉鞘は無毛〉

- 節間や葉も無毛で葉は皮質。裏面の主脈や側脈が太くて明瞭。 ……………… チシマザサ
- 節間は逆方向で有毛。裏面にはわずかに軟毛がある。主脈などは不明瞭。
  ……………… オクヤマザサ

〈稈鞘は有毛であるが葉鞘は毛の存在が不明確である〉

- 稈鞘には逆向きの毛が密生している。
  ……………… エゾミヤマザサ

チシマザサ（ササ属）

葉は長大で主脈は黄白色を示す。ササ類のなかでも葉の縁で皮膚を傷つけやすい種の一つ（5月）

山地では稈が密生して3～4mになり、造林の妨げとなるだけでなく、稈が強靭なために乗ると斜面で滑りやすい（10月）

チシマザサの開花は時折見かけることができる

学名：*Sasa kurilensis* Makino et Shibata

和名：（漢字名　地方名）千島笹　ネマガリダケ（根曲竹）ネマガリザサ、マガリザサ、ガッサンチク、ガッサンダケ（山形県）、ヒメタケノコ、スズコ、ヤマタケ、スズ、ジダケ、アズマタケノコ、ラウタケ

分布：大山（鳥取県）以東の日本海側の各県から東北地方や長野県の山林内、北海道に至る多雪地域などに自生する。

特徴：稈長は3mを越し、直径も2cm以上になることがある。稈は10cm程度まで地上を曲がりながら直上に向かって伸びる。地中部の分枝状況は後述する亜熱帯性タケ類と同様に、単軸分枝と仮軸分枝が交互に繰り返される折衷型である。

節間、稈鞘、葉ともに無毛で、初年度は枝を伸ばさないが2年目以降は稈の上部で数本の枝を分枝し、皮質の数枚の葉をつける。葉長20cm、幅5cmほどで表面は緑色で無毛であるが裏面は灰白色となり無毛で、葉脈は白く目立ち、格子目状である。肩毛はない。節はやや隆起する。稈は強靭で耐寒性が強い。

用途：稈は強靭なため丸竹のまま籠や笊に編み、タケノコは甘く、柔らかなためモウソウチクの生育が困難な地域では食用タケノコとして重宝している。皮をむき、そのまま七厘で焼いたり、切断して味噌汁に入れたりして食べる。また、塩漬けや水煮にして保存食としている。

山形県では斑紋のあるチシマザサの稈が筆軸として使われてきた。バイオマスとしての利用が期待されているが、集荷に経費がかかりすぎることが隘路となっている。タケノコは初夏に発生する。

メモ：耐寒性が強く、タケやササの類では最北端まで生育している。葉にビタミンKが含まれていることから、栄養剤として利用されている。

なお、一般的な呼び名のネマガリダケは、斜面地形に沿って伸びてから直上する生育型から名づけられたものである。

稈を刈り取っておくと再生葉が美しいので庭園に利用する人もある

発生初期は緑色のタケの皮も、時間の経過や日光が当たると赤茶色に変わる（5月）

種子は比較的発芽率が高く、黒くて丸味を帯びている

稈が地表を少し這ってから立ち上がるのは必ずしも雪圧によるものではなく、地下茎が仮軸分枝と単軸分枝を繰り返して増殖するからである

タケノコはモウソウチクの育たない長野県や東北以北、日本海側などで生鮮食品として市販されている。軟らかで甘味があり、モウソウチクとは違った食感と味覚を持っている

◆チャボマキバネマガリ

チシマザサの実生変異。全体に矮性であり、葉はカールしたように内側に巻く（蓼科笹類植物園、5月）

稈が短いので葉を観賞することが多い

◆キカンシロアケボノチシマ

初期に出る葉には白曙斑が入るが、後に緑色になる（蓼科笹類植物園、5月）

若竹の稈は黄白色。チシマザサの実生変異

キンメイネマガリ（ササ属）

学名：*Sasa kurilensis* f. *kimmei* Muroi
和名：（漢字名　地方名）金明根曲　キンメイネマガリダケ
分布：富士竹類植物園のチシマザサ展示園内で、柏木が発見した品種の一つ（1983）。
特徴：稈全体が黄金色で、芽溝部のみ緑色となっていて、葉には白条が数本入っている。栽培種となっている。
用途：庭園植栽用として利用できる。
メモ：チシマザサの突然変異によるもので、富士竹類植物園、蓼科笹類植物園で観賞することができる。

葉に美しい白条が数本入る（5月）

◆ミクラザサ

伊豆諸島の御蔵島や八丈島に生育しているネマガリダケの変種で山の風衝地に生育。稈長1.5〜4m（5月）

シモフリネマガリ（ササ属）

葉の白条が霜降り状に見えたことから名づけられた（11月）

通常の稈は緑色であるが古くなると黄化する

学名：*Sasa kurilensis* f. *maclosa* Muroi et Yuk. Tanaka
和名：（漢字名　地方名）霜降根曲　シモフリネマガリダケ
分布：栽培種で自然分布はない。
特徴：ネマガリザサの1品種で、葉に大小さまざまな白斑点が入ることから霜降りと名づけられた突然変異で、白斑の大きさは幅1〜2mm、長さ2〜10cmの長方形となり、遠望すれば白っぽい葉のように見える。稈鞘は灰白色で、黄金色の毛が生えている。稈は節部から折れやすいが寒さには強い。
用途：ネマガリダケであるだけにそのままでは庭園に植栽することは本意でなく、刈り込んで多く分枝させることで利用できると思われる。これまで利用されたことはない。
メモ：1968年に氷ノ山（兵庫県）で開花後の実生苗から室井が得たもので、突然変異種として栽培されている。また、各種の変異体も見られる。

ナガバネマガリ(ササ属)

学名：*Sasa kurilensis* f. *uchidai* (Makino) S. Suzuki
和名：(漢字名　地方名) 長葉根曲
分布：チシマザサの分布地域内で散見できる。
特徴：基本的にはチシマザサの形態に似ているが、チシマザサの葉に比べて葉幅がやや狭く、基部が広い楔形で、先端部が尖った形をしている点が異なっている。
用途：チシマザサと同様に扱われる。
メモ：基準産地は岩手県滝沢市。

葉は幅がいくぶん狭いが基部は広く、先端が尖っている(5月)

根元からは株状に数本まとまった稈が出る

オクヤマザサ(ササ属)

学名：*Sasa cernua* Makino
和名：(漢字名　地方名) 奥山笹
分布：北海道以北や本州で見ることができる。基準山地は日光市湯元か北海道積丹半島のいずれか。
特徴：稈長は2m、節間には逆向きの細毛があり、多くは無毛。葉は紙状皮質、裏面に薄く軟毛があり、時には無毛で光沢はない。稈は斜上していて、枝は上部で分枝する。葉の主脈や側脈が細いことでエゾネマガリと区別している。小穂は披針形で長さ23cm程度、偏平で2個の穎と7個程度の小花をつける。
用途：特別な用途はない。
メモ：オクヤマザサの1品種としてシャコタンチクがある。

葉は紙状皮質で長楕円形、主脈は黄白色を示す

小穂は披針形で淡い緑色、長さは20〜23cm

タケノコは晩春から初夏にかけて発生

シャコタンチク（ササ属）

稈の先端部からの分枝は1本で、枝の先端から交互に数葉の葉をつける。葉は両面無毛（6月）

オクヤマザサの品種で稈に渦巻き状の黒い斑紋がついている。愛煙家のキセルのラオとして用いた（1月）

学名：*Sasa cernua* Makino f. *nebulosa* (Makino et Shibata) Tatewaki
　和名：（漢字名　地方名）積丹竹　ラオダケ、タイマチク、キンザンチク、カナヤマザサ
　分布：関東以北の本州、北海道の一部。
　特徴：オクヤマザサの品種。稈長2～3m、直径1～1.5cmで稈には渦巻き状の斑紋がある。節はやや高い程度で、新生の稈には毛が見られ、枝は稈の先端部から1節1本で、数本つけている。各枝の先端部に広披針形の葉を互生状に7～8枚つけており、裏面はやや白く、毛は両面とも見られない。
　用途：筆軸、軸掛けの他、細くて通直な稈はキセルのラオに使う。
　メモ：北海道の積丹地方に産したことからこの名がつけられたが、この稈の太さが喫煙道具であるキセル用のラオに適し、しかも斑紋が美しいことから、かつてはよく使われたこともあって有名になった。

第2部　温帯性ササ類の生態・特徴・用途

ナンブスズ節
(Section *Lasioderma*)

　稈長は1～2m、直径6～12mmで稈はやや斜上し、剛性である。稈長が1m以下の個体も多く、長さ1m以下で直径2～4mmのものが多く混ざっている。通常は稈の上部で分枝するが基部からのものは小形種に多い。節間は少し短く、節は隆起する。また、稈鞘は節間よりも短いか同等。葉は枝先に5～9枚つけていて、長楕円形状の披針形である。少し厚い紙質といえるが、小形の葉は枝の先に数枚ついている。

　本節の種は、北海道から本州にかけての太平洋側と四国や九州のスズダケ属の分布範囲内のみに8種が分布する。サイヨウザサ、ツクバナンブザサ、イッショウチザサ、オモエザサ、オシダザサ、ハコネナンブスズ、カガミナンブスズ、タキザワザサなどであるが、特に有用な種ではないので本書では一部の種に限定して紹介する。葉身が細いホソバノナンブスズもある。

ナンブスズの稈長は短く1～2m。まれに庭先でも生育を見ることがある

ナンブスズ(ササ属)

幅の広い、葉長20cm余りの大きめの紙質の葉を稈の先端部に5〜7枚つける(5月)

稈鞘は節間よりもやや短く、有毛である

学名：*Sasa shimidzuana* Makino
和名：(漢字名　地方名) 南部篶　ハコネナンブスズ
分布：岩手県中央部から北部地域の太平洋側に分布。
特徴：稈長1〜2m、直径6〜10mmでいくぶん斜上し、稈の上方部で分枝する。稈は丈夫で、稈鞘は節間長よりも短く、有毛で肌に触れるとチカチカして不快感を受ける。しかし稈鞘、葉鞘などは無毛のことが多い。葉長20〜25cm、幅4cmと大きな葉を稈の先端部に7〜8枚つけている。葉は紙質で表面は無毛であるが、裏面には軟毛が密生している。
用途：特別な用途はないが、時折庭園に植栽されていることがある。
メモ：あまり利用されていないのはタケの皮に毛があるからだといわれている。なお、葉身が細いホソバノナンブスズもある。

ホソバノナンブスズ(ササ属)

学名：*Sasa uinuizoana* Koidz.
和名：(漢字名　地方名) 細葉南部篶
分布：岩手県や東北地方。
特徴：タケの皮は節間と同じか、やや少し短い程度。ナンブスズのなかでも葉が細く、稈は折れやすい。基本的な特徴はナンブスズを参照のこと。
用途：なし。

ナンブスズよりも葉の幅が狭い(11月)

葉は先端部に7〜8枚つけている

稈鞘は節間よりも短く、稈は折れやすいので利用されることはない

ツクバナンブスズ（ササ属）

学名：*Sasa tsukubensis* Nakai subsp. *tsukubensis*

和名：（漢字名　地方名）筑波南部篶　ツクバザサ

分布：近畿以東から北海道に至る太平洋側に広く分布しているが、千葉県、山梨県、東京都、神奈川県、静岡県などでは分布が確認されていない。

特徴：稈長1〜2m、直径5〜7mmで稈の上部で分枝する剛壮なササで、稈鞘や葉鞘は無毛で節間には逆向きの細毛があるか無毛である。節には長毛が密生するか無毛という大きな違いが存在する。葉は4〜7枚程度を稈や枝の先端につけ、長楕円状の披針形から長楕円形となっている。葉長18〜30cm、幅3〜6cmと大きく、葉の表面は無毛であるが裏面に軟毛が密生している。基準産地は種名のとおり茨城県筑波山である。

用途：特になし。

メモ：葉鞘に細毛が密生しているものをキンキナンブスズ（*Sasa tsukubensis* var. *merinacra* (Koidz.) S. Suzuki）と呼び、京都府北部や群馬県北部に小規模に分布しているといわれている。

葉長に対して幅がやや広い。葉の主脈が白色になっている（5月）

稈鞘は薄い褐色で無毛である

ゴテンバザサ（ササ属）

稈そのものはせいぜい1mと短く、カバープラントとして美しい（5月）

細いタケノコが発生

葉は長披針形で裏面には軟毛が密生し、稈の先端部に7〜8枚はある

学名：*Sasa asahinae* Makino et Nakai

和名：（漢字名　地方名）御殿場笹

分布：本州中部、富士山周辺、静岡県御殿場市下の橋など。

特徴：稈長1〜1.2m、根元直径0.5〜0.7cm、節間長8〜10cm、稈、稈鞘、葉鞘ともに無毛であるが、まれに疎毛が見られる。上部で分枝する。葉は長披針形で枝先部に5〜9枚つき、裏面には軟毛が密生する。冬季には隈取られる。葉幅が細く垂れ気味になる。

用途：本州の中部以北では広い庭園の優れたカバープラントとなっている。

メモ：耐寒性があるため高地帯の庭に植栽できる。

アリマコスズ（ササ属）

学名：*Sasa arimagunensis* Koidz.
和名：（漢字名　地方名）有馬小篶
分布：本州西南部の太平洋側に、まれに生育している。
特徴：稈長20～50cmで稈の基部や上方部から分枝する。若年の稈や稈鞘には微毛が密生している。特に稈鞘の下部には長毛がある。節間に細毛があり、上部の節にも細毛が見られる。葉は枝先に2～3枚つき、長さ14～18cm、幅2～3cm、両面とも無毛で紙質である。
用途：葉が細く、冬季に白く隈取られるため中庭の石付きとして植栽する。
メモ：基準産地は神戸市北区。

神戸市立森林植物園周辺のアカマツ林の地被として生育している。無毛で光沢のある葉は短い稈の先端部に数葉つき、冬季には葉の周辺がいくらか白く隈取られる（5月）

稈の中央部から上方部にかけて分枝している

タキザワザサ（ササ属）

東北地方の中央部から太平洋側に分布する。長楕円形状の葉は表面が無毛で裏面は有毛。冬季には葉の周辺が隈取られる

稈鞘や節間は有毛である

学名：*Sasa takizawana* Makino et Uchida subsp. *takizawana*
和名：（漢字名　地方名）滝沢笹
分布：基準産地でもある岩手県滝沢市の他、同県内や福島県、栃木県、群馬県、山梨県、兵庫県などに点在している。
特徴：稈長は1～2m、直径4～8mmで稈の上方で分枝する剛壮な種である。稈鞘には長毛と逆向きの細毛とが混生しつつ密生している。また節間には逆向きの細毛があるが時には無毛のことがある。節は無毛である。葉は長楕円形の披針状で稈や枝の先端部分に4～8枚つけている。この葉は紙質状ではあるが皮質のように厚く、葉長25～28cm、幅4～6cmで表面は無毛であるが裏面には軟毛が見られる。葉鞘は無毛で、肩毛は時折欠如している。
メモ：葉鞘に細毛が密生し、時折、長毛が混生している変種が岩手県、福島県、山梨県などに点在している。これらをチトセナンブスズ（*Sasa takizawana* Makino et Uchida var. *lasioclada* (Makino et Nakai) S. Suzuki）と呼んでいる。

イッショウチザサ（ササ属）

葉はやや大形で紙質。裏面の毛の有無で新葉かどうか判定できる

稈鞘、節、節間などに細毛が密生していて、遠目にはビロード状に見える（6月）

学名：*Sasa magnifica* (Nakai) S.Suzuki
和名：（漢字名　地方名）一勝地笹
分布：熊本県球磨郡球磨村一勝地の他、岩手県にわずか。
特徴：稈長1m余り、直径4〜7mmで、上方部で分枝する。稈鞘、節、節間には逆行した細毛が密生してビロード状に見える。葉の形態は通常の披針形で長さ20〜30cm、幅4〜5cmとやや大形で紙質、裏面は無毛で基部に少し毛が見られる。先端部に見られる新葉では裏面に毛がある。
用途：特になし。
メモ：熊本県球磨郡と岩手県の2か所で見られているだけで、なぜこれほど隔離して生育しているのか不明である。

稈は直立し、上部で分枝する

ほぼ水平に開いている葉が美しい

名前は生育地の熊本県の一勝地からつけられている

カガミナンブスズ（ササ属）

稈長1～2m、根元直径5～7mm、稈鞘は節間長より短い

葉長、葉幅ともに大きく、長楕円状の披針形だけに見応えのある形態となっている。葉の両面は無毛のことが多く、紙質で隈取りは少ない（5月）

学名：*Sasa kagamiana* Makino et Uchida
和名：（漢字名　地方名）米内笹　ヨナイザサ
分布：岩手県盛岡市米内にのみ生育している稀少種とされている。
特徴：稈長1～2m、直径5～7mmで、枝分かれは稈の上部で見られ剛壮である。稈鞘は節間長よりも短く、開出する長毛と逆向きの細毛が密に混生している。稈や節間にも細毛が見られるが無毛のものもある。節部には短毛が密生することがあるが、ない個体もある。また葉鞘には細毛が密生し、同時に長毛が混ざっている。

稈や枝の先端部に見られる葉は多く、6～9枚のことが多い。葉長は25～30cm、幅4～6cmと大形で、基部は円形で先端部は突出している。長楕円状の披針形で、薄い紙質である。葉の裏面は無毛のことが多い。また、冬季における葉の隈取りは個体によって異なり、発生するものと見られないものとが混ざっている。

枝分かれは稈の上部で見られる

用途：特に利用されている事例はない。
メモ：葉鞘が無毛のものをオジハタコスズ（*S. kagamiana* Makino et Uchida var. *inukamiensis* (Koidz) S. Suzuki）といい、岩手県内でごくまれに分布している。なお、隔離して分布している滋賀県犬上郡多賀町大君畑が基準産地となっている。

第2部　温帯性ササ類の生態・特徴・用途

カシダザサ（ササ属）

学名：*Sasa kashidensis* Makino et Koidzumi
和名：（漢字名　地方名）樫田笹
分布：茨城県、栃木県、埼玉県が隣接する地域や房総半島から丹沢山地や長野県にかけて、また奈良県周辺や愛媛県、鹿児島県などに点在して分布している。
特徴：ハコネナンブスズの矮小型といわれている。稈長30〜70cm、直径2〜3mmという小さなササで、稈の上方部または基部から分枝している。稈鞘は長い毛が開出し、密生している。節にも長毛が密生し、節間には逆行する細毛があるか無毛である。稈鞘は無毛である。葉は稈や枝に数葉つき、表面は無毛で裏面には軟毛が密生している。長楕円形状披針形で、葉長15〜20cm、幅2.5〜3.5cm、基部は円形で先端が尖っており、紙質である。
用途：特になし。
メモ：基準産地は大阪府高槻市樫田となっている。

葉は長楕円形状の披針形で、ササ属の標準的な大きさである（6月）

短い稈の基部または上部で分枝している

オモエザサ（ササ属）

稈長は1〜2mで、上部から分枝し、稈鞘、葉などほとんどの部分が有毛である（5月）。稈や枝の先端部には数枚の紙質の大きな葉がつき、裏面には軟毛が密生している

学名：*Sasa pubiculmis* Makino
和名：（漢字名　地方名）重茂笹　ツバメザサ
分布：北海道、岩手県、埼玉県、長野県などの降雪量の少ない地域で、基準産地は愛知県北信楽郡豊根村富山大谷。
特徴：稈長は1〜2m、根元直径4〜7mmで稈の上方部で分枝している。稈鞘や節間には逆向きの細毛が密生していて肌触りが良く、まれに長毛が疎生することもある。節には細毛がある。葉鞘にも細毛が密生している。稈や枝の先端部に数枚の葉がついており、基部は円形で先端部は尖り、長楕円形状披針形となっている。葉身は20〜28cm、幅は3〜5cmで柔らかく紙質で裏面には軟毛が密生している。基準産地は岩手県宮古市重茂（おもえ）となっている。
用途：稈そのものは剛壮であるが、ほとんど使われていない。
メモ：葉鞘が無毛で全体に毛の少ないものをエゾナンブスズ（イブリザサ）（*S. pubiculmis* Makino var. *chitosensis* (Nakai) S. Suzuki）と呼び、北海道水産総合研究所千歳ふ化場構内で見られ、基準産地となっている。

95

ミカワザサ（ササ属）

学名：*Sasa pubiculmis* Makino subsp. *sugimotoi* (Nakai) S. Suzuki

和名：（漢字　地方名）三河笹　ツバメザサ

分布：分布範囲は狭く、愛知県と千葉県でわずかに分布している程度である。

特徴：稈長は25〜40cm、根元直径1.5〜3mmと小さいササで、稈鞘や節間には細毛が密生している。節部には無毛か細毛が少しある。ただ、上方部の節に長毛が見られることもある。葉鞘は開出した細毛が密生している。披針形で紙質の細長い葉は稈や枝の先端部に数葉ついていて、その裏面には軟毛が密生している。肩毛は放射線状であるが欠落していることが多い。

用途：使われていない。

メモ：葉が冬季に少し白く隈取られる。

稈長の短いササで、披針形の細長い葉は紙質で稈や枝の先端部に数葉ついている（5月）

葉の裏面には軟毛が密生している

◆フタタビコスズ

ナンブスズ節の1種で葉が美しい（5月）

タケの皮は節間より短い

◆キリシマコスズ

ナンブスズ節の1種で、冬季には葉の周辺が美しく隈取られる

稈鞘は節間長よりも少し短い

アマギザサ節
Section *Monicladae*

　稈長1～2m、直径4～12mmで稈は斜上し、上方部で分枝する。節はかなり膨れており、節間は短い。稈鞘は節間より短くて1/2以下。葉は長楕円状の披針形で、やや厚めである。肩毛の発育は悪い。花弁は上部の枝から出る。小穂は線形である。

　本州中部や四国に分布していて4種が知られている。

　種の検索は以下のとおりである。

〈稈鞘は無毛〉
- 葉は両面とも無毛。 …………イブキザサ
- 葉の裏面は有毛。 ………ミヤマクマザサ

〈稈鞘は有毛〉
- 葉は裏面が無毛。 ………イヌトクガワザサ
- 葉の裏面は有毛。 …………トクガワザサ

葉は細く長大で薄く、紙質である（5月）

イブキザサ（ササ属）

　学名：*Sasa tsuboiana* Makino
　和名：（漢字名　地方名）伊吹笹　ツボイザサ
　分布：伊吹山（滋賀県）の他、京都府丹波地方、伊豆半島、四国などの限られた地域に分布している。
　特徴：稈長1.5～2m、直径2～6mmほどの強靭なササで、稈の上方部で分枝する。稈鞘は節間長より短く、無毛である。葉身は長さ15～25cm、幅3～5cmと大きく、形状は長楕円状で披針形となっている。紙質で薄い。一斉開花しても実生苗が早期に発生するため絶滅することはない。
　用途：特別な利用はないが、一斉林となっている様子は高原のように見える。
　メモ：伊豆半島や御蔵島でも見ることができるが、大群落となって広がっている伊吹山の山麓や山陰地方の他、京都府の丹後地方でも広く分布している。愛媛県南東部には隔離して生育しているところもあるという報告が

稈鞘は節間長よりも短く、節部で曲がるため利用価値はほとんどない

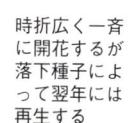

時折広く一斉に開花するが落下種子によって翌年には再生する

ある。別名ツボイザサ（坪井笹）ともいい、学名は坪井伊助を記念してつけられた。一般的には、イブキザサの名称がよく知られている。

ミヤマクマザサ（ササ属）

学名：*Sasa hayatae* Makino
和名：（漢字名　地方名）深山隈笹、深山熊笹　タンザワザサ

分布：福島県南部から本州の中部、南部の太平洋側と四国の限られた地域に分布している。基準産地は東京都八王子市の高尾山。

特徴：稈長0.5〜1m、直径0.5〜0.6cmという小形のササで、上方で分枝する。節間は短くて6〜8cmしかなく、稈鞘、節、節間のいずれも無毛である。節は膨出し、稈鞘は節間の1/2かそれ以下である。葉は長楕円形状披針形の紙質で、裏面に軟毛があり長さ15〜25cm、幅3cmほどである。先端は尖っていて基部は丸くて広い。肩毛は放射状についている。

用途：特別に利用されてはいない。

メモ：タンザワザサはミヤマクマザサに似ているが形態が小さく、肩毛がよく発達している点で区別できるといわれることもある。だが両者の学名は同一であることから、単なる環境変異種とも見なされている。

地被として広がっていると葉の美しさによって癒される

葉は長楕円形状披針形となっている。裏面に軟毛がある

葉は周辺が隈取られ、クマザサよりも幅が狭く、長い（5月）

上部側の節は膨出し、稈鞘は節間より短い

稈は褐色で稈鞘は節間より短い

稈鞘は鮮明な緑色である

トクガワザサ（ササ属）

裏面には軟毛が密生していて、冬季には紙質の葉の周辺が隈取られる（5月）

生育地では地被として広がっていることが多い

葉柄から主脈の基部辺りが白く変化している

成熟した稈鞘には短毛が生え、灰色を呈するものが多い。また、節間長よりも短いものが多い

タケノコは緑色の稈鞘に覆われている

稈は1本立ちで上方部で分枝する

学名：*Sasa tokugawana* Makino

和名：（漢字名　地方名）徳川笹　ハコネスズ

分布：箱根山、天城山、愛宕山を中心とした地域に分布している。

特徴：稈長は1.5m、直径5mm程度で分枝は稈の上部で見られる。節は大きく隆起している。稈鞘は節間よりも短く、おおよそ半分余りの長さで、密生した毛がある。葉は長楕円状の披針形で、葉長は15〜22cm、幅3〜5cm、やや厚みのある紙質である。表面は無毛であるが、裏面には軟毛が密生している。肩毛は放射状についているが、時には欠如していることもある。

用途：繁殖力が旺盛なために、法面（のりめん）の緑化や保護用として植栽される。

メモ：分布地域が限定されているために、利用頻度は少ない。

チマキザサ節
Section *Sasa*

稈長は1.5m以上で強靭。その直径は5〜8mmである。分枝は稈の下方部で数年間は生存している。節はいくぶん隆起しており、節間は少し長い。葉は長楕円形であるが、基部は丸みを帯びている。また、葉は少し厚みのある紙質で上面は光沢のある緑色である。肩毛はよく発達しており、放射状に伸びているがまれに欠けている個体もある。

分布域は北海道以北や本州の日本海側の各県の他、四国や九州の高山に分布している。関係する種は9種で、検索は以下によって行うことができる。

〈稈鞘が無毛のもの〉
- 葉の裏面が無毛のもの。………チマキザサ
- 葉の裏面が有毛のもの。………シナノザサ

〈稈鞘が有毛である。稈鞘には逆向きの毛が密生し、葉鞘は短毛がある〉
- 稈鞘には逆向きの長毛と細かい毛が密生している。葉は裏面無毛。…………ケザサ

〈稈鞘には逆向きの短毛か細かい毛が密生する〉
- 葉の裏面は無毛である。………フゲシザサ
- 葉の裏面は軟毛がある。………ヤヒコザサ

〈稈鞘は長毛が密生する〉
- 葉の裏面は無毛。………………クマザサ
- 葉の裏面には軟毛がある。……オオバザサ

〈稈鞘は長毛と逆向きの細毛が密生する〉
- 葉の裏面は無毛である。………クテガワザサ
- 葉の裏面に軟毛がある。………ミヤマザサ

クマザサ。秋口から冬季にかけてハダニによる白斑が現われることもある

チマキザサ（ササ属）

形状の大きな葉はちまきや鱒の寿司などの包装に用いられる（6月）

学名：*Sasa palmata* Nakai
和名：（漢字名　地方名）粽笹、芝　シバ、ジバ
分布：北海道、本州の日本海側、四国や九州の高山帯などに分布。
特徴：稈長1〜2m、直径6〜8mmで硬く、分枝は稈の下部から生じる。新生のものは節間に毛が生えているが稈、稈鞘、葉鞘などは通常は無毛である。葉身は長楕円形で長さ20〜30cm、幅5〜10cm、基部は丸く、先端部は尖っている。両面とも無毛であるが、表面は光沢があることと冬季でも葉の周辺が隈取られることがなく美しい。また、主脈が黄色く明るいためよく目立つ葉だといえる。
用途：稈の太さに対して葉が大形で美しいことから、生もの食品としての寿司や団子などの包装や食品の飾りつけに用いられる。
メモ：葉にビタミンK、クロロフィルなどが多く含まれている。端午の節句ともなれば、子どもたちのためにもち米やくず粉をササの葉で巻いて蒸したちまきがつくられたが、今でも京都ではチマキザサで巻いたちまきがつくられており、毎年4月下旬からゴールデンウィークにかけて名産として出回っている。よく知られている富山の鱒寿司、金沢の芝寿司、新津の小鯛寿司では、寿司の上下にチマキザサの葉を防腐と通気性を利用して保存に役立てている。また、魚釣り用の魚籠（びく）の底に、この葉を置いて鮮度を保たせることにも使われている。

葉は幅が広く大きいほど利用価値が大きい（5月）

稈はタケの皮が落下した頃でも新鮮な緑色を保っている

日光が遮断されている稈鞘は緑色であるが、その後も稈についている頃は褐色になる

節の上方部がタケの皮で覆われている様子

分枝は稈の下方部から生じる

チマキザサの開花

葉の両面が無毛で艶があるため利用される

101

◆フイリチマキザサ

葉脈に幾条かの白い斑が入ったチマキザサ（5月）

地被となっている本種の葉の様子

◆サトチマキ

主脈の基部から中部まで薄緑色になっている。冬季も葉は端の隈取らない（5月）

地被としてのサトチマキ

オオザサ（ササ属）

クマザサの1変種で葉幅の広い長楕円形の大きな無毛の葉を持った種である（5月）

本州の日本海側に広く分布している

学名：*Sasa veitchii* (Carrière) Rehder var. *grandifolia* (Koidz.) S. Suzuki

和名：（漢字名　地方名）大笹

分布：樺太や本州の日本海側に分布し、新潟県から東北地方にかけては内陸部まで広く分布する。また四国では愛媛県東部石槌山麓にも分布。基本産地は滋賀県長浜市木之本町（賤ヶ岳）。

特徴：チュウゴクザサの葉の広い1変種。稈長2m前後で、稈鞘には長毛が密生している。強硬な印象を受ける。稈は無毛であるが、まれに逆向きに細毛を生やしている個体がある。葉は長楕円形か卵状長楕円形でクマザサに似ている。葉長は20～25cm、幅5～8cmで葉の先端部は急に尖り、表面や裏面はともに無毛で冬季に隈取られることはない。なお、小穂は線形で、長さ2cm余り、2個の頴と5～8個の小花をつける。花頴は紙質である。

用途：特別なものはない。

メモ：本変種のなかで節に長い毛が密生するものをフシゲオオザサ（*S. veitchii* (Carrière) Rehder f. *mayojinensis* S. Suzuki）と呼んでいる。基準産地は岩手県岩手郡雫石町。

第 2 部　温帯性ササ類の生態・特徴・用途

シナノザサ（ササ属）

学名：*Sasa senanensis* Rehder

和名：（漢字名　地方名）信濃笹　クマイザサ、アズマタケノコ、ジダケ、スズ、ヤマタケ、スズコ、ヒメタケノコ

分布：中部山岳地方から関東南部の山稜地、日本海側の東北から山陰地方など。

特徴：稈長1～2m、直径5～8mmで、まれに稈基から分枝する。稈鞘や葉鞘は無毛で、節は有毛のこともある。葉は長楕円形の披針形で大きく、葉長20～25cm、幅4～5cmで柔らかく、表面は無毛であるが裏面は微毛が密生している。

用途：大きな葉を利用して菓子の包装に使っている。

メモ：岩手県には葉に黄色の縦縞の入るものがあり、キンタイザサ（*Sasa megalophylla* form. *nobilis* Muroi）と呼んでいる。なお、タケ・ササ類は日本の伝統意匠によく用いられているが、長野県出身で姓に竹の文字の入った人によると、実家のほうではシナノザサを家紋にも使っているという。

クマザサのように葉の周辺が隈取られるのではなく、冬季に先端部近くが枯れる（5月）

関東南部から中部、その他の山岳地帯に分布している

葉は長楕円形の披針形で大きく、表面は無毛であるが裏面には細毛が密生している

通常は稈の基部から全体に枝を出す

稈の利用はないが、葉は柔らかいので包装用として使う

103

ヤヒコザサ（ササ属）

学名：*Sasa yahikoensis* Makino
和名：（漢字名　地方名）弥彦笹
分布：北海道、本州の中部以北。
特徴：稈長は1～2mで硬く剛壮。稈や稈鞘、節などには逆向きの細毛が密生している。葉長20～25cm、幅4～5cmの披針状長楕円形で、先端は急に尖っている。葉の表面は無毛または長毛が少しある。しかし裏面には軟毛が密生している。肩毛は放射線状に発達している。
用途：未利用。
メモ：基準産地は新潟県弥彦山。

東北の太平洋側や関東地方北部の山形県、群馬県その他の山地に分布

葉の周辺は白く隈取るが、それほど美しくはない

葉はやや大きく、披針形で長楕円形の表面はほぼ無毛であるが裏面は軟毛が密生（5月）

稈は少し節部で曲がることがある

タケの皮は利用していない

稈は硬く、利用されてはいない

タケノコ時代の稈鞘は緑色である

ミヤマザサ（ササ属）

葉は稈や枝の先端から手を広げたように水平に互生状で7～8枚ついている（9月）

東北地方の太平洋側や北陸から山陰地方に分布

分枝は稈基からも行われる

稈鞘の表面には短毛が密生している

葉の表面は無毛であるが裏面には軟毛が密生している。冬季も隈取られない

学名：*Sasa septentrionalis* Makino

和名：（漢字名　地方名）深山笹　コチク、クマザサ

分布：東北地方の太平洋側や山陰地方から北陸にかけての日本海側、北海道など。

特徴：稈長0.5～1m、直径5～8mmで稈基から分枝することもある。稈鞘には毛が密生している。葉身の長さ18～23cm、幅3～5cmの大きさで表面はほとんど無毛であるが、裏面には軟毛が密生している。

用途：矮性で雪に強く、冬季でも葉の縁が隈取られないこと、葉が薄くて柔らかなこと、葉が美しいなどのことから根締めとして庭園で利用する。

メモ：中部地方の亜高山帯で最も標高の高い地域に生育しており、以下スズダケ、チシマザサ、シナノザサの順に下がっていく。同種では、乾季の穏やかな低地域ほど稈や葉が大きくなる。

中部地方では標高の高い場所に分布する

クテガワザサ（ササ属）

学名：*Sasa heterotricha* Koidz.
和名：（漢字名　地方名）久手川笹
分布：秋田県と岩手県の南部から福井県までの主として日本海側に分布している。
特徴：稈長1～2mで稈の下方部で枝をまばらに分枝する。稈鞘には長毛と逆行する短い細毛が密に混生している。また節間には下方向きの細毛が密生している。そして節にも細毛があるか無毛である。葉鞘にも細い毛が密生し、また短毛が混生していることもある。葉は披針状長楕円形で葉長20～25cm、幅4～6cmで基部は丸く、先端は少し尖っている。葉の両面は無毛であるが、まれに裏面の基部に軟毛が見られることがある。肩毛は放射状となっている。
用途：特になし。
メモ：基準産地は石川県輪島市久手川で、ここの地名が和名となっている。

東北地方から北陸地方にかけての日本海側に分布している（5月）

新しい稈鞘には長毛や短毛が密生しているため稈が薄緑色に見える

稈鞘に覆われているタケノコは薄緑色に見える

クマザサ（ササ属）

ササの葉で白く隈取られる種は多いが、これが本当のクマザサの美である（1月）

学名：*Sasa veitchii* Rehder
和名：（漢字名　地方名）隈笹、熊笹　ヘリトリザサ、ヤキバザサ
分布：北海道から西日本までの日本海側や四国や九州の山地で生育しているが、多くが山地で野生化したものと見られている。自生地は京都府下といわれている。
特徴：稈長は1m前後で、稈基からも分枝する。稈鞘には毛が密生するが、葉鞘や節部の他、節間は無毛である。葉身は長さ15～25cm、幅5cm前後、広披針形で、両面とも無毛である。冬季には隈取りが美しい。
用途：白く隈取った葉が美しいので、庭園の根締めとして広く利用されている。また和食の飾りとして敷物に使われることも多い。
　クマザサの葉から抽出したエキスは万病に効くものとして市販されている。
メモ：緑色の葉が寒気を迎えるようになると、周辺が白く隈取られるササをクマザサと呼んでいる地方が多い。北海道のミヤコザサや東北のチシマザサ、山陰地方のヤネフキザサがその例であるが、最も美しいのが本種である。節に長い毛を密生している種はフシゲクマザサと呼ばれ、京都市北部に自生している。

初夏の葉。すべての葉は開葉したが、まだ皺が残っている

厳冬期の葉。両面とも無毛でクマザサとして最も美しい時期

初冬の葉。周辺部が白く隈取られ始める

春の葉。先端部の開葉までに至っていない頃

新しいササの稈鞘には細毛が密生する

稈は節部でやや曲がるために通直にならない

分枝は稈に対して鋭角となる

節に見られる冬芽

冬季以外でも美しい葉が好まれて庭園に植え込まれる(7月)

無毛で葉幅が広いために笹団子の包装に利用される

庭園内の樹木の根締めとして玉仕立てに(有楽苑、6月)

上品な味わいがあり、薬膳茶としても飲用される(蓼科笹類植物園、5月)

コンテナ植栽

植え込みは最初からあまり植栽間隔を取らない

翌年に美しい葉を育てるには早春までに低く刈り込む(9月)

冬季の根締め材料として喜ばれるクマザサ(新宿御苑、3月)

自然石の石付きとして植えられている(神奈川県箱根町、8月)

園路脇に植えられているクマザサ(清澄庭園、7月)

丸く小山仕立てとしてアカマツを引き立てる(新宿御苑、2月)

竹苗は常に保たれている(新宿御苑、10月)

オオバザサ（ササ属）

学名：*Sasa megalophylla* Makino et Uchida
和名：（漢字名　地方名）大葉笹
分布：主に中部地方から関東地方にかけて多く分布しており、そこより北では分布が少なくなる。
特徴：稈長は2m以下で、基部から分枝する。稈鞘は有毛である。葉身は披針状の長楕円形で、長さ20〜26cm、幅4〜8cmになる。葉の基部は丸く、先端部は尖っている。全体にずんぐりした形態となっている。葉の表面は無毛であるが、裏面には柔らかい毛が密生している。古くなった葉は周辺から枯れたようになる。肩毛は発達している。
用途：特に利用されてはいない。
メモ：本種のなかには葉に黄色い縦条の入った品種でキンタイオオバザサ（*Sasa megalophylla* f. *aureovariegata* S.Suzuki）がある。

冬季になると葉先が枯れ、主脈の薄緑色を目立たせる（5月）

稈鞘は節間長よりも短く、細毛が密生する。分枝は基部で起こる

タケノコの稈鞘は紫褐色である

群生する葉

稈は最初細毛をつけているが、しだいに無毛となる

着葉は枝の先端部から互生状で7枚。表面は無毛で裏面は細毛が密生する

第2部　温帯性ササ類の生態・特徴・用途

チュウゴクザサ（ササ属）

新生の葉（5月）

葉の形状はクマザサに似ているが隈取りはない

緑色の若い稈と褐色になった古い稈

密生している葉はかつて山村では飲用茶葉として利用していた

荒廃地でも生育する

稈鞘には長毛が生えている

クマザサとチュウゴクザサの違い

クマザサ（左）に比べ、葉は隈取りにくいので区別しやすい

学名：*Sasa veitchii* (Carrière) Rehder var. *hirsuta* (Koidzumi) S. Suzuki

和名：（漢字名　地方名）中国笹

分布：日本海側の各県と北海道、四国の一部に生育している。

特徴：葉の先端部が尖っており、隈取りにくいことでクマザサと区別できる。稈長2mで、基部で分枝する。稈鞘には長毛が密生しているが他の部分には見られない。葉長は20〜25cm、幅4〜5cm、披針状長楕円形である。葉の表裏ともに無毛である。

用途：葉は煎茶として利用されていたが、最近ではあまり用いられていない。

メモ：島根県内の山間地帯では、クマザサの変種である本種が群生していることから、住民がお茶の代用として有効活用していた。当地では笹茶、あるいは健康茶と呼ばれていた。

ヤネフキザサ（ササ属）

学名：*Sasa tectoria* Makino ex Koidz.
和名：（漢字名　地方名）屋根葺笹　イガザサ（伊賀笹）、クマザサ
分布：山陰地方から北陸地方にかけての日本海側に分布している。
特徴：クマザサの近縁種と見なされるが、稈鞘や葉は無毛である。葉長20cm、幅5～6cmほどになる幅の広い大形の葉を持っている。このため、かつては屋根葺き用の瓦代わりに用いている農家が多かった。湿気の多い谷筋に生育している。冬季には葉の周辺が枯れたように隈取られることからクマザサと呼んでいる。分枝は稈の下部から1枝を生じる。
用途：屋根瓦の代用として使われていた時代があった。
メモ：葉を利用するときは秋口にタケを伐採して、葉を乾燥すると長期の使用に耐えることができる。ササの葉を使うことで、夏涼しく冬暖かい生活ができるという。

葉の大きさを利用して屋根に葺いていた（9月）

細い稈が目立つ

稈鞘は長く稈から離脱することはない（11月）

タケの皮は節間のほぼ1／2しかない（10月）

分枝は稈の下部から

第 2 部　温帯性ササ類の生態・特徴・用途

キシマヤネフキザサ（ササ属）

葉にいくつかの黄条が発生したヤネフキザサ（9 月）

同じ葉でも夏季以降で鮮明になる（10 月）

稈の下部から1 枝を分枝する

稈鞘は節間長の1／2

黄条の斑入りササ類のなかで最も美しい種といわれる

学名：*Sasa kurokawara* Makino f. *aureo-striata* Muroi et Yuk.Tanaka
　和名：（漢字名　地方名）黄縞屋根葺笹
　分布：栽培種
　特徴：ヤネフキザサの葉に幾条かの黄色の縦縞が入ったもので、夏以降に黄色が鮮明になる。葉長15～18cm、幅25～38mmで、葉鞘や節は無毛である。開花後得られた突然変異種である。
　用途：鉢物や根締めに使われる。
　メモ：現存している斑入りササのなかで、条斑が最も美しいものの一つといわれている。

タンナザサ（ササ属）

学名：*Sasa quelpartensis* Nakai
和名：（漢字名　地方名）丹那笹
分布：韓国済州島西部にあるハルラ山付近の済州市園嶠に自生しているという。
特徴：桿長10～80cm、直径2～4mmの小形種。桿や桿鞘は無毛で、桿鞘の長さは節間長よりも短い。節はやや膨らむ。葉は枝先に4～7枚つき、葉長4～20cm、幅1～3cmで先端部は鋭く尖っている。葉の表面は淡緑色で短毛が散生し、裏面は灰緑色で無毛、葉脈は銀白色で鮮明。
用途：庭園に植栽する。
メモ：冬季の葉が美しい。

葉はまとまったように枝先に4～5枚で、表面に短毛が散生

チマキザサ節の種で葉の周辺は冬季に白く縁取られる。葉脈は白く見える（5月）

分枝は下方部（蓼科笹類植物園）

◆ウラゲタンナザサ

葉の表面はタンナザサと同様（蓼科笹類植物園、5月）

葉の表面はタンナザサが無毛であるのに対し、本種は有毛

第 2 部　温帯性ササ類の生態・特徴・用途

ヤリクマザサ（ササ属）

学名：*Sasa hastatophylla* Muroi
和名：（漢字名　地方名）槍隈笹
分布：四国や九州に少し分布している。
特徴：稈長は30〜60cm、根元直径は3〜5mmの小形のササである。耐寒性が強く、標高500m以上になると冬季に葉は隈取るが、低地帯では冬季でも隈取りはない。分枝は2年目以降に地中より数本分かれる。葉は長楕円形でやや厚く、皮質で稈の先端部に6〜7枚つけているが最下葉だけが披針形となっている。表面の基部が多少紫色となっている。
用途：瀬戸内の住宅の庭で栽培しているという記録があるようだが確証はない。
メモ：栽培して観賞するには養分として肥料を多くし、タケノコの成長期間は灌水を少なめにして乾燥させると葉がより美しくなる。

枝先に5〜6枚集合した葉の末端部の葉のみが小さく、皮質の葉は冬季でも隈取らない（6月）

稈長は平均50cmと小さく耐寒性が強く、分枝は2年目以降に地中で

ミナカミザサ（ササ属）

稈長はやや長く1m近くあり、稈の基部から分枝する（5月）

クマイザサよりも幅が広い葉を持っている

学名：*Sasa senanensis* (Franchet et Savatier) Rehder var. Harai (Nakai) S. Suzuki
和名：（漢字名　地方名）水上笹
分布：富山県や長野県以北の本州や北海道、千島などに広く分布している。基準産地は群馬県利根郡みなかみ町。
特徴：稈長1.5〜2m、直径5〜8mmでシナノザサ（クマイザサ）よりも葉幅の広い一変種である。稈の基部からはまばらに枝分かれしている。稈鞘や葉鞘は無毛で節もほとんど無毛であるが、節間には逆向きの細毛があることもある。葉身は卵状長楕円形となっている。葉長20〜25cm、幅6〜8cmで、裏面には細い軟毛が密生しているが表面は無毛か長毛が散生している。
用途：特になし。
メモ：節に長毛を密生するものをフシゲミナカミザサ（*Sasa senanensis* f. *argillacea* (Koidz.) S. Suzuki）といい、基準産地は岩手県盛岡市となっている。

115

ミヤコザサ節
Section *Crassinodi*

　一般に本節のササ類は太平洋側に生育している。稈は細く、分枝は稈の基部で1本もしくはまれに2本生じる。稈長1m程度が多く、直径2〜5mmになる。稈はほぼ1年で枯れるが更新は旺盛で、密生する。節は膨出し、節輪よりも高い。節間長は長い。葉は長楕円形状の披針形で、光沢がなく紙質である。肩毛は通常はよく発達している。

　この節には8種があり、検索は以下のように行うが、一般に知られていない種が多い。
〈稈鞘は無毛である〉
・葉の裏面に軟毛がある。………ミヤコザサ
・葉の裏面は無毛である。……ウンゼンザサ
〈稈鞘は有毛である。稈鞘は逆向きの細毛または微毛があるか両者が混生する。葉鞘には毛があることが多い〉
・葉の裏面に軟毛がある。……オオクマザサ
・葉の裏面は無毛である。………コガシザサ
〈稈鞘は開出する長毛があり、葉鞘は無毛〉
・葉の裏面には軟毛がある。……タンガザサ
・葉の裏面は無毛である。……ウツクシザサ
〈稈鞘は開出する長毛と逆向きの細毛が混生する。また、葉鞘は通常毛がある〉
・葉の裏面に軟毛がある。………アポイザサ
・葉の裏面は無毛である。………オヌカザサ

◆オオクマザサ

　オオクマザサ（*Sasa chartacea*（Makino）var. *chartacea*）は、関東以北から北海道までの太平洋側の道県、埼玉県（基準地）などに分布している。センダイザサの別称もある。

　稈長1m以下で、分枝しない稈、稈鞘、節などに細毛が生えている。変種と思われるものにエゾミヤコザサ（*Sasa opoiensis* Nakai）、アポイザサ（*Sasa samaniana* Nakai var. *samaniana*）、ビロードミヤコザサ（*Sasa chartacea* Makino var. *mollis*（Nakai）S. Suzuki）などがある。

ミヤコザサ（ササ属）

葉は薄くて柔らかく紙質（9月）

学名：*Sasa nipponica* Makino et Shibata

和名：（漢字名　地方名）都笹　エゾミヤコザサ、クマザサ

分布：北海道、東北地方から本州の南部までの太平洋側と四国、九州全体に広く分布している。なお、東北地方では積雪量の少ない温暖地域、中部地方では岐阜県、長野県の南部などに生育している。

特徴：稈長は1m以下で細く、節部は稈鞘輪の上部が球状に膨れている。稈が分枝することは稀である。稈の寿命は1年ほどであるが、天然更新が行われるので常に繁茂していることになる。葉長は15〜23cm、幅2〜5cm、触り心地の悪い紙質で、冬季には葉の周辺が隈取られる。葉の表面は無毛であるが、裏面には軟毛が密生している。肩毛は発達している。夏季に乾燥すると葉を巻き込むことが多い。

用途：庭園の地被として用いられる。また、家畜の飼料の他、法面への植栽で土砂崩れの防止に役立つことが多い。

メモ：ケイ酸分が少なく、薄くて柔らかいことから家畜が好んで食するので飼料にしている。日光戦場ヶ原（栃木県）のミズナラやカラマツの林床にミヤコザサの群落が広がっている。なお、北海道の海岸部などでもミヤコザサの群生が見られ、エゾミヤコザサとも呼ばれる。

稈の寿命は約1年で、全面開花しても翌年には実生によって回復する

葉は紙質で春先から秋までは隈取られないが、それ以降は白く隈取られる。四国、九州の他、全国の太平洋側に広く分布している（6月）

葉鞘の肩毛が水平に出て鮮やか

開花の初期

最盛期の開花。雄しべが黄色く伸びている

冬季には葉の周辺が白く隈取られるが、クマザサとは葉の形態が異なる

◆エゾミヤコザサ

◆アポイザサ

学名を見るとアポイザサではないかと思えるが、オオクマザサの変種かもしれない（6月）

北海道様似町のアポイ岳中腹に分布。稈長1m以下。葉は紙質で、葉身は長楕円形状で披針形となり、冬季に隈取られ、裏面に軟毛が密生（5月）

117

◆ビロードミヤコザサ

オオクマザサの変種で紙質の葉は裏面に毛が密生し、冬季に隈取りをもたらす(5月)

稈は分枝しない

稈鞘に短毛と細毛が密生し、これがビロードに見えるという

◆フイリホソバザサ

ミヤコザサの近似種。葉に白条が入っており、半日陰で栽培すると美しい(10月)

オヌカザサ(ササ属)

稈長はごく短いササで細く、分枝しない(5月)

葉は両面無毛で冬季には隈取りを見ることができる

学名：*Sasa hibaconuca* Koidz.
和名：(漢字名　地方名) 小奴可笹
分布：北海道の十勝地方、福島県の白河やいわき、広島県東北部に散在し、いずれも分布範囲は狭い。基準産地は広島県庄原市東城町小奴可である。
特徴：稈長60〜80cmと小形で細く、分枝はしない。稈鞘には長毛と逆向きの細毛とが混ざって密生する。節間には逆行する細毛が生えている。上部の葉鞘は無毛となっている。長楕円状披針形の葉は先端部が急に尖り、逆に基部は円形状かくさび形となっている。葉の両面は無毛で肩毛が放射状に見られる。
用途：特になし。
メモ：これまで開花したとの記録はない。

ウンゼンザサ（ササ属）

学名：*Sasa gracillima* Nakai
和名：（漢字名　地方名）雲仙笹
分布：雲仙の他、近畿から関東方面に至る太平洋側に分布している。
特徴：稈長1mまでの細い稈で、分枝することなく、稈鞘、葉鞘などは無毛である。節間は長く、節は球状に膨らんでいる。葉鞘には少し紫色の部分がある。冬季に葉の周辺が隈取られる。樹林の下層植生として、日陰部や湿気のある場所で生育が良い。
用途：造園樹の根締めの他、芝原として植栽する。
メモ：ミヤコザサに似て稈の寿命が短い。分布地域から見ると、近畿や関東方面でよく見かけることができる。

1枝についている葉は枝先から4～5枚で、葉柄は短い（6月）

新緑の葉は淡い緑色で美しい（6月）

節間長は長く、節部は膨出する。稈は分枝しない

葉は無毛で密生し、樹木の下層植生として湿気のある場所で生育が良い

冬季に葉身の周辺が少し隈取られる

ニッコウザサ（ササ属）

学名：*Sasa chartacea* Makino var. *nana* (Makino) S. Suzuki

和名：（漢字名 地方名）日光笹、ミヤマスズ

分布：主に関東地方から近畿地方の太平洋側に多く分布しているが、関西以西の本州や四国、九州、北海道にも少し点在して生育している。

特徴：葉鞘にまったく毛がないのが大きな特徴である。稈長は1m以内で、分枝しない。稈鞘には短毛や逆行する細毛が密に混生している。葉は紙質で、葉長15〜20cm、幅3〜5cmの長楕円形状披針形となっている。表面は無毛か短毛が散生し、裏面には軟毛が密生している。肩毛は通常よく発達している。

用途：未利用。

メモ：基準産地は福島県三春町光岩寺。

葉は紙質で薄く、両面とも有毛であるが裏面は密生している（5月）

葉鞘は無毛で分枝することはない。しかし、稈には短毛や細毛が見られる

カツラギザサ（ササ属）

葉は紙質で表面は無毛であるが裏面は軟毛が密生している（6月）

葉は冬季に外周が細く隈取られる

学名：*Sasa admirabilis* Koidzumi

和名：（漢字名 地方名）葛城笹 タンガザサ

分布：本州中南部の太平洋側や四国、九州の瀬戸内側で見られる。

特徴：稈長 50〜100cm、直径3〜5mm、分枝はほとんどしない。葉長17〜25cm、幅2〜5cm、紙質で長楕円状披針形。上面は無毛であるが、下面は軟毛が密生している。

用途：冬季に葉の外周が細く隈取られ、柔らかで先端が垂れ下がるため、庭園などに植栽する。

メモ：隈取りはクマザサよりも細く、京都の社寺の庭園で見かけることが多い。タケノコは晩春に発生する。

第2部　温帯性ササ類の生態・特徴・用途

アズマザサ属 Genus *Sasaella*

中形もしくはやや小形の稈を持つササ類で、地下茎が地中を走行しつつ仮軸分枝する。亜熱帯地方に生育するタケ類と同様の地下構造を示す。したがって林内での稈は散稈状になり、それぞれは散らばった状態にあるが、実際には密生していることもあってわかりにくい。

稈は直立し、1.5〜3m、直径4〜8mmになるものが多い。稈の上方部や中部の1節から数本を分枝する。節の成長輪の上部が著しく膨出し、そこには長毛があるものや無毛のものがある。節間長は長く、種によって無毛か長毛が逆行する。節間よりも短い稈鞘は無毛か、有毛で、長期間、稈に密着している。

葉は枝、または先端部に羽状様に5〜8枚がつき、紙質かやや厚い紙質で、通常見られるようなタケ類の形状を示している。葉の着毛状態は種によって異なり、有毛か無毛である。肩毛はよく発達し、基部には微毛が見られる。葉舌は丸くなっている。タケノコは春季に発生する。

主要な種の検索は以下のとおりである。

〈稈鞘は無毛。葉の裏面が無毛。葉鞘は無毛〉
- 1節より1本の枝が出る。……クリオザサ
- 1節より3本の枝が出る。……トウゲザサ
- 葉鞘に長毛がある。……………サドザサ

〈葉の裏面は有毛。葉鞘は無毛で、まれに細毛が密生する〉
- 1節より1本の枝が出る。……アズマザサ
- 1節より3本の枝が出る。……ハコネシノ
- 葉鞘に長毛がある。…………シオバラザサ

〈稈鞘は有毛〉
- 稈鞘に逆向きの細毛あり。
  ……………………………ジョウボウザサ
- 葉の裏面は有毛。………ヒシュウザサ

上記の他、稈鞘の毛の有無によって5種の分類がされている。

アズマザサ（アズマザサ属）

学名：*Sasaella ramosa* Makino
和名：（漢字名　地方名）東笹　カントウザサ
分布：関東地方から、東北地方にかけての太平洋側に特に多い。
特徴：稈長1〜2m、直径4〜8mmで1節より1本の枝が出る。節はいくぶんふくれ、節や節間は無毛である。葉は長さ15〜25cm、幅2.5〜3cmの長楕円状披針形となっている。紙質で柔らかく表面には毛が散生している程度であるが、裏面には軟毛が密生している。
用途：家畜の飼料として利用されることがある。この他、庭園では刈り込んで芝生のような利用をしたり、石付きとして植栽したりすることも多い。
メモ：葉は冬季でも鮮やかな緑色で耐寒性が強く、分布域が広いために、地域によって葉鞘や節の着毛状態による品種や変種がある。

葉に白条があり、芽溝部が緑色で他が黄金色となる品種をキンメイアズマザサ（*Sasaella ramosa* f. *kimmei* Muroi et H.Okamura）と呼んでいる。岩手県盛岡市のアズマザサ林内で発見されたものである。

関東地方の東部に広く分布し、平坦地にも生育している。道路沿いなどでしばしば見かける（5月）

ヒロハアズマザサ（アズマザサ属）

学名：*Sasaella okadana* Makino
和名：（漢字名　地方名）広葉東笹
分布：主に関東以北。
特徴：アズマザサよりも葉の幅が広いもので、環境変異に由来するのではないかと思われる。
用途：なし。

葉は5枚ほどが一団となって稈の先端についている（5月）

葉鞘部分は暗褐色で、葉柄はほとんどなく、その部分は黄緑色である

稈長は1〜2mで1節より1本分枝する。見た目に美しさを覚えない

タケノコは春から初夏にかけて生育する

アズマザサに比べてやや葉幅が広く、枝先の葉数がいくぶん多いと思われる（11月）

分布域はアズマザサと同地域

◆シラシマアズマザサ

アズマザサの葉に白条が入ったもので中国原産の栽培種（蓼科笹類植物園、5月）

スエコザサ（アズマザサ属）

葉は洋紙質で表面には長毛がまばらに見られ、裏面には短毛が密生している

稈の先端部についている葉は5〜7枚で冬季に先端部が枯れたようになる

稈基部の1節より1本分枝する。稈鞘は節間長の1／2

スエコザサの植栽林（9月）

牧野夫人が他界された翌年に命名された種で、夫人を顕彰するために命名されたスエコザサと歌碑（高知県牧野植物園）

スエコザサと牧野富太郎の胸像（東京都・練馬区立牧野記念庭園）

　学名：*Sasaella ramosa* Makino var. *suwekoana* (Makino) S.Suzuki
　和名：（漢字名　地方名）寿衛子笹
　分布：宮城県から岩手県にかけて分布している。
　特徴：稈長1〜2m、直径4〜6mmで節間長は7〜15cm、枝分かれは稈基部より1節1本を分枝する。稈鞘は節間長の1/2、葉は洋紙質の長楕円形で表面には白い長毛があり、裏面には短毛が密生している。ただし、稈鞘や葉鞘は無毛である。冬季になると葉の先端部から周辺が枯れて多少見苦しい。
　用途：耐寒性があるため、庭園内の石付きに利用する程度である。
　メモ：このササは、牧野富太郎が1928年に夫人を亡くす前に仙台市で発見し、常に研究を支えてくれた亡妻のために命名したという。今も仙台市野草園に石碑とともに植栽されている。なお、スエコザサは高知県立牧野植物園、東京の練馬区立牧野記念庭園などにも植栽されている。

トウゲダケ（アズマザサ属）

学名：*Sasaella sasakiana* Makino et Uchida
和名：（漢字名　地方名）峠竹　トウゲザサ
分布：本州の東北地方。
特徴：稈長2～2.5m、根元直径3～4cm。稈は剛壮で、稈の上部で分枝する。1節より3本の枝が出る。稈鞘、節、節間、葉鞘などいずれも無毛。葉は長楕円状披針形の紙質で両面とも無毛である。
用途：岩手県ではタケノコを早く取って食用とする。
メモ：クリオザサに似ているが稈は硬く、上部で枝分かれすることや1節から3本の枝がでる点で異なっている。基準産地は岩手県奥州市。

稈の上部で枝分かれして3本の枝を出す（5月）

地上部の組織すべてにおいて無毛である。細いタケノコは食用にする

ヒメシノ（アズマザサ属）

葉は披針形もしくは線状披針形で紙質（7月）

葉の裏面には細毛が密生しているが表面には少ない

学名：*Sasaella kogasensis* (Nakai) Nakai ex Koidzumi var. *gracillima* S.Suzuki
和名：（漢字名　地方名）姫篠　コチク、コグマザサ、コクマザサ
分布：関東地方で栽培されている。
特徴：稈長40cm程度と低いササである。稈鞘は細い毛に覆われており、節間にも細毛が認められる。葉は長さ8～12cm、幅1.3～1.5cmの紙質で、表面には少し毛が認められるが裏面には毛が密生している。
用途：庭園の石付きや根締めとして利用されている。
メモ：関東地方を中心として園芸市場でコチク、コクマザサという商品名で販売されてきた栽培変種。秋から冬にかけての低温にも適応して葉枯れすることもないので、グラウンドカバーとして利用されている。最近の住宅では芝生の代わりに植栽されていて、刈り込まれた姿が美しいので好まれている。

多くの庭園に植栽されていてコチクあるいはコクマザサと呼ばれている。低温に強く、乾燥にも葉枯れすることがほとんどない（京都市洛西竹林公園、6月）

稈鞘には長短の毛が密生する

葉の基部は半円形状

分枝は稈の中部位で見られる

石付きとして植え込まれた様子（東京都港区・八芳園、2月）

根締めとして利用されることが多い（10月）

刈り込みは低位置で

徒長枝が多い刈り込み前の状態

低く刈り込むことで美しいグラウンドカバーとなる

レイコシノ（アズマザサ属）

学名：*Sasaella reikoana* Muroi
和名：（漢字名　地方名）玲子篠
分布：岩手県花巻市から太平洋岸への河川敷や道路端に点在して分布している。

特徴：稈長は0.3〜2mで、それほど大きくはならない。濃い緑色の葉は葉長6〜10cm、幅0.5〜1.5cmの披針形で、葉がよじれて生育する特性がある。葉の裏面にある主脈には微毛が生えているが、その存在は微妙である。枝は1節から3本ほど分枝する。稈鞘は最初のうちは淡緑色であるが、しだいに薄茶色から茶褐色になる。開花による結実はまれである。

用途：耐寒性が強く、冬季でも葉の周辺がほとんど隈取られないので、日本庭園の根締め、石付きなどに利用している。

メモ：岩手県花巻市で室井綽が発見したもので、クマザサとメダケの雑種ではないかと考えられている。

タケの皮の色は最初、淡い緑色であるが、しだいに褐色に変化する（10月）

稈鞘の長さは節間長とほぼ同一である

葉は濃い緑色で裏面の主脈には微毛が見られる

◆ミタケシノ

葉は披針形で細長く、先端が垂れ下がる（10月）

◆センダイムラサキシノ

稈長50cm程度で小形種。日が当たると、稈は紫色を帯びる（5月）

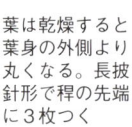

葉は乾燥すると葉身の外側より丸くなる。長披針形で稈の先端に3枚つく

第2部　温帯性ササ類の生態・特徴・用途

ハコネシノ（アズマザサ属）

葉は紙質で表面は無毛であるが裏面には軟毛が密生する（6月）

稈鞘、葉鞘は無毛

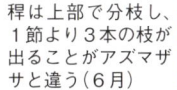

稈は上部で分枝し、1節より3本の枝が出ることがアズマザサと違う（6月）

駒ヶ岳（神奈川県箱根町）のハコネシノの原野から富士山を望む（9月）

葉は長楕円状の披針形で、葉長17～23cm、葉幅25～35mmで先は尖る

学名：*Sasaella sawadai* Makino ex Koidz.

和名：（漢字名　地方名）箱根篠　ハコネメダケ

分布：箱根周辺。箱根以外では、まれに長野県や福岡県で見出されている。

特徴：稈長2m、直径4～8mmで、稈の上方部で分枝する。アズマザサとの違いは、稈の1節から3本の枝を出すことである。葉の表面は無毛であるが、裏面は軟毛が密生している。

用途：通路や住宅の敷地内のアプローチに利用することがある。

メモ：同定の困難さは日当たりの良好なところでは肩毛がアズマザサのようになり、葉はゴキダケのように細長くなっており、これは雑種だからとのことである。標高が高くなると葉が細くなる傾向もあり、環境適応による違いがある。

ハコネダケの群落中に見られ、近くにミヤクマザサの群落もあることから、ハコネダケを雌とする交雑種ではないかといわれている。

シイヤザサ（アズマザサ属）

学名：*Sasaella glabra* (Nakai) Nakai ex Koidz.
和名：（漢字名　地方名）椎谷笹
分布：本州中部以南に自生し、新潟県などで発見されている。
特徴：アズマザサに類似するが、肩毛の発達は悪く、葉は無毛である。
用途：特に見られない。

稈長は１ｍ前後で、冬季には葉の周辺が枯れたように広く隈取られる

葉は無毛で、稈の先端部に４葉が集まっている（５月）

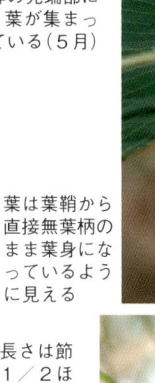

葉は葉鞘から直接無葉柄のまま葉身になっているように見える

稈鞘の長さは節間長の１／２ほど

タケノコは春季に発生。稈鞘は赤褐色

稈の下方部から分枝する

シロシマシイヤ（アズマザサ属）

葉には幾条もの白条が入っている（9月）

稈鞘には細毛があり、節で曲がる

新緑の頃の葉の彩りが目を引く

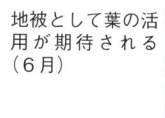

地被として葉の活用が期待される（6月）

葉の美しさは白条による（6月）

学名：*Sasaella glabra* f. *albostriatus* Muroi

和名：（漢字名　地方名）白縞椎谷　シロスジシイヤ、フイリシイヤ

分布：栽培種。

特徴：稈長0.3～1m、葉は葉長10～20cm、幅20～30mmで、数本の白条が見られ、葉の縁にも白条の入る特徴がある。性状としては強く、やせ地でも十分育つことから愛好者がある。

用途：グラウンドカバーや盆栽として使われている。

メモ：ササ類のなかでも美しい葉を持つ種として取り上げられていることから、洋風庭園に植栽されている。こうしたササは、早春には刈り込んでおくと新緑を楽しく観賞することができる。日照に強く、日当たりのよいところで緑と白条のコントラストが強調される。和名のつけられた所以を思わせるものがある。

キシマシイヤ（アズマザサ属）

学名：*Sasaella glabra* f. *aureo-striata* Muroi
和名：（漢字名　地方名）黄縞椎谷　キスジシイヤ
分布：石川県大聖寺駅周辺。
特徴：シイヤザサの葉に細い黄色の条が入った品種。春季に発生した新しい葉は緑色であるが、6月頃になると黄色が葉脈に沿うかのようにして線状に現れ、夏季になると最も美しいコントラストを見せる。野生として群生している。その他の特徴はシイヤザサと同じである。
用途：造園に利用される。
メモ：刈り込むほどに先端の1枚以外の葉の条斑も美しくなる。

シロシマシイヤ同様に葉に黄条が入る梅雨頃が最も美しい

緑葉に黄条が入りはじめる（6月）

夏季を過ぎた頃の葉

新緑の頃の葉

新葉が出た頃は単色の緑葉が鮮やかである。枝は稈の中央部から出る

クリオザサ（アズマザサ属）

稈の先端部に見られる数枚の葉（9月）

稈の中央部付近から1本の枝を出す

葉は長楕円状の披針形で細長い（8月）

節や節間には、まれに細毛が見られる

稈の先端部では葉を展開しつつ、さらに伸びるのも見られる（8月）

学名：*Sasaella masamuneana* (Makino) Hatusima et Muroi

和名：（漢字名　地方名）栗生笹　ゲンケイチク（厳敬竹）、ゲンケイダケ、タネガシマザサ、ヤクシノ、クリオチマキ

分布：四国、北海道を除く日本各地で生育し、関西以西では日本海側、また、関東以北では太平洋側に多く分布している。

特徴：稈長2m前後、稈の中央部よりも上部で分枝し1節から1本の枝を出す。タケの皮、節間、節はいずれも無毛であるが、節や節間には時折、細毛が逆行して生えている。葉は長楕円状の披針形で細長く、紙質で表面、裏面ともに無毛であるが、まれに表面に長毛のあるものがある。

用途：利用はされていない。

メモ：基準産地が屋久島栗生で、本属中最南端に生育している。節や稈鞘の基部に長毛が生えているものをオオサカザサ（*Sasaella masamuneana* f. *hashimotoi* (Makino) S. Suzuki）という。

◆オオサカザサ

クリオザサの品種で節や節と稈鞘の基部に長毛のあるもの（11月）

ヤダケ属 Genus *Pseudosasa*

中形のササ類で、地下茎は地中を横走して仮軸分枝を行う。亜熱帯性のタケ類に似た温帯性と熱帯性タケ類との折衷型の生育型を示す。このため、稈は多少散生することになるが、密生するために外観上は明確ではない。

稈は直立し、稈の分枝は上部の1節から1本となっているが、まれには2～3本分枝することもある。節は膨出することなく無毛である。節間は長く、無毛もしくは微毛が密生する。稈鞘は皮質で、稈に密着し、稈の下方部では節間よりも長いが、上方では短く、無毛または長毛が伸びているものもある。葉片は線形で、肩毛はないか少しあるが、しだいに減少する。

葉は枝の先端に羽状または掌状につき長楕円状の披針形で、基部は丸いか鈍形である。先端部は尖っていて紙質か皮質で、表面、裏面とも無毛となっている。葉鞘は皮質の無毛で、肩毛はほとんどない。タケノコの発生は春季である。検索は下記のとおりである。

〈稈長が2～5mと長く、肩毛が平滑で葉は大形である〉
- 稈鞘に長毛があり、1節から1本の枝が伸び、節間は無毛で披針形。・・・・・・・・・・ヤダケ
- 稈鞘は無毛で、1節から1～3本の枝が伸び、節間には微毛が密生し、葉は長楕円形状の披針形。・・・・・・・・・・オオバヤダケ
- 稈長は1m以下で肩毛はなく、葉は小形である。・・・・・・・・・・ヤクシマヤダケ

オオバヤダケの葉は長楕円状で披針形。庭園用としても植栽される(11月)

ヤダケ(ヤダケ属)

通直に伸びた稈は密生する(11月)

学名：*Pseudosasa japonica* Makino
和名：(漢字名　地方名) 矢竹　ノジノ、シノベ、シノダケ、ヤジノ、ヤノ、ニガタケ、ノダケ
分布：本州、四国、九州。
特徴：稈長は3～4m、直径1cmの中形稈で、節間長30cm程度である。通直で初年度は分枝することなく、翌年以降に先端部で分枝する。節は高く出張らない。稈鞘は節間長よりも長く粗毛をつけ、やや白い。材質は硬く、披針形の葉は稈鞘の先端部にのみつき、厚みがあり、長さ30cm、幅4cmの大きさで無毛である。
用途：稈は芽溝部が浅くて正円、通直で節間長が長く、節も飛び出さないことなどから武道具の矢として昔から用いただけでなく、筆軸、団扇、釣竿、籠類飾り窓の材料など利用価値が高く、坪庭の材料としても利用されている。
メモ：ヤダケは通直だが大きな葉の重さでわずかに湾曲することもあり、玄関前や塀などに少数の稈を植栽して仕立てると優雅な雰囲気を醸しだす効果がある。

完満さと正円からなる稈は2〜3mにもなる

稈は通直で、節が低く、節間が長い。枝分かれは2年目からすることが少なく、先端部のみに葉がつくために矢の材料とする（7月）

開花後間もない花（4月）

米粒大の丸味を持った種子

そば処の入口脇に植えられたヤダケ（東京都文京区・無茶庵、4月）

葉は披針形で稈の頂端にあり、細長いため先端が垂れる

離脱前のタケの皮

細くて心もとないタケノコ

133

メンヤダケ（ヤダケ属）

学名：*Pseudosasa japonica* var. *pleioblastoides* Muroi
和名：（漢字名　地方名）雌矢竹、面矢竹
分布：高知県のみに生育。
特徴：枝の出方など多くの点でヤダケに似ている。ヤダケの変種で、1節から3～5本の枝を出す。
用途：稈は柔軟性があり、細工物の材料となる。個体数が多いわけではない。
メモ：かつて室戸岬の亜熱帯性樹林内で、室井が細いヤダケに1節からの分枝数の多い変種として見つけたものである。

ヤダケの変種で1節から数本の枝が出るのが本種の特徴（9月）

稈は柔軟なために竹細工の材料となる

展示林の林相（船岡竹林公園）

ラッキョウヤダケ（ヤダケ属）

稈の下方部では節間の下方部がラッキョウのような形に膨れる。しかし、稈の上方部ではヤダケの形状になる（9月）

学名：*Pseudosasa japonica* var. *tsutsumiana* Yanagita
和名：（漢字名　地方名）辣韭矢竹　ラッキョウチク
分布：ヤダケの変種。茨城県水戸市などとされているが、形態が特殊な栽培種（野生はない）なので、自然分布はない。
特徴：稈長は2～4m、直径1～1.5cm。各節間の芽のない側の稈下方部と地下茎の節間が異常に膨出するため、ラッキョウのように見えることからこの名前がつけられたもの。地下茎でも同様な奇形となっている。枝は下方部からも発生し、葉はヤダケ同様に長い。
用途：釣り竿の柄、箸置、庭園樹など。
メモ：奇形に興味を持って庭園に植栽したり、盆栽に仕立てたりして風情、雅趣を楽しむ風流人もいる。タケノコは春季に発生する。

第2部　温帯性ササ類の生態・特徴・用途

葉はヤダケ同様に細長い

ラッキョウ形に膨出している節の反対側からは枝が出る

叢状に仕立てられている庭園（松花堂庭園、6月）

若い稈

稈と枝

鉢植えの販売用苗

タケノコの発生

塀越しのラッキョウヤダケ（茨城県水戸市、1月）

ラッキョウヤダケの盆栽（10月）

ヤクシマヤダケ（ヤダケ属）

学名：*Pseudosasa owatarii* Makino
和名：（漢字名　地方名）屋久島矢竹　ヤクシマダケ、ヤクザサ
分布：屋久島の固有種。
特徴：稈長0.4〜1m、直径2〜5mmの小形のササで、稈の上部で分枝する。稈鞘、葉鞘などは無毛で節は隆起しない。葉は枝先に数枚つけており、葉長6〜10cm、幅8〜12mmと小さくて紙質である。
用途：特にない。
メモ：温暖地域に生育していて耐寒性に欠けている。強い直射日光や乾燥地には適応できないが、屋久島の小高い丘陵地や山地形には一面に本種が生育している。なお、宮浦岳頂上付近に変異体で矮性のチャボヤクシマ（*Pseudosasa owatarii* Makino f. *pygmala* Muroi）がある。

葉鞘は無毛（展示植栽、6月）

葉は稈の先端部に3〜4枚つけ、紙質である

屋久島の宮浦岳の山腹に広く分布している（4月）

葉は狭披針形の小形である

稈は1m以内で、上方部で分枝する。稈鞘は無毛で節の隆起はない

オオバヤダケ（ヤダケ属）

大きな葉は灰汁巻の包装に利用する（6月）

葉は大きく、長さ30〜45cm、幅6〜10cm。両面とも無毛で枝や稈の先端に数枚（6月）

稈長は4m近くになり、成長後間もない節や稈鞘には毛があるが後には無毛となる

1節から数本の枝を出す

細い枝先

学名：*Pseudosasa hamadae* Hatusima

和名：（漢字名　地方名）大葉矢竹　ダンゴザサ（鹿児島県）　ジャクチク

分布：鹿児島県下で栽培している。

特徴：稈長は4m余り、直径1〜1.5cmに達する中形のササで、節は高くない。最初は1節から3本の枝が出るが、その後は1本しか出ない。また、稈鞘や節に初めは毛が存在しているが、やがて消滅してしまう。葉長30〜45cm、幅6〜10cmという大きな葉は、枝の先に数枚ついていて両面とも無毛である。

用途：包装材料として利用している。

メモ：樹林下、日陰地といった湿気のある場所での生育は優れている。鹿児島県特産といわれるだけに、水捌けのよいシラスでの生育もよい。葉が大きいため、鹿児島県では端午の節句につくられる灰汁巻（あくまき）の包装材料として利用している。

開花中の花穂（3月）

半円形状に刈り込まれたオオバヤダケ（竹笹園、9月）

アケボノヤダケ(ヤダケ属)

開葉後間もない葉は基部が緑色で、先端にかけて白緑色のぼかし状となる。しかし秋頃には通常の緑色の葉になる(6月)

葉は皮質で大きく、葉先が垂れる

稈鞘は初め白く見えるが、後には褐色へと変色する

稈にも曙の見えることが知られている

学名：*Pseudosasa japonica* f. *akebono* H.Okamura

和名：(漢字名　地方名) 曙矢竹

分布：天然分布はなく、兵庫県西宮市で藤岡が発見したヤダケの品種。

特徴：稈長2m、直径5〜10mmでいくぶん白く見える稈である。葉は皮質で大きく、先端部が下垂している。葉は総じて白っぽい緑色に見えるが、夏季から秋にかけては緑色になる。稈鞘は最初、白味を帯びているが、後には褐色に変わる。稈の長さは、節間長と同じか長い。

用途：小庭園に植栽する。

メモ：新竹の葉の基部は新鮮味のある緑色で、先端部に向かって白緑色のぼかし斑が見られる。したがって薄緑色に見えるが、夏季から秋口にかけて再度緑色に変わる。このぼかされた色から曙型といわれている。斑紋は、他のササでは見られない美しさだといわれている。また、葉に条が入ったものにアケボノスジヤダケがある。

◆アケボノスジヤダケ

アケボノヤダケの葉脈に沿って薄緑色の縦条が数本入る(9月)

スズダケ属 Genus *Sasamorpha*

中形、もしくは小形のササ類で、地下茎は単軸分枝する。稈はやや疎立状態で、直立していて斜立することはない。稈長は1～2m、直径4～8mmで、枝は稈の上方部で1本分枝する。稈の多くは有毛であるが無毛のものもある。節はほぼ平坦で、その上側も膨出することはない。稈鞘は稈に密着し、節間よりは長く、皮質で毛が生えている。

葉は両面とも無毛であるが、まれに裏面に毛がある。紙質でやや厚く、稈または枝の先に羽状もしくは手のひら状に数枚ついていて、形状は披針形で先端部は鋭く尖っている。葉耳や肩毛はなく、上部が円形の葉舌が存在する。タケノコは春季に発生する。

本属の種としては日本、韓国、中国にそれぞれ生育していて、日本には2種3変種がある。代表種を示すと検索は以下によって行われる。

〈葉の裏面は無毛、もしくは微毛がある〉
- 葉の裏面は無毛かわずかな微毛がある。……………………………………スズダケ

〈葉の裏面に約1mmの長さの毛が密生〉
スズダケには4種の変種があり、節や葉の毛の有無や形態で微妙な違いのあることが指摘されている。
- 葉の裏面に1mm程度の長さの毛が密生する。……………………………………ケスズ

スズダケ（スズダケ属）

学名：*Sasamorpha purpurascens* (Hackel) Nakai

和名：（漢字名　地方名）篶竹　スジタケ・スノ（岩手県）、スドリダケ（兵庫県）、ミダケ（静岡県）、ススノタケ、シノメダケ、ホッタケ（鹿児島県）、シノダケ、シノ、スズ、スドリダケ

分布：北海道から本州、四国、九州に至る太平洋側の湿気の多い温暖地に群生する。

特徴：稈長は1～2m前後、直径は5～8mmで節高は普通である。稈は堅牢で折れにくい。稈は淡い紫色を帯びた褐色で、枝は頂部で数本に分かれる。稈鞘は紫色を帯びていて、粗毛が存在する。葉長は約30cm近く、幅は4～5cmと大形で厚みがある。表面は無毛で光沢があるが裏面は灰白色となっている。

用途：行李の本体や縁巻き材の他に笊、魚籠、花籠、釣り竿の穂先部などに使う。最初に油抜きをしておかなければ折れやすいので、新生のササを使うようにする。もっとも所変わればで、岩手県や山梨県では最初の油抜きをしていないという。

メモ：縁巻き材として利用するには弾力性が欠かせないので必ず1年生の稈を使い、本体は1～3年生の稈を使う。笊、魚籠は2～3年生の稈を使う必要がある。スズダケはややこしいことにシノダケと呼ばれたり、篠竹と書いてスズダケと呼んだりするところもあることから、篠竹と間違えられやすい。また、造園に利用するにはよく刈り込んでおくことも葉の美しさに関係する。なお、変異体にチトセスズ（*Sasamorpha purpurascens* var. *psilostachys* Nakai）がある。

スズダケの展示林（船岡竹林公園、9月）

葉は無毛で皮質、光沢がある

葉は長披針形で細長く、葉先は下垂する(10月)

枝から葉の出方を見る

枝や稈が煤けたように褐色に見えるので、この名前があるという

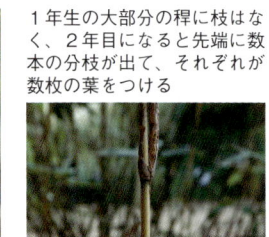

1年生の大部分の稈に枝はなく、2年目になると先端に数本の分枝が出て、それぞれが数枚の葉をつける

開花中の小穂と黄色い雄しべ(5月)

稈鞘には長年粗毛が密生する

第2部　温帯性ササ類の生態・特徴・用途

ハチジョウスズダケ（スズダケ属）

スズダケをサツキや庭木にアレンジする（有楽苑、6月）

山間地のスズダケと残雪（長野県松本市、1月）

2～3年生の稈は強靭性があるため、秋以降に伐って籠や笊をつくる（竹工芸作家・小田誌世 作）

このササは伊豆八丈島もしくは御蔵島に産する固有種で、葉は枝の先端に数枚つけている。狭い長楕円状披針形で基部は丸く、紙質である（展示植栽、5月）

稈の赤紫色が目に鮮やかで、稈鞘には長毛や細毛がある

タケノコには緑色の稈鞘が見える

学名：*Sasamorpha borealis* (Hackel) Nakai var. *viridescens* (Nakai) S. Suzuki
和名：（漢字名　地方名）八丈篶竹
分布：伊豆諸島八丈島および御蔵島。
特徴：スズダケの変種で稈、葉などには毛は認められない種である。稈長は1～1.5mで稈はやや薄い緑紫色をしている。また稈鞘には長毛が散生し、細毛と混生している。節間や葉鞘はもちろんのこと節も無毛である。葉は紙質で薄く、やや細い長楕円状披針形を示している。葉の裏面は無毛である。
用途：なし。
メモ：生育地域は伊豆諸島の2島に限られている。基準産地は八丈島東山。

ケスズ（スズダケ属）

学名：*Sasamorpha mollis* Nakai
和名：（漢字名　地方名）毛篶　スズダケ
分布：宮城県や伊豆大島などの山塊地域で見られ、宮城県では標高が増すにつれてケスズ、スズダケ、チシマザサの群落へと移行している。

特徴：稈長0.5～1.5m、直径5mm、節間長10cm余りの小さなササである。直立形で節は少し高く、稈鞘の下部には粗毛が生えている。枝は稈の上部で数本に分かれている。また、稈鞘は節間長よりも長い。葉は長楕円形で、裏面には軟毛が密生し、葉はいくぶん波打っているようになっている。葉鞘は無毛である。

用途：利用はほとんどされていない。

メモ：かつてはこのササが群生しているところでは冬季に村総出で山に入り、稈を伐りだして出荷していたといわれている。葉に白条か黄の条が入ることがあり、これをフイリスズ（*Sasamorpha borealis* var. *purpurascens angustifolius* Muroi et H.Okamura）と呼んでいる。また、変異体に葉が細長く、隈取りが美しいクマスズがある。

葉は長楕円形で裏面には軟毛が密生（5月）

稈鞘は節間長よりもやや長い

稈は通直で節はやや高く、稈鞘は節間長よりやや長い。下方部には粗毛が見られる

葉の縁に細かな鋸歯がある

葉は稈の先端部に4～6枚

昔はよく利用された稈だが、今は使われることもない

第 2 部　温帯性ササ類の生態・特徴・用途

クマスズ（スズダケ属）

庭園で大葉に育てるには1年生を残し、小葉に育てるには稈を低位置で伐採する（6月）

稈は1m前後で低く、枝は数本出し、節は低い

長大な葉は冬季になると周辺が白く隈取られて、ササ類のなかで美しい葉の一つである。落葉樹のある明るい樹林下の肥沃地ではより美しい葉を生じる（10月）

学名：*Sasamorpha amabilis* Nakai
和名：（漢字名　地方名）隈篶　クマザサ
分布：宮城県以南の太平洋側の標高700～800mの山中に自生する。
特徴：稈長は短く、1m程度で枝を数本出す。節は低く、葉長15～30cm、幅2～5cmと長大であるが、晩秋には葉の周辺が白く隈取られるために細く見える。
用途：高山性のため、低地帯に持ち込んでも活着しにくいことから利用される機会は少ない。しかし、地域によっては庭先に植えつけて刈り込み、根締めとして景観を楽しむこともある。
メモ：樹林地の湿気のある日陰で生育が良く、宮城県以外でも筑波山や天城山でも観察できるところがある。地域によっては葉の周辺が隈取られることからクマザサと呼んでいるが、本来のクマザサとは葉の形態がまったく異なっている。

◆ **フイリスズ**

葉脈に平行して薄い緑色の条あるいは淡い黄条や白条が入る。シロスジスズとも称する

スズダケの品種で稈長30～70cm、葉は長大である（10月）

143

メダケ属 Genus *Pleioblastus*

本属には中形と小形の稈からなるササ類がある。興味があるのは地下茎の構造が節によって異なっており、一つは温帯性タケ類のように地下茎が地中を横走して単軸分枝するものであり、他の一つは亜熱帯性タケ類のように地下茎が地中を横走したのち仮軸分枝するものである。したがって前者は散稈型であるが後者は株立ち型になる。しかし、現地ではほとんどのササ類が密生状態にあるため、掘り起こさなければ確認しがたい状況をつくっている。

単軸分枝型のものは稈が直立し、長さ1～5m、直径4～8mmとなり、稈の上方部で分枝して1節から3～7本の枝を出す。節は、上部側の節輪をあまり膨出することがない。節は無毛か長い毛がある。節間は長く、無毛、または逆向きの細毛がある。稈鞘は稈に長期間密着し、節間よりも短く皮質で種によって無毛、または有毛である。葉片は披針形が多く、線形もある。肩毛は白くて真っすぐで平滑になっている。葉は稈や枝の先端部に5～8枚、羽状もしくは掌状についている。形状は概して披針形で尖っている。葉鞘は種によって異なり、有毛か無毛で皮質であり、平滑となっている。

メダケ属は3節に分けられていて、20種以上が日本や中国に分布している。

リュウキュウチク節

Section *Pleioblastus*

地下茎は1種を除いて仮軸分枝する。したがって稈は大きな株立ちとなる。葉は披針形で長く、先端が垂れ下がり、幅の10～20倍近いものまである。また、種によって異なるが皮質か紙質である。葉舌は長く3～6mmになり、縁の上部は円形である。

花序は枝の基部にかたまって出るか小枝の先に穂状花序となる。

本節の主要種の検索は以下のとおりである。

〈葉は皮質で硬く、先端まで真っすぐである〉……………………………カンザンチク
〈葉は紙質で柔らかく、先端が下垂する〉
- 稈鞘には長毛が密生し、葉は平らで捩じれない。花序は葉身のある小枝の先端部から出る。……………………リュウキュウチク
- 稈鞘は無毛で葉はいくぶん捩じれる。花序は葉身のない小枝か小さい葉身のある小枝の先端から出る。…………タイミンチク

リュウキュウチク(メダケ属)

稈からの分枝は多い

学名：*Pleioblastus linearis* Nakai
和名：(漢字名 地方名) 琉球竹 カヤ、ガヤ、ヤンバルダキ、ギョウヨウチク(御葉竹)
分布：沖縄本島、沖縄群島北部に多く、西日本や九州で栽培が可能。
特徴：稈長3～4m、直径2～3cmで稈鞘は無毛、葉は長さ13～25cm、幅10～20mmで長く、線形で無毛である。また、葉は稈の先端部にあって群生している。葉鞘には黄金色の短毛の存在することが多いが、ないこともある。枝は、稈の上部で数本に分かれて叢状になる。肩毛は無毛のことが多い。
用途：生垣、庭園用の材料として使用するほか、以前は屋根葺き材料として稈や葉を利用していた。
メモ：ササ類のなかでは葉が最も細長いために乾燥すると丸く巻き、湿度が増すと展開して、葉自体が湿度のコントロールをする。

並木植えにされているリュウキュウチク林。小まめに管理して育成すれば密生して、大きくなるために防風林や目隠しとして利用することができる（富士竹類植物園、10月）

葉は細長く無毛で枝先に数枚つける

稈長は3〜4m、直径2〜3cmで稈鞘は無毛であるが、大きくなるとさらに長大に伸びることがある

離層が完全にできないために、節にいつまでも稈鞘が残る

長い枝が稈の上部の各節から数本ずつ出るので、密度の高い枝葉が茂る

温暖な地域ほど健全に育つ

リュウキュウチクでつくられた生垣（京都御苑、6月）

カンザンチク（メダケ属）

学名：*Pleioblastus hindsii* Nakai
和名：（漢字名　地方名）寒山竹　ダイミョウチク、ダイミョウダケ、ゴキダケ、デミョウチク、デミョウダケ、デメダケ、フクダキ、アオバダケなど
分布：中部地方以西の各地に点在して生育している。中国原産種。
特徴：稈長4〜5m、直径5〜6cmでリュウキュウチクやタイミンチクよりも大きく、ササ類では大きい種の一つである。稈鞘は無毛。葉は濃緑色で先が尖っており、枝は稈の先端部から鋭角に出ていて、1枝に多くの葉をつけている。形状はリュウキュウチクよりも幅が広く、直立している。
用途：タケノコはあくがなく食用に、また、地上部の稈や枝葉は防風除けの生垣として利用する。かつては葉が先端部に多いため、束ねて竹箒をつくっていたが、今では掃除機普及のため、つくる人も少ない。
メモ：タケノコは、タケやササのなかで最もおいしいといわれているが、市場に出回っていないことから現地以外では知られていない。また、タケの皮が長期間ついていて汚れて見苦しいので、1年後には人為的に除去して磨くと庭園に植栽しておいて観賞することもできる。なお、本種の品種に葉に白条のあるシロスジカンザン（*Pleioblastus hindsii* f. *albostriatus* Fujimoto）、変異体に稈基が亀甲状になるキッコウカンザン（*Pleioblastus hindsii* form. *monstr.* Kikko Muroi et H. Hamada）がある。

稈長は4〜5m。ササ類のなかでは最も大きくなる（10月）

細くて長い葉を枝の先端に5〜6葉つける

1節から出る枝は数本で、それぞれに葉がつく

タケ類のなかで最もおいしいタケノコの一つ

地際の刈り口は厚い

リュウキュウチクよりも幅の広い葉は先端部が垂れることもある

ラセツチク（メダケ属）

細い枝から出ている葉（5月）

稈の下方部では上下の節が交互に連なってらせん状になり、奇形状のササである

学名：*Pleioblastus gramineus* f. *monitrspiralis* Muroi et H.Hamada

和名：（漢字名　地方名）螺節竹　ラセンチク（螺旋竹）、アオバダケ

分布：鹿児島県以南の地方。

特徴：稈の上下の節が相互に連なって、らせん状になっている奇形をしたタケである。奇形部分は比較的に稈の下方部（2m程度）に現れ、直径は4〜6cm程度である。しかし、この部分より上部では通常の形態を示すものの、急に細くなる点ではキッコウチクに似ている。右旋、左旋ほぼ同数である。なお、稈鞘も同様にらせん状になっている。旋回方向は一定ではない。

用途：タイミンチクの奇形化したラセツチクが、園芸品として販売されたことがある。

メモ：母竹はタイミンチクによく似ていると思われているが、カンザンチク、タイミンチク、メダケなどの諸説がある。稈の基部は細く上方の螺節部付近で太くなり、奇形竹のなかで最も異形で奇形なタケだといわれている。鹿児島の県南から離島にかけて分布し、地元でアオバダケと呼ばれるヤシャダケのなかから出現しているという。ラセツチクの名は1959年、岡田喜一博士の命名によるもので、らせん状の地下茎が出現したり、イベントなどで鉢植えが出品されたりしている。

葉は狭披針形で捩れるような形で先端を下垂する。タイミンチクに似ている

奇形部分からは細くて多くの枝を出すことも多い

稈の上部では奇形はなく、通常の形態に戻るが細い

タイミンチク（メダケ属）

葉は長さ15〜30cmで細長く、狭披針形で基部で捻じれる傾向がある。柔らかで無毛な葉は先端部が下垂する

タイミンチクの林（三溪園、6月）

稈の節から分枝した枝は刈り込むとさらに細分化して、それぞれに着葉する

上手に刈り込んで葉の面白い景観をつくっている（茨城県水戸市・偕楽園、5月）

稈鞘は無毛で、2輪状の節の上下の間隔が広く、かつ上輪が膨出している

遊歩道に天蓋をつくっているタイミンチクの枝と葉（三溪園、7月）

学名：*Pleioblastus gramineus* (Bean) Nakai

和名：(漢字名　地方名) 大明竹　ツウシチク（通糸竹）、タイチク

分布：沖縄南部で自生しているが、本州では栽培している。

特徴：稈長2〜4m、直径約2cmで節はやや高く、稈鞘は無毛で緑色を示し、節間は長い。葉は長さ15〜30cm、幅10〜15mmの狭披針形で、稈の先端部分で枝分かれするように横向きに6ないし8枚ほど下垂してつけている。葉は無毛で葉身の部分でねじれたようになる特徴がある。

用途：庭園植栽に供する。原産地では稈を利用して笛をつくっている。

メモ：葉は、軟らかく腐りやすいので注意する。庭園に植栽するときは、先端部を剪定して高さを調整をするのが景観上よい。

メダケ節
Section *Medakea*

　地下茎は長く、稈は散稈状になる。葉長は短く、長さは幅の7～8倍で、葉舌は1mm程度である。葉鞘の上縁は斜上する。

〈稈鞘は無毛〉

　葉は下面が無毛で、まれに片側に毛がある。
- 関東地方以西で生育し、稈長は4～6m、葉は細長い。……………………メダケ
- 園芸品種が主で、発生初期には節に短毛があるが、自然に消える。また、まれに古い葉に条斑がある。…………ハガワリメダケ
- 分布は静岡県、神奈川県を中心とし、周辺地域に分布する。葉は小形で無毛。
　……………………………ハコネダケ
- 横浜市周辺や関東地方の太平洋側の一部に生育する。………………ヨコハマダケ

メダケ（メダケ属）

学名：*Pleioblastus simonii* Nakai
和名：（漢字名　地方名）女竹　オナゴダケ、カワタケ、コマイダケ、シノ、シノダケ、ニガタケ、ジンダイチク、ナイタケ・カワタケ（鹿児島県）
分布：関東以西の各地の湿地、河川敷などに見られる。
特徴：稈長4～6m、直径2～3cmの中形種で、節に毛をつけている種もあるが、通常は稈鞘、葉鞘、節などは無毛である。節は高く、葉は長さ20～25cm、幅15～25mmで無毛、少し堅くて先は垂れる。肩毛の付属物は斜めになる。
用途：稈には粘りがあり、曲げやすいことから笊やその縁かがりとして用いる。この他、横笛、木舞竹として用いる。房総地方では、伝統工芸の房州団扇の骨として使われている。石川県輪島市では防風のため、日本海に面する道沿いにメダケを主な材料にしてつくった間垣を設置しているところもある。ま

稈鞘は節間長よりも短くて無毛である（10月）

葉は稈や枝の先端に5～7枚つけ、無毛でやや硬い（6月）

た、メダケは庭園用の植栽にも用いている。

メモ：本種の品種に葉に白条の入ったシロシマメダケ（*Pleioblastus simonii* f. *variegatus* Muroi）、黄条の入ったキシマメダケ（*Pleioblastus simonii* f. *aureostriatus* Muroi）、さらに形状の異なった葉がついている変種のハガワリメダケ（*Pleioblastus simonii* var. *heterophyllus* (Makino) Nakai）などがある。

節は２輪状。下側は明瞭な線状であるが、上側は緩やかに膨出し、相互の間隔は広めである

枝は１節から数多く生じる

湿潤地や河川敷などで見られ、稈は通直で、付着している稈鞘が美しい（３月）

殻をつけたままの種子

新しい稈の節の下側には白いワックス状物質が見える

ネザサの開花状況。雄しべが垂れ下がっている（４月）

間垣の材料はメダケ（石川県輪島市）

第2部　温帯性ササ類の生態・特徴・用途

ハガワリメダケ（メダケ属）

学名：*Pleioblastus simonii* var. *heterophyllus* (Makino) Nakai
和名：（漢字名　地方名）葉変女竹　ツウシチク（通糸竹）
分布：園芸品種として栽培。
特徴：稈長3m、直径2cmで、発生初期には節に短毛を生やしているが、いずれ消滅する。稈、葉ともに清浄感のある緑色であるが、時折細長い葉に白い条斑を持つものがある。こうした条斑は新しい1～2年生よりも古い稈に現れる。葉は大きく、先端が垂れる傾向がある。葉の形態、大きさ、斑の有無が節ごとに交錯するかのように変化するのが特徴である。
用途：庭園用として植栽する。
メモ：植栽は日陰地が適し、春に枝の基部から剪定しておくと大きな葉が育ち、白や黄色の斑が現れやすくなる。地方名のツウシチクは、稈の先、枝の先の葉の両縁が癒着して直径1～2mmの筒状になることからつけられている。

野外で自然に生育していると気にもかけずに素通りするが、庭園風に管理されていると美意識を覚える（松花堂庭園、6月）

◆シロシマメダケ

メダケの変種で葉に白条が入っており、シロスジメダケとも称する（10月）

◆キシマメダケ

メダケの葉に黄条が入った1品種（6月）

メダケの通常葉のなかに異常に長い葉をつけ、また白条のある葉を出すメダケの変種（6月）

条斑は1～2年生の稈の葉に少なく、古い稈の枝につく葉に多い

ハコネダケ(メダケ属)

学名：*Pleioblastus chino* (Franchet et Savatier) Makino var. *vagiratus* (Hackel) S.Suzuki

和名：(漢字名　地方名) 箱根竹

分布：静岡県、神奈川県、東北地方から福井県北部と愛知県東部までの範囲に分布。

特徴：アズマネザサの変種で、葉の小形のものである。稈長2～3m、直径10～15mmで、葉の幅は8～3mmで無毛である。肩毛は白く、滑らかである。栽培品種として葉に縦縞の見られるものをヤシバタケと呼んでいる。

用途：通路の縁取りに植栽する。

メモ：箱根山一帯に生育しているアズマネザサは小形の細い葉を有し、枝が鋭角に出るので地名を取り入れてハコネダケと呼んでいる。

小さな葉が密生する。ハコネメダケ(ハコネシノ)は1節から3本分枝し、葉は大きく、別種である(6月)

アズマネザサの変種で葉は紙質で小さく、長さ10cm前後、幅10mm。表裏とも無毛

稈鞘は節間長よりも短い

稈は2～3m。稈鞘、葉鞘、節、稈のいずれも無毛。稈の低位置から分枝することがある(11月)

2m余りの稈は直立するが上方部では枝に葉が多くつき、外側に広がる

第２部　温帯性ササ類の生態・特徴・用途

ヨコハマダケ（メダケ属）

学名：*Pleioblastus matsunoi* Nakai
和名：（漢字名　地方名）横浜竹
分布：神奈川県横浜市の他、関東の太平洋岸にまれに自生している。

特徴：稈長2～3m。アズマネザサとよく似ていて、稈、節、節間は無毛であるが、葉鞘には上向きの毛がまばらに生えている。また、葉は披針形で厚く、基部はやや円形で先端部が尖っている。葉長20～25cm、幅15～25mm、表裏の両面とも無毛で、アズマネザサよりも短くて細いことで区別することができる。

メモ：アズマネザサは関東地域や東北までの広大な範囲に自生しているが、ヨコハマダケは生育範囲が限られている。

刈り込んで垣根代わりにすることもある。背後にもハコネガケを植栽（神奈川県箱根町・箱根恩賜公園、9月）

◆ヤマキタダケ

葉鞘には長毛が発生（5月）

◆フジマエザサ

葉は両面無毛（5月）

富士山麓に自生。稈長2～4m

葉は披針形で細長く、両面無毛で厚味がある（10月）

分布は横浜市周辺だけに限られている

ネザサ節
Section *Nezasa*

地下茎は稈よりも細く、単軸分枝する。通常の葉は披針形であるが一部に細いものもある。葉長に比べて細くなっている。葉舌は短く葉鞘の上縁は水平となっている。本節には11種種のササ類があるが、主な種の検索は以下のごとくである。

稈鞘が無毛なもの（稈鞘は無毛であるが時に細毛がある）。

〈稈長2～3m〉
- 葉の裏面は無毛で、表面は有毛である。
 ………………………………アズマネザサ

〈稈長20～50cm〉
- 葉長2～5cm、幅3～8mm、裏面は有毛。葉鞘に細毛のあること多し。
 ………………………………ケオロシマチク
- 葉に白、または黄色の縦条、または葉の一部が白化。葉長8～15cm、幅5～12mm。裏面や葉鞘は無毛。 ……………オキナダケ
- 最初の葉は白化する。 ………アケボノザサ
- 葉の裏面に毛あり。葉は緑色。自生種。
 ………………………………シブヤザサ
- 葉に白、または黄色の縦条あり。栽培種。
 ………………………………チゴザサ
- 稈長20～40cm、葉は、黄緑色の縦黄色条で栽培種。 ……………………カムロザサ

アズマネザサ（メダケ属）

学名：*Pleioblastus chino* Makino
和名：（漢字名　地方名）東根笹　品川竹　アズマシノ、シノ、シナガワダケ、シナガワザサ、ハコネダケ（以上は関東地方）、シノダケ、ダイミョウダケ（以上は岩手県）、メメノコ、オオシマダケ
分布：日本海側は富山県、太平洋側は静岡県以北の本州や北海道の各地に生育しているが、箱根山一帯で見られるものを本種の変種としてハコネダケと呼んでいる。

メダケ属中最も北方まで自生しているといわれる。葉は狭披針形で平均長22cm、両面無毛か裏面の一部に毛が見られる（6月）

稈は3mを超すことも多く、稈鞘は節間長より短い

枝は稈の上方部で1節から3本出るが、これらは翌年以降さらに分枝する

特徴：稈長は2～4m、直径は1～2cmで、節間長は25～30cmになる。葉長は15～25cm、幅15～20mmで、無毛である。葉に白い条のあるものをフイリアズマネザサ（*Pleioblastus chino* f. *murakamianus* Muroi）という。

用途：稈は粘りが強いために、丸竹のままで笊や箕（み）として使う他、筆軸や支柱としても使う。割いた稈は、薄く削って竹製の行李につくる。

メモ：関西のネザサとは、糸魚川と富士川の両流域を結んだ線の東側に生育しているものをアズマネザサとして区分している。また、葉に緑の条があるキンメイアズマネザサ、葉が黄金色をしているオウゴンアズマネザサ（*Pleioblastus chino* f. *horocrysa* Muroi）、葉に多数の白条があるヒメシマダケがある。

低く刈り込んで利用している(皇居東御苑、8月)

枝の先端に数枚の葉がある

何気なく取り残されて叢状で生え
ていることも

石積みと垣根の間の土盛りに植栽(東京都北区・名主の滝公園、5月)

池へのアプローチの脇道にも低く刈り込
まれている(清澄庭園、7月)

155

ネザサ(メダケ属)

葉は無毛(6月)

葉は披針形で柔らかく紙質であるが少し厚めである

放置しておけば稈長1〜3mとなる

刈り込んで地被とした庭園(松花堂庭園、6月)

◆フシダカシノ

葉は披針形で葉身が捩じれる(6月)

学名：*Pleioblastus chino* (Franchet et Savatier) Makino var. *viridis* S.Suzuki
和名：(漢字名　地方名) 根笹　ササ(関西全域)、センリザサ
分布：中部地方以西の各地に分布している。多くは天然の状態で広がっている。
特徴：稈長1〜3m、直径1.5〜3cm。稈鞘、稈、葉のいずれも無毛で、葉長は15〜25cm、幅2〜3cmの披針形、紙質。葉はアズマネザサよりも少し大形で、葉質は厚い。肩毛は白い。
用途：野生となっていることが多い。低く刈り込み、庭園の地被とする場合もある。
メモ：矮性種をコチク(*P. chino* f. *humilis* (Makino) S.Suzuki)と呼び、造園業界では造園用として植栽することが多い。また、葉鞘に細毛があるものをカンサイアズマネザサという。なお、葉芽が披針形になるフシダカシノ、変異体にケネザサ、フイリネザサがある。

第2部　温帯性ササ類の生態・特徴・用途

キンメイアズマネザサ(メダケ属)

学名：*Pleioblastus chino* f. *kimmei* Muroi et H. Okamura
　和名：(漢字名　地方名) 金明東根笹
　分布：関東以北。
　特徴：葉に黄条があり、新葉が美しい。稈は全体が黄色で緑条がある。稈長2〜3m、直径5〜15mm。1枚の葉に見られる黄白条は1〜3本であるが、なかには1本や6本のものもある。稈は春季に黄白色であるが、冬季には薄赤色に変色する。
　用途：利用されている事例は少ない。
　メモ：アズマネザサの品種である。

葉には主脈に沿って黄色い条が数本ランダムに入る(6月)

稈長は2〜3mで黄緑色であるが冬季には赤みを帯びる

葉のすべてに黄色条が入るのではなく、緑色葉と混生している

ギンタイアズマネザサ(メダケ属)

新葉では白地の葉に緑条が入っているように見えるほど白が目に入る(5月)

着葉の間隔が縦に離れて稈についているように見える

秋頃には白条が目立たなくなる葉が増える

学名：*Pleioblastus chino* f. *murakamianus* Muroi
　和名：(漢字名　地方名) 銀帯東根笹　シロシマキンカザン、シロアケボノキンカザン
　分布：関東から東北にかけて、まれに見ることができる。
　特徴：春から初夏にかけての葉は白地に数本の緑色の細い条をつけている。また夏から秋にかけて出る葉は緑地に白条を数本出すために緑色が多くなる。さらに後半になると条斑はなく、緑色だけになることが多く、斑に多様性のあるササである。
　用途：小鉢植えや刈り込んでグラウンドカバーとして利用する。

ヒメシマダケ(メダケ属)

学名：*Pleioblastus chino* f. *angustifolius* (Mitford) Muroi et H.Okamura

和名：(漢字名　地方名) 姫縞竹　フイリハコネザサ、フイリハコネダケ

分布：栽培品種。

特徴：アズマネザサの品種で、葉はやや細長く、柔らかで、多数の白条が存在する。この白条は葉身の半分以上を占めることもあり、その間に緑条が入っているように見えるものもある。枝は稈に対して鋭角に出る。

用途：盆栽仕立てにして、小さな細かい葉を楽しむ。また、観賞用として庭園に植栽する。

メモ：早春に白い条斑が美しいが、日の経過とともに白色が緑色に変わったりすることから、葉の観賞に取り組む人も多い。

緑葉に白条が多く見られるだけでなく、これに淡い緑色の条が混ざったものもある(6月)

アズマネザサの品種で葉の形態は同じである

ゴキダケ(メダケ属)

葉は無毛で細長く、長披針形となっている(6月)

稈の長いものは簾(すだれ)に利用され、価値が高い

稈の先端についている葉

学名：*Pleioblastus chino* f. *pumilis* (Mitf.) S.Suzuki

和名：(漢字名　地方名) 護基竹、御器竹スダレヨシ、ナギダケ(島根県)、ゴツダケ(鹿児島県)、ジザサ(山口県)、リュウマザサ、イヨスダレ、ノリダケ、スズタケ

分布：本州の中部以西、四国、九州の各地。

特徴：稈長は細長く0.5〜4m、直径5mm程度で場所によって成長の程度が異なっている。通常は分枝しないが、大きいものは年ご

刈り込んで緑被としたもの

稈長は一定することなく長短差が大きい（10月）

◆キンメイゴキダケ

◆ケザヤノゴキダケ

葉に白条が入ったゴキダケの変種（9月）

葉鞘には細い毛が密生する

葉の様子（9月）

とに分枝する。葉は無毛で幅は細く、0.5〜2cmの長披針形である。節に粗毛がありネザサの品種と見られている。

用途：本種をイヨスダレというのは、愛媛県で毎年刈り取って直稈としたものを簾として編むからである。垣根の元に植える他、巻き寿司用の簾やお櫃（ひつ）の蓋代わりの簾にも加工する。

メモ：室井によると稈の大きさが1〜2mのものをゴキダケ、1m以下で密生するものをスダレヨシ、またはイヨスダレ（*Pleioblastus japonicus* Koidz. f. *pumilis* (Mitf.) S.Suzuki）として区別している。イヨスダレは、やせ地に生育している枝のない直稈のものが生産者や加工業者に喜ばれる。なお、葉に白い条が入った斑入品にシロシマイヨスダレとも呼ばれるフイリイヨスダレ（*Pleioblastus argenteo-striatus* f. *albostriatus* Muroi）がある。また、変異体にケザヤノゴキダケ（*Pleioblastus xestophyllus* Koidz.）、キンメイゴキダケ（*Pleioblastus communis* var. *tomentosus* Nakai）がある。

オロシマチク（メダケ属）

無毛の小形葉（7月）

刈り込みが行われた広い庭（好古園、10月）

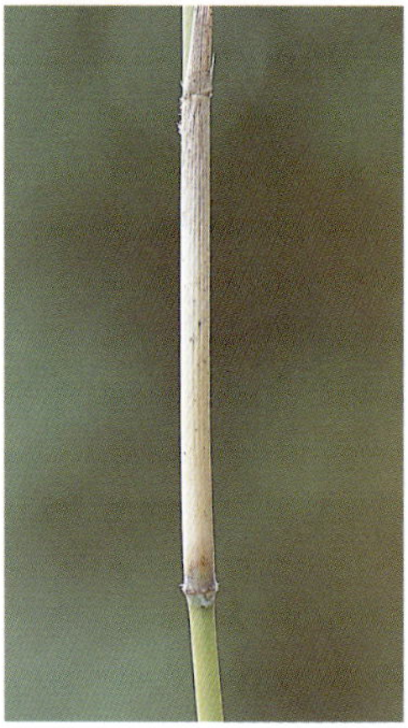

稈鞘は無毛

開花している小穂

仕切りとして密植された状態を側面から見る（6月）

学名：*Pleioblastus pygmaeus* (Miguel) Nakai var. *distichus* (Mitford) Nakai

和名：（漢字名　地方名）於呂島竹

分布：福岡県於呂島の原産を本州に持ち帰ったもので、関西地方をはじめ、各地で栽培している。

特徴：稈長20〜40cm、直径2〜3mmで2年目から分枝するが、庭園植栽地では毎年刈り込むために密生している。披針形の葉は葉身3〜5cm、幅4〜7mmで互生し、1枝に7〜8枚つけている。ただ刈り込みをしないで放置すれば、より大きくなる。通常はササのなかでも最小ともいえるホウオウチク程度の大きさの葉で構成されている。稈鞘や葉は無毛である。

用途：盆栽や盆景の他、庭園に広く植えつけて景観形成を行うのに利用する。

メモ：刈り込みは6〜7月に行うことで、葉を小形化することができる。グラウンドカバーとしての利用に優れている。変種にケオロシマ（*Pleioblastus pygmaeus* (Miguel) Nakai var. *pygmaeus*）がある。

刈り込まれていない葉でも小形である

一面に刈り込まれたオロシマチクの庭（富士竹類植物園、7月）

ポット苗

寄せ植え仕立て

苗の植えつけ

苔玉仕立て

刈り込み後の生垣

◆チャボオロシマ

稈の短い小さなオロシマチク（10月）

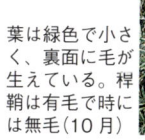

◆ケオロシマ

葉は緑色で小さく、裏面に毛が生えている。稈鞘は有毛で時には無毛(10月)

アケボノザサ(メダケ属)

学名：*Pleioblastus akebono* Nakai
和名：(漢字名　地方名) 曙笹
分布：栽培種。
特徴：稈長10〜30cm、直径2〜3mm。1節より1〜2本を分枝する。稈鞘、葉鞘、その他の器官ともに無毛である。葉は狭披針形で葉長5cm余り、幅8〜13mmで基部は半円形であるが、先端部は急に尖ったようになっている。早春に出た葉は先端から白色化していて美しいが、夏以降の葉は緑色となり、早春の葉の色が退化する。ゴキダケの変種ともいわれている。
用途：葉の色が美しいので庭園に植栽され、刈り込んで楽しむことができる。
メモ：このアケボノザサは、種子から実生苗をつくるとしばしば現れることがある。ササ類のなかでも矮性で葉先の美しいことから、イベント会場づくりに利用されることが増えている。ただ、葉の美しさを保持するためには、直射日光を避け、乾燥を防ぐことが必要である。また、葉に白斑が見られるものにシロアケボノザサがあるといわれている。

初夏以降の葉は緑色となり安定する

3月中旬に刈り込んでおくと緑の葉が揃う

稈は短く分枝は1〜2本で、稈鞘のほか各器官とも無毛(6月)

稈は根元の直径3mm、長さ30cm以下の大きさである

春は葉先が白く、葉の基部が淡い緑色となるため、曙と呼んでいる苗(7月)

チゴザサ（メダケ属）

葉に多数の白条をつけている。表面に細毛、裏面に密生した軟毛がある

早く開葉したものほど白条が多い傾向があり、秋には退色する（7月）

日光の当たる明るい場所で育っている葉は白条が多くて鮮やかである

稈は放任しておくと1mにもなる

稈鞘は細く、褐色で節間長と同じかやや短い（6月）

学名：*Pleioblastus fortunei* Nakai
和名：（漢字名　地方名）稚児笹　シマダケ、シマザサ
分布：各地で栽培している。
特徴：矮性。稈長20～50cm、直径2～3mmで、分枝するものがある。葉の表面には細毛があり、裏面には軟毛が密生している。葉の形態は葉長10～15cm、幅10～15mm、白色や黄色の縦縞がある。
用途：壁の下地、作物の支柱、盆栽として利用されている。
メモ：ケネザサの葉に黄色や白色の縦縞が見られる園芸品種とされているが、ケネザサ、フイリケネザサがすでにチゴザサの品種として登録されているという矛盾したところがある。1枝当たりでは、早期に開葉したものほど葉の表面の主脈近くで白条が明瞭に現れ、あとから出るものほど不明瞭で少なかった。しかし、いずれも秋には退色する。また、園芸品種として、シロシマケネザサ（*Pleioblastus fortunei* Nakai f. *albostriatus* Muroi et H. Okamura）がある。

葉には白条や黄条が

チゴザサの植えられている庭園(好古園、10月)

剪定前の盆栽鉢

ポット育苗

円形鉢の植栽苗

低く刈り込んで小さな葉をつくる

◆シロシマネザサ

◆キスジネザサ

葉に白条が入ったネザサの変種(6月)

葉に黄色条の入ったネザサの変種(6月)

◆フイリネザサ

◆シロアケボノネザサ

葉に薄緑の斑が入ったネザサの変種(6月)

葉に白系の曙状斑が入ったネザサの変種(6月)

カムロザサ（メダケ属）

葉の両面には毛があり、裏面は細毛が密生している（7月）

少し離れたところから見ると黄緑色の敷物を思わせる

庭の地被として植栽されているカムロザサ（6月）

苔玉に育つカムロザサ

タケの皮は褐色、稈は緑色でいずれも密生した毛がある

◆オウゴンカムロザサ

葉が黄金色になっているオウゴンカムロザサ（6月）

学名：*Pleioblastus viridistriatus* (Siebold) Makino
和名：（漢字名　地方名）禿笹
分布：不明確。
特徴：稈長30〜40cm、直径2〜3mmで分枝することは少ない。稈には微毛が密生している。葉は黄色で、葉身には鮮やかな緑色条がある。葉長は15〜20cm、幅15〜20mmの紙質で柔らかく、披針形である。こうした鮮明な色合いは、長期間保持できない。
用途：造園用の根締めやグラウンドカバーとして刈り込んだり、盆栽として利用される。
メモ：タケノコが伸びてくる前に根元より刈り込んでおくと、新葉はコントラストの美しいものとすることができる。水分を十分に与えること。一品種として葉が黄金色になるものに、オウゴンカムロザサ（*Pleioblastus viridistriatus* f. *chrysophyllus* Makino）がある。

ケネザサ(メダケ属)

長楕円形の葉の表面には毛が散生し、裏面にも軟毛が生えている(6月)

葉の裏面に多数の軟毛の存在が見える

稈は30cmから2mと長短差があり、節部には粗毛がある。稈鞘は節間長より短い

葉身の周辺に細かな鋸歯があり、これで皮膚を傷つけることがある

学名：*Pleioblastus shibuyanus* Makino ex Nakai f. *pubescens* (Makino) S.Suzuki
和名：(漢字名　地方名) 毛根笹　オナゴダケ
分布：関東地域以西の各地で見られる。
特徴：稈長1〜2m、直径5〜15mm。長楕円形の葉や節に長毛が密生し、ササ類のなかでは大きな部類に属する。繁殖力は強い。
メモ：母種のシブヤザサ(*Pleioblastus shibuyanus* Makino ex Nakai)も繁殖力が強く、枝分かれが多い。葉に黄条や白条の入ったものをチゴザサという。

ウエダザサ(メダケ属)

学名：*Pleioblastus shibuyanus* f. *Tsuboi* (Makino) Muroi
和名：(漢字名　地方名) 上田笹
分布：長野県に自生。
特徴：シブヤザサの一品種で、稈長0.3〜1m。葉の主脈を中心に太い白条があるほか、葉の縁にも細い白条や緑条の混ざっている個体が多数見られる。
用途：造園用や鉢物として観賞する。

シブヤザサの品種で、葉の主脈、側脈、周辺に白条が見られる(6月)

分枝と開葉の様子、ネザサやアズマネザサの開花後の実生にこうした斑が現れる

盆栽として葉の色彩を楽しむ(7月)

カンチク属 Genus *Chimonobambusa*

　中形のササで単軸分枝する。散稈型で、時折地下茎の先端が立ち上がって実竹状のササが現れる。

　稈は円柱状で、稈の基部から不定根が出る場合がある。稈鞘は薄い紙質で柔らかく比較的早く腐る。1節に多くの枝がつく。葉片は小さい。タケノコは秋季に発生する。花序は、頂性の総状花序を持つ葉をつけた円錐花序である。

　小穂は小枝の先端につき、1～数個で総状となる。基部に苞があり、多数花となる。雄ずいは各花に3個で、雌ずいの花柱は2個存在する。日本には1種のみが生育している。

葉は狭披針形の小形の紙質で、枝の先端に葉を数枚つけている

カンチク（カンチク属）

自然体の林分を見る

庭園では稈の上方部を伐り取って使うことも

キンメイチクを背景に新葉が輝く

　学名：*Chimonobambusa marmorea* (Mitford) Makino

　和名：（漢字名　地方名）寒竹　ゴゼダケ（鹿児島県）、モウソウチク

　分布：東北南部以南、以西の各地に分布している。

　特徴：稈は濃紫色で、長さは3～5m、直径は2～3cm程度になる。節は無毛で、葉は小さく長さ6～12cm、幅2cmほどである。稈鞘は、薄い褐色地に褐色の縞と蛇のような斑紋がある。

　用途：稈が緑色でないことから家具、化粧窓、インテリア、鞭などの原材料として使われるほか、庭園にも使われ、また、生垣としても植栽される。タケノコは美味で食用となっている。

　メモ：種名がカンチクとなっているように、タケノコは寒くなる秋頃に発生する。生育には日陰地が適している。庭園の植栽には先端を切って利用する。栽培品種にカンチクの芽溝部が淡黄色になるギンメイカンチク（*Chimonobambusa marmorea* f. *gimmei* Muroi）がある。

四ツ目垣の前に刈り込んだカンチク（六義園、3月）

刈り込みをすることで、造形的な垣根としての存在感を表現（竹笹園、9月）

石垣上に素朴に植栽されたカンチク（京都市洛西竹林公園、6月）

垣根越しに見えるカンチク（偕楽園、5月）

稈は濃緑色もしくは濃紫色で、稈鞘には褐色の変則的な斑紋がある

稈は数年後に褐色に変化する（6月）

叢林状態。タケノコは秋に発生し、翌年の夏以降に稈の上部の数節から枝を発生する（7月）

チゴカンチク（カンチク属）

学名：*Chimonobambusa marmorea* (Mitford) f. *variegata* (Makino) Ohwi

和名：(漢字名　地方名) 稚児寒竹　ベニカンチク、シュチク

分布：栽培種。各地で栽培は多い。

特徴：カンチクの品種で、葉に白い縦縞がある。稈長1m、直径5〜7mm。そのまま放置しておくとタケの皮が離脱する頃に稈が赤くなる。翌年の春頃に人為的に稈鞘を取り去り日光に当てておくと、さらに美しい赤紫色となる。まれに白い条斑が葉に現れたり、また、稈に緑の条の入ったものが現れる。

用途：稈の赤さから朱竹といって好まれ、観賞用の鉢植えとして楽しむが、観賞期間は2〜3年に限られている。

メモ：稈の赤さを期待するなら、稈の成長が終われば早期にタケの皮をていねいに取り除き、陽当たりのよいところに置いておくと、アントシアニンができるのでいっそう美しい。

稈はタケの皮を冬季に人為的に除去すれば赤く変化する

葉に白条が何筋か現れる

石垣の上にも植栽が（6月）

分枝は稈の中部より上の各節から数本出る

赤い稈が美しいのは3年余り（7月）

稈を低く伐採し、葉のみを観賞するようにした庭（有楽苑、6月）

稈には短い小枝がついている

仕切りとした赤い稈が美しく輝く（10月）

ここでも葉を楽しむ（有楽苑、6月）

鉢植えのチゴカンチク

植えつけ作業

販売用の苗

4本立て苗に水を与える

第3部

熱帯性タケ類の生態・特徴・用途

ホウライチク（富士竹類植物園、7月）

熱帯性タケ類（連軸型）の基本的な特徴
　日本国内に生育している熱帯性タケ類は、耐寒性のある導入種で占められていて、なかでも気温が生育を可能にしている要因となっている。
1．地下茎を伸ばすことなく仮軸分枝するため、稈は株立ち（連軸型）になる。
2．稈鞘は成長の終了後に早期離脱する。
3．野外で栽培可能地域は九州南部、または冬季でも温暖な太平洋側に限定される。
4．葉脈は平行脈。
5．染色体数は 2n=72、6倍体。

[バンブーサ亜連
Subtribe *Bambusaceae*]

バンブーサ属 Genus *Bambusa*

　日本ではホウライチク属と呼んでいる。本属の種は世界中の熱帯地域に分布しており、いずれも仮軸分枝する熱帯性タケ類で、温帯性タケ類のような長い地下茎はなく、地上の稈は株立ちの連軸型となる。

　本属内には種数が多いだけに形態の異なった多くの種が含まれている。例えば、木質部が厚いものや薄いもの、刺のあるものやないもの、稈が太いものや細いものなどが混在している。葉の形状は大小さまざまである。大部分の葉は主脈と平行する側脈が認められるが横小脈は見られない。

　熱帯各地に自生している種は熱帯アジアを中心にして熱帯地域の各国に約70～100種が生育しており、熱帯アフリカや熱帯アメリカに持ち込まれた種はきわめて多い。ここでは日本国内でも鹿児島県の南部以南の沖縄県の他、関東以西の太平洋側の暖温帯地域で栽培されている導入種を対象として解説しており、自生している種はない。

　本属は日本の鹿児島県や南部地方に1属5種の他1変種、7品種が栽培されている。

〈小形の大といった程度の大きさで稈長3～5m、1節から数本の枝が出る〉

- 稈は円柱状の緑色で、稈鞘に葉耳なし。……………………………ホウライチク
- 稈は円柱状の緑色で、葉に白い線が主脈に平行して入る。…………ホウショウチク
- 稈は円柱状の黄金色で、緑色の縦線がある。………………………スホウチク
- 稈は緑色で葉が小羽状複葉となる。ホウライチクの変種。…………ホウオウチク

〈稈は中形（5～15m）になる〉

- 稈鞘は無毛、葉鞘にはまばらで、葉は大きく、葉舌は長め。………リョクチク
- 稈鞘は無毛で、葉鞘にはまれに長毛がある。葉の周辺が波状。………ダイサンチク
〈稈に刺がある。中形の稈〉…………シチク

ホウライチク（バンブーサ属）

葉は細長の披針形で枝先に5～8枚つけるが、最初の葉は大きく長さ12cm、後のものほど小さくなる。表面は一般的な緑色であるが裏面はやや薄く、両面とも無毛（6月）

稈は胸高直径3～5cm、長さで10m近くになる

学名：*Bambusa multiplex* Raeusch
和名：（漢字名　地方名）蓬莱竹　ホウビチク・ウビチク（鹿児島県、沖縄県）、イガタイ（沖縄県）、チンチク・チンチッダケ（鹿児島県）、コウコウダケ、ドヨウチク、サカエダケ、サカエタケ

分布：本来は熱帯性タケ類であるが耐寒性があり、鹿児島県や沖縄に導入して栽培し、他に本州中部以西の太平洋側の暖地で栽培している。

稈鞘は節間長よりも短く、最初はいくぶん緑色であるが後に淡褐色となる（11月）

生垣として刈り込まれている（松花堂庭園、6月）

耐寒性のやや強い熱帯性タケ類の1種で、温暖地では国内でも生育可能（9月）

小穂から雄しべが見える

根元の木質部は厚い

タケノコは稈鞘の色を変えつつ大きく成長

常に若齢竹を残しておく

特徴：株立ちで密生する。稈長6～9m、地上1m高の直径3～5cm、上方で広がる。枝は1節から7～8本出る。稈鞘はやや緑色がかっているが、しばらくすると淡褐色になる。硬くて無毛。節間長は40～50cmと長く、タケノコは夏季以降に発生する。葉は披針形で小さく、長さ6～12cm、幅7～12mmで細長く、枝の先端部に互生状に5～8枚つく。表面は緑色で無毛であるが、裏面はやや薄い緑色である。葉の大きさはいろいろで一定していない。葉からの水分蒸散は激しく、切り取ると早期に巻き込んでしまう。

用途：笊、籠、竹笛、筆、蓬莱飾り竹、生垣など造園材料としても利用する。

メモ：護岸工事や境界に用いる。挿し竹で増殖ができる。かつては、稈を割いて火縄としたようである。なお、変異体にギンメイホウライがある。

スホウチク（バンブーサ属）

学名：*Bambusa multiplex* f. *alphonso-karri* (Stow) Nakai

和名：（漢字名　地方名）蘇方竹　クジャクザサ、シマダケ、シマキンチク・シマギンチク（鹿児島県）、シュチク（朱竹）

分布：栽培種として太平洋側の温暖地で導入、栽培種。

特徴：ホウライチクの品種。稈長2〜4m、地上1mの直径は3〜4cmで、稈には黄色地に緑色の縦縞が何本も入る。タケノコは夏季の終わり頃から秋季にかけて発生し、赤味を帯びていることから朱竹とも呼ばれるが、黄色程度である。枝は1節から3〜7本出る。また、葉は無毛の披針形で平行脈となっている。タケの皮は堅く成長後は暫時付着しているが、その後、巻くようにして落下する。

用途：洋風の広い庭などに植栽されることが多い。

メモ：通常、葉は緑一色であるが、まれに白条、黄条が主脈に沿って現れることもある。これらはギンメイホウ（*Bambusa multiplex* f. *gimmei* Muroi et Sugimoto）と呼ぶ。

葉は無毛で、緑色だけのものが多いが、まれに白色の縦条が入る（9月）

ホウライチクの品種（11月）

稈は黄色地だが、まれに緑色の縦縞が複数入る

遠方から見ると黄色だけの稈に見えるほどである（6月）

鉢植えを玄関わきに置く

◆キンメイスホウ（開花）

本種は黄金色の稈の芽溝部に緑色の条が必ず存在し、同時に芽溝部以外の表皮部にも緑色の条が入る。キンメイスホウの開花で見られた小穂と赤い雄しべ（4月）

ホウショウチク（バンブーサ属）

稈に緑色と黄色の縦条が入ったホウライチクといったところ（6月）

葉はホウライチクよりやや大きく、主脈に沿って白い条が数本入っている

稈長は3〜5m、直径2〜3cmになる

1節よりの分枝は細く、3〜7本ほどである

枝は稈の中部以上で観察される

タケの皮にも白い縦条が見られる

タケノコは秋季に発生

刈り込んで生垣とする（京都市洛西竹林公園、6月）

学名：*Bambusa multiplex* f. *variegata* (Camus) Hatsusima

和名：（漢字名　地方名）鳳翔竹　タイホウチク

分布：暖かい九州地方で導入している。

特徴：ホウライチクの品種で、やや大きい葉に白い縦縞が入っている。稈長や太さはホウチクとほぼ変わらない。稈は緑色で、地上近くで少し曲がることがあり、株立ちで密生する。葉は夏季後半から発生したものでは小さく、白条を生じる。タケノコは秋に発生し、枝の伸び方は遅い。タケの皮にも白い縦条が周辺と中央に見られる。

用途：庭園に植栽するが、それほど多くは生育していない。植栽は広い場所で行われる。生垣として刈り込み、道沿いに仕立てることも可能である。

ホウオウチク（バンブーサ属）

学名：*Bambusa multiplex* var. *elegans* Muroi

和名：（漢字名　地方名）鳳凰竹　ホウビチク

分布：暖温帯から亜熱帯に生育し、関東以西の太平洋側の暖地で生育可能である。

特徴：ホウライチクの変種。稈長は5m以内で、根元直径は2cmほどの細いタケである。枝は短い。葉鞘は脱落性の微毛を有し、葉は小さく、葉長4～7cm、幅5～6mmで羽状複葉となっている。葉の表面は緑色で無毛であるが、裏面には細毛が密生していて灰白色に見える。稈は緑色である。

用途：庭園植栽や生垣として利用する。株立ちで小さな葉が多数ついているので、観賞するに値する。

メモ：稈が黄金色で緑色の縦条が入るとともに、葉にも白い筋が主脈に平行して入るものが園芸品種にあり、これをフイリホウオウ（*Bambusa multiplex* (Loureiro) Raeuschel f. *albo-variegata* (Makino) Muroi）という。

1枝につく小さな葉の並び方は羽状複葉。鳳凰の羽を伸ばしたように見える

分枝数は多く初年度の葉は大きいが翌年以降のものは小さい（6月）

稈鞘は節間長より短い

こんもり丸く仕立てる（有楽苑、6月）

石垣上の園地で株立ち状に生育（6月）

◆ フイリホウオウ

葉に多数の白条がある

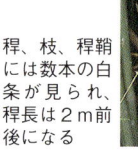

稈、枝、稈鞘には数本の白条が見られ、稈長は2m前後になる

第3部　熱帯性タケ類の生態・特徴・用途

ベニホウオウ（バンブーサ属）

葉は小形で鳳凰状につく

地上部全体は株立ち。枝が広がらないので、庭園植栽には適している（6月）

分枝は短く、小さい葉が多数つくので稈とのバランスが良い

稈や枝は黄金色で緑色の縦条が数本不規則に入る

生垣にすると小枝が多く隙間ができない（鹿児島市、10月）

学名：*Bambusa multiplex* (Loureiro) Raeuschel f. *viridi-striata* (Makino) Muroi

和名：（漢字名　地方名）紅鳳凰　キンメイチク

分布：原産地不明。栽培種のみ。

特徴：稈長は3m、地上1mの直径は1.5cmで、稈の表面は黄金色を示し、緑の鮮やかな縦条がランダムに多数入っている。枝には小さな葉が羽状複葉状に多数ついていて、主脈に平行して白い条が入っている。葉が美しい。

用途：庭園の隅や目隠しとしての植栽に使われることが多い。

メモ：栽培種にオウゴンベニホウオウと呼ばれているタケがあり、黄金色の稈に緑色の細い縦条が見られ、葉には白い線状の筋が主脈に平行して入っている。また、ミドリベニホウオウ（*Bambusa glaucescens* f. *midori-beni* Muroi et H.Okamura）と呼ばれる栽培種がある。タケノコの発生は秋で、きわめて旺盛に出てくる。

コマチダケ（バンブーサ属）

稈長は2〜4mで直径は1cm程度になる（11月）

このタケの最大の特徴は稈に空洞がないことで、まれにあっても非常に小さな孔である

葉の着生状態はホウオウチクと同様である（10月）

住居のコーナーや小さな庭に1株植えるだけで坪庭となる（松花堂庭園、6月）

ベニホウオウ同様に生垣に使うことができる（10月）

学名：*Bambusa multiplex* f. *solida* Muroi et I. Maruyama

和名：（漢字名　地方名）小町竹、蓬莱実竹　ヒメダケ

分布：日本では沖縄県、鹿児島県南部で栽培。

特徴：稈長2.5〜7m、直径1〜2.5cmで、密生し、株立ち型のホウライチクの品種として知られている。本来、タケやササの稈や枝の節間は中空（空洞）になっているにもかかわらず、本種にはこうした中空部分がなく、実竹となっていることが最大の特徴といえる。節間長は30〜45cm、若いときの稈は無毛平滑で、白いワックス状のものを稈につけている。数多くの枝を出し、タケの皮は無毛で、明るい緑色から赤褐色に変わる。概してホウライチクよりも小形である。

用途：生垣、庭園の景観植栽、防風垣に用いられているだけでなく、傘の柄、釣り竿の他、インドネシアやタイでは竹細工の原料とするところもある。

メモ：外国では、鉢物にしたり庭に植えつけられたりしている。なお、葉や株立ちが小さなショウコマチ（*Bambusa glaucescens* f. *shyo-komachi* Muroi et H. Okamura）がある。

◆ショウコマチ

葉が全体に小さなコマチダケをいう（10月）

タイサンチク（バンブーサ属）

分枝は稈のやや上方部から主枝として3本は太く伸びる

部分開花していたタイサンチク（水俣竹林公園、10月）

遠景はマダケのような稈に見え、熱帯地域では利用価値が高い（鹿児島県奄美市、4月）

通常の稈は緑色であるが数年後には色あせて黄化する（鹿児島市、8月）

学名：*Bambusa vulgaris* Schrader ex Wendland

和名：（漢字名　地方名）泰山竹　オヤコウコウダケ、トンキンチク（鹿児島県）、マトウク（沖縄県）、トウチク、チュウチク、ジチク（長崎県）、ギチク（四国、九州）

分布：基本的には熱帯地域の各地に、ごく自然に生育している。日本でも太平洋側の温暖な地域では、栽培が可能である。

特徴：熱帯性タケ類の種だけに株立ちとなり、天空で広がっていることが多い。稈長は8～12m、胸高直径8～10cm、完満で稈は美しく、中形のタケ。節は2輪になっている。1節からの分枝数は多くて5本程度である。葉は紙質で薄く、長楕円状披針形を示しており、葉長は15～25cm、幅15～40mmで大きさの違いが大きい。葉の裏面には微毛があり、タケノコは夏季から秋季の初め頃に発生する。形態は日本のマダケに似ていて稈の完満度は高く、美しい形をしている。

用途：通直とはいいがたい面がある。木質部が薄く、強靭さに欠けているが利用しやすいことから加工材としても用いられていて、多くの竹製品がつくられている。

メモ：分布範囲が広く、軽量でもあるため広範囲に利用されている。株の上方部が扇形に広がるため、稈が曲がる。したがって火であぶり、矯正して利用する。本種の稈や枝が黄金色になっていて部分的に緑の縦縞が幾本も入る変種をキンシチク（*Bambusa vulgaris* var. *striata* Gamble）と呼び、庭園に植栽されている。

◆キンシチク

稈や枝の表面が黄金色で、そこに緑色の縦条が入るだけでなく、葉にも少し条斑が入ったタイサンチクの変種

リョクチク（バンブーサ属）

学名：*Bambusa oldhami* Munro
和名：（漢字名　地方名）緑竹
分布：亜熱帯産で九州南部や沖縄県でも栽培されている。

特徴：稈長10〜13m、胸高直径10〜12cmの中形のタケで、節間長は太さに対して標準的である。節は2輪状で特別高くはない。稈鞘は無毛であるが硬く、やや長めの節間長よりも短い。鞘片は三角形である。枝は側生する。葉は大きく葉長20〜25cm、幅3〜5cmで、葉脈はわずかに網目状になっている。

用途：タケノコは、食用に供されて台湾や沖縄地方で食されているがやや堅い。稈は3年以上経つと、あるいは乾燥すると硬化するため、物干し竿などとして利用する。

メモ：国内で栽培するための研究は、鹿児島県で行われていて特産化をめざしている。

稈はマダケの形状とほぼ同等で、節部で少し曲がる傾向がある（鹿児島県奄美市、4月）

葉は葉長25cm、葉幅5cmに達する大きなものがある

通常は株立ちになる熱帯性タイプであるが、この写真はタケノコ栽培林であるために均等配置となっている（鹿児島県日置市）

食用タケノコの収穫は7〜9月末までで、現在、鹿児島県下では33戸で14ｔの生産がある（日吉緑竹会）

稈鞘は無毛で硬い。そのため利用されていない

第3部　熱帯性タケ類の生態・特徴・用途

シチク（バンブーサ属）

葉は1枝から3〜6枚。いずれも長披針形で10〜25cm、両面無毛（4月）

稈は中空部が小さく堅い。稈鞘には全面に毛があって肌に触れるとすぐに抜けて肌につきチカチカする

稈長は10〜15m、胸高直径8〜15cmは亜熱帯での値で、鹿児島ではいくぶん小さい。節で少しジグザグに曲がる

学名：*Bambusa stenostachya* Hackel
和名：（漢字名　地方名）刺竹　トゲダケ、タイワンダケ（鹿児島県）
分布：亜熱帯性タケ類に属しており、沖縄県以南では自生している。鹿児島県で栽培している。
特徴：稈はやや大きく、地下茎は短く、仮軸分枝する。自生地では稈長10〜15m、胸高直径8〜15cm、節間長30cm。鹿児島県では台湾よりもいくぶん小さい。稈は完満で、空洞部が狭くて堅い。通常、枝は下方部から稈に対して水平状に数本出るが、すべてが長く伸びることはない。また、枝の各節には鉤状の刺がある。タケノコは秋に発生する。
用途：建築材や土木用材として利用する他、繊維が荒いので野菜や果物の収穫籠をつくる材料とし、空洞のない部分を印材にしている。
メモ：沖縄県では防風林として利用する。

葉は稈の中位部より上から出る

稈からほぼ水平に出る枝は短く、その根元には大きな刺があり刺竹と呼ばれる所以になっている

ダイフクチク（バンブーサ属）

稈の上方部にはやや小さい葉が多数つく（6月）

節間が長いために1側面だけが膨出したラッキョチク似だとか、節間が長くてブットチクもどきといったもの、節間全体が縮小して下側が膨出したダイフクチクなど稈によって形態が異なる（7月）

学名：*Bambusa ventricosa* McClure
和名：（漢字名　地方名）大福竹　ラッキョウダケ（鹿児島県）、ラッキョウチク、ラッキョウヤダケ、ブットチク（仏肚竹）、ダイブットチク
分布：中国南部。
特徴：稈は無毛で株立ちとなり、初めはやや白いものの、しだいに深緑色に変わる。稈の下方部の節間が短く、かつ節間下部が布袋様の下腹のように膨れているタケで、稈長が1m余り、直径は太いものでは5cmほどになるものもある。葉耳は発達し、肩毛は多く、葉舌はごく短い。葉は小さく、小枝に7枚程度つけている。しかし、主稈から出ている枝の葉は10枚以上で大きい。葉は紙質で、表面は無毛であるが裏面には密に毛が生えている。
用途：主として鉢植えや盆栽仕立てにしたり、坪庭に植えたりすることが多い。
メモ：本種には節間が上記のような異形になるものの他に、ラッキョウチクのような形になるものや稈長が2.5m、直径1.2cmほどの矮性になるものなどの3種類がある。

葉の上面は無毛、裏面は細毛がある。互生状の葉は6～9枚で紙質

稈は無毛で若齢のものは緑色であるが数年後には黄金色に変わる（6月）

第3部　熱帯性タケ類の生態・特徴・用途

1節より細い数本の枝が出る場合やダイフクチクの形態を示すものなど多様である

稈の下方部では寄せ節になるが、上方部ではホテイチクと同様に正常な節間となる（7月）

鉢植えでは特徴のあるものだけを残す

稈の根元から下方部の節間が異常に短くなり、布袋腹のようになる。稈鞘は無毛（6月）

細い稈やダイフクチクでない稈は早期に除伐する

販売用に株分けしたダイフクチク

◆セイヒチク

発筍は10月後半頃で初期のタケの皮は緑色であるが日に当たると褐色になる

緑色の葉はホウライチクよりもいくぶん大きい（10月）

183

デンドロカラムス属 Genus *Dendrocalamus*

　日本ではマチク属と呼んでいる。熱帯性タケ類で、仮軸分枝を行うために地下茎はなく、地上部の稈は株立ちとなる。
　本属にはジャイアントバンブーと呼ばれている大形の種も含まれているが、成長度合いに違いが見られ、すべてが大形ではない。枝は長く伸び、葉は大きい。稈鞘は早期に脱落し、節からは数本の枝を分枝している。他の熱帯性タケ類と同様に横小脈は見られない。増殖には挿し竹を行う。タケの皮は全面に黒紫色の細毛が密生している。

稈の材質部は厚く、モウソウチクよりも大きく節間の長い種である。1節から数本の枝を出す（鹿児島県奄美市、4月）

葉は大きく長さ約25cm、幅10cm前後である（4月）

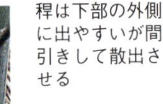

マチク（デンドロカラムス属）

学名：*Dendrocalamus latiflorus* Munro
和名：（漢字名　地方名）麻竹　タイワンジャイアントバンブー
分布：熱帯各地で栽培されているが、日本でも鹿児島県以南で栽培可能である。
特徴：稈長15〜20m、胸高直径10〜15cmと大形のタケで、節間長も30〜60cmと長い。稈の空洞部分は狭く、材質部が厚い。稈鞘は最初、黄緑色であるが、しだいに黒くなってくる。鞘片は小さい。タケノコは初夏から夏にかけて発生するが、熱帯では降雨量と関係して発生する。葉は長楕円形で葉長20〜25cm、幅5〜10cm、1枝に7〜10枚つけている。
用途：強度を利用して建材や橋梁材とする他、生鮮食品用タケノコや乾燥タケノコを生産するために、タケノコ栽培畑が熱帯アジア各国でつくられている。メンマは乾燥タケノコを水でもどし、煮付けたもので、ラーメンの具材としても欠かせない。
メモ：タケの皮には多くの短毛が生えていて、肌に付着するとチカチカといつまでも痛みが残る。

稈は下部の外側に出やすいが間引きして散出させる

本種の栽培目的は食用タケノコで、乾燥タケノコ（メンマ）でも知られている。稈鞘には短毛が密生していて肌につくと痛く感じる

第4部

外国の熱帯性タケ類の生態・特徴・用途

ジャイアント バンブー（東京都・夢の島熱帯植物館、10月）

　第4部では、日本以外の熱帯地域や亜熱帯地域に生育している主要なタケやササ類を地域別に取り上げている。熱帯性タケ類は地下茎がほとんどなく、稈の地中部についている芽子がそのままタケノコとして地上に伸びるため株立ちとなり、また、亜熱帯地域には地下茎が地中を長く走行した後に先端部を持ち上げて稈となり、この繰り返しで繁殖するために地上部では散稈型となる特有の種もある。染色体数は2n=72である。

世界の熱帯性タケ類
～アジア・中南米・アフリカを主に～

　温帯地域を除く地球上でタケ類が幅広く生育しているところの大部分が熱帯地域である。亜熱帯地域にはごくわずかの固有の属が分布している他は標高や気温の高低差の違いによって温帯性もしくは熱帯性タケ類が分布している。なかでもアジア大陸ではその一部を除けば東アジア南部から東南アジアにかけての各国や南アジアのインド、パキスタン、バングラデシュ、スリランカといった国々ではずっと以前から熱帯性タケ類の種が加工されて日常生活に取り入れられ、長年の間に各民族独自の地域文化が構築されてきた。

　また、中南米大陸でも各国で熱帯性のタケ類が生育しているが、各国で共通して利用しているのは建築材としてである。ただ、多くの国ではかつての移民者が自国から持ち込んだタケの種が順化して生育していることが多く、移民者によって利用方法や用途がいくぶん異なっているだけにアジア大陸よりも利用頻度は低いといえる。

　熱帯性タケ類ということでは国内に導入された種類の項ですでに述べたように、地下茎を持つことなく、稈の根元から新しいタケノコを伸ばすために株立ち状となり、別称では連軸型とも呼んでいる。また、こうしたタケ類のほとんどの種が72個の染色体を持っており、6倍体であることが温帯性のものと異なっている。

　なお、亜熱帯地域ではインド東部地域と国境を接するミャンマー、バングラデシュ、タイなどには熱帯性であるにもかかわらず地下茎を伸ばして仮軸分枝する *Melocanna* 属やアメリカ南部やケニヤ、タンザニアなどの中緯度地域などには仮軸分枝と単軸分枝を併合したような *Arundinaria* 属の種が分布している。こうした種は温帯型と熱帯型を併用していることから、亜熱帯性タケ類と呼ぶことにしている。

　なお、ここではもっぱら熱帯地域に生育分布している主要な種を選んで記載することとしているが、主要種でも国内に持ち込まれている種については省略する。

［アジア地域］

バンブーサ属 Genus *Bambusa*

　特性についてはすでに多少述べてきた経緯もあり、さらに付加しておくと熱帯性タケ類は雨季の時期やその長さによってタケノコの発生開始時期が変わるが、大形のタケでは1成長期間が90日前後のため、熱帯雨林では年3回、短期の雨季を有するところでは年1～2回タケノコを発生する。

　中形から大形の稈を持ち、長い枝や刺をつけている種もあるなど特徴もさまざまである。分布範囲は半乾燥地から湿潤地にまで及び、純林を形成するものや樹木と混生するものまで存在している。

バンブーサ バンボス
Bambusa bambos (L) Vosa

別名：(Syn.) *Bambusa arundinacea* Willd.、*Bambusa spinosa* Roxb

呼称：Phai-pah（タイ）、Bambu duri（インドネシア）、Giant thorny bamboo（英語）

分布：インドから中国南部を経て東南アジアの各国で自生しているが、用途が広いため栽培している国もある。主に河川沿いの湿潤地で落葉樹と混生し、標高1000m程度の中山間地帯でも生育が可能である。

特徴：古い株では刺のある稈が密生し、稈長10～30m、胸高直径10～18cm、節間長20～40cm、木質部の厚さ1～5cmと下部ほど厚く、地際では空洞がほとんどない。きわめて堅牢で、節は高く、稈の下方部に気根をつけていることもある。葉は9～22cm×1

第4部　外国の熱帯性タケ類の生態・特徴・用途

大形の稈で枝には刺があり、下方部の材質部は厚く、ほとんど空洞のない個体も見受けられる。東南アジアでは建材やパルプ材として利用するが地上50～100cm辺りから伐られていることが多い

バンブーサ ブルメアナ
Bambusa blumeana J.A. & J.H. Schultes

別名：(Syn.) *Bambusa spinosa* Blume ex Nees

呼称：Phai-sisuk（タイ）、Kawayan tinik（フィリピン）、Lesser spiny bamboo（英語）

分布：原産地は不明。インドネシアからマレーシア、タイ、フィリピンなど熱帯アジアの広範囲の地域に天然分布しており、フィリピンでは主要種となっている。標高は300m以下の低山帯の山麓などに生育する。河川敷、湿潤地、洪水後の裸地に生育している。

特徴：pH5.0～6.5の比較的酸性度の強いところを適地としており、塩基性土壌では生育困難である。稈長15～25m、胸高直径6～15cm、節間長25～60cm、木質部の厚さ0.5～3cmで地際付近の稈には空洞がなく、硬くて耐久性があるが、地上2m以上では空洞部が大きくなって木質部は薄くなってしまう。

稈や枝には刺が生えていて各節から3本の枝を出し、下方部には気根が存在している。葉は細長く15～20cm×1.5～2.0cmで、稈はいくぶんジグザグしていて細く、下方部には刺のある枝が絡み合っている。*Bambusa bambos*との区分はタケの皮の先端部で可能である。

本種には耳毛が多く、波打って際立っている。タケの皮は黒褐色で剛毛をつけている。

～3cmの大きさで、タケの皮は15～35cm×18～30cmと大きく、早期に離脱する。

用途：タケノコは食用、葉は飼料、種子は食料、稈は柱、床、屋根などの建築材、合板、製紙、パルプ材などに利用されている他、カーボン紙やクラフト紙の原料としても使っている。稈の節部に付着している蠟質状物質は靴磨きのワックス材、河川敷に植林されて水害防備林としている国もある。

メモ：開花はほぼ16～45年の周期で集団開花するが、1株が数年間継続して開花する個体は一部の枝が開花するためである。結実は良好で種が落ちて自然に生える天然下種（てんねんかしゅ）によって実生苗を得ることができる。種子は取り蒔きすれば発芽率は高い。種子は5℃で保存するか、乾燥したコンテナに入れて密閉すれば室温でも半年は維持できるが、室内に放置すれば3か月以内なら発芽の保証はできるといわれている。

取り蒔きの場合は播種後10日ほどで80％が発芽し、苗高が50cmになれば植栽できるが、長いものでは2年間も山出しできない個体もあるので、通常は挿しタケ苗を利用する。植栽は6×6mで植栽し、将来は1株25～30本仕立てにすると、毎年10～30ｔ/haの収穫量が見込まれる。タケノコの生育中はハマキガや胴枯病が発生し、伐採後はキクイムシやカミキリ類の被害が見られるが、薬剤処理や伐竹で被害を軽減できる。

用途：木質部が硬いために柱材の支柱やコンクリートの補助材として建築に利用し、燃料、日常雑貨品、筏、籠など広範囲に使われている。東南アジアのほとんどの国で栽培されていて製紙原料としている他、防風林、生垣、境界の目印などとしても使用されている。現地ではタケノコを食用にしているが日本人にとっては堅く食用とはなりにくい。

メモ：開花は20～30年を周期としているといわれているが、本種はモウソウチクと同様に一株中の数本の稈のみが開花枯死し、結

フィリピンではカワヤン チニックと呼ばれて各地に生育している大形の有用種

稈の下方部や枝には各節に刺があり伐採の妨げになる

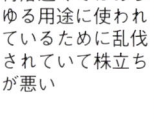

村落近くではあらゆる用途に使われているために乱伐されていて株立ちが悪い

よく利用されている林地では美しい林相になっている（フィリピン）

植栽すれば植栽後、5年で稈長8〜10m、1株20本ほどの稈で構成する株ができる。

病虫害としてはハマキガ、キクイムシの被害が認められるので薬剤防除が可能である。

バンブーサ ツルダ
Bambusa tulda Roxb.

呼称：Phai-bongdam（タイ）、Bengal bamboo（英語）

分布：インド北部、バングラデシュ、ミャンマー、タイなどの標高1500mまでの平坦地や丘陵地、谷筋、河川敷などの落葉広葉樹林に混生して生育している。栽培されているところも多く、バングラデシュでは最大の有用種となっている。天然林では湿潤地で*Cephalostachyum pergracile*と混生するが、乾燥地では*Dendrocalamus strictus*と混生する。

特徴：稈長10〜28m、胸高直径5〜19cm、節間長40〜70cmで木質部の厚さ1〜2.5cmとやや薄いが弾力性と縦割性に富んだ強靭なタケである。タケの皮には褐色の毛があり、大きさは15×25cmで、成長完了後はすぐ脱落する。葉長は10〜30cm、幅1.5〜3.5cmで、裏面は灰緑色で軟毛が生えている。枝は節より3本分枝し、各節の下側には白い蝋質の粉を付着している。稈は多少ジグザグする傾向がある。

実することはまれだという。増殖には実生苗が得難いために挿しタケや株分けが行われる。挿しタケによる増殖には若いタケを選択し、1節を節間中央部につけて地中の深さ20cmに水平に埋める。苗にするのは稈の中央部付近までの太い部分で、先端部の細い部分は成長に日数を要するので利用しない。

発芽は雨期の場合10日ほどで始まるが1〜2か月は放置して育苗期間とする。稈を細分しなくても全稈を地中に埋め込んでおくだけでも節部から枝を発生するので、稈長が50cm程度に成長してから定植して使うのも良い。植栽間隔は5mで400本/haを方形に

第4部　外国の熱帯性タケ類の生態・特徴・用途

バンブーサ ツルダはミャンマーなどに生育し、大形の稈形の割には材質部は薄い。稈には弾力性があり、家具からパルプ資材まで用途が広く、有用種となっている（バングラデシュ）

バンブーサ ブルガリスは株立ちで密生して直立状にしておけばマダケのように広く利用できる

広いスペースの場所に1株だけ育てておくと上部の枝葉が茂って重くなり、傘状に広がるために稈が曲がる

用途：家具、マット、工芸品、足場丸太、製紙原料、防風林の他、タケノコは食品として*Dendrocalamus asper*と同様に重宝される。

メモ：開花周期は25～40年で集団開花し、結実率は高い。実生苗をつくるには結実後早期に取り蒔きするのが良い。発芽率は1か月貯蔵するだけで急激に減少する。しかし、乾燥した冷蔵庫内で保存すれば1年間は大丈夫だったという報告が外国にはある。種子は1000粒重70gで、発芽するのに1～2か月を要するが、その率は70％である。発芽後30日に植栽すると5年後には利用可能なサイズのタケが生産できる。この種のタケは挿しタケによる成績は良くない。

バンブーサ ブルガリス
Bambusa vulgaris Schrader ex Wendland

呼称：タイサンチク（日本）、Bamboo ampel（インドネシア）、Buloh minyak（ミャンマー）、Buloh kuning（半島マレーシア）、Tamelang（同サバ州）、Kawayan-kiling（フィリピン・タガログ語）、Phai-luang（タイ）、Phai-bong-kham（ベトナム北部）

分布：東南アジアの亜熱帯から熱帯にかけての標高1200mまでに生育しているが、標高が高いと矮小になる。通常は1000m以下の河

稈の木質部は薄いが稈そのものは通直で節間長が長いため利用度が広く、加工しやすい

川敷や湿潤地で生育している。わが国のマダケと同様に利用度が高いため、挿しタケによって農家の周辺に栽培している。日本でも暖地では庭園内に植栽していることもある。

特徴：稈長10～20m、胸高直径4～10cm、節間長20～45cm、材質部の厚さ10mm、葉長14～20cm、幅4cmという大きな葉をつけている中形のタケで加工しやすい。ただ、株が上部で広がるために稈が曲がっている。変種として稈の表皮が黄色で緑色の縦条が入ることもあるキンシチク（バンブーサ ブルガリス バラエティ ストリアータ *Bambusa vulgaris* var. *striata*（Lodd. ex Lindley) Gamble）があるが、日本では越冬が困難である。

自然状態の株立ち

挿しタケによって広がった2年目の地下茎（フィリピン）

本種の1変種で稈が黄金色で時折稈や葉に青条の入るものがあり、これをキンシチクと呼んでいる

用途：棹、船のマスト、舵、フロート、建築用の足場丸竹、支柱、竹細工や製紙の原料などに利用する。

メモ：増殖には挿しタケ、株分け、取り木（タケ）、組織培養、実生苗のいずれも使うことができる。バンブーザ ブルガリスには①稈が緑色で大きく育つタイサンチク系、②稈が黄色で緑の縦条が入り大きく育つキンシチク系、③稈は緑色で下部が仏様の腹のようになる稈長3m、根元直径1〜3cmの小形系の3グループがある。

セファロスタキウム属 Genus *Cephalostachyum*

本属には17種、1変種があり、そのなかの5種はヒマラヤから北部ミャンマーに、他の5種はミャンマーからタイ、ラオス、ベトナムなどの山岳地から低地にかけて広く分布し、フィリピンのミンドロ島に1種がある。その他はインドやマダガスカル島にある。

株立ち型で、稈の先端部が垂れ下がっており、乾季には落葉する。稈長は7〜30m、胸高直径2.5〜7.5cmで長さの割に細い。材質部は薄く、節の下部には白いワックス状の粉がついている。成長が遅いために適地でも植栽後12〜15年、不良地では30年近くならないと通常の大きさの稈の生産が見込めない。開花はどこかで起こっているが、いずこも点在的である。ただ、まれに集団的開花が起こるようであるが、稔性のある種子はわずかしか取れない。

セファロスタキウム ペルグラシール
Cephalostachyum pergracile Munro

呼称：Tinwa bamboo（英語）、tinwa（ミャンマー）、khauz hla:m（ラオス）、mai-pang、phai-khaolam、phai-kaolarm（タイ）

分布：東インド、ネパール、ミャンマー、北部タイ、中国・雲南省などの熱帯北部モンスーン地帯に分布している。ミャンマーや特にタイでは落葉樹と混交しているが、湿潤地では*Bambusa polymorpha*と共生するのに対して乾燥地では*Dendrocalamus strictus*が優先種となって本種は生育できない。また、排水性の良好な壌土では生育が良い。

特徴：稈長7〜30m、胸高直径3〜8cm、節間長20〜45cmで木質部は薄い。節の下側に白い蝋質物質が付着しており、枝は各節より数本出る。

用途：表皮が剥ぎやすく、木質部が薄いために縦方向には割りやすく竹細工や編み物が

しやすいために原材料となるほか、釣り竿、飯用の竹筒、製紙材料、壁材、柱材、屋根板といった建築材としても利用されている。

メモ：開花に関してはほぼ毎年どこかで部分開花するが、時折集団開花することもある。開花しても、充実した種子は期待できないので増殖には株分けや挿しタケが一般的で、挿しタケの材料は、稈の基部に近いものほど発根率が高いといえる。

デンドロカラムス属 Genus Dendrocalamus

　熱帯アジアの半乾燥地帯から湿潤地帯までの広範囲の地域に、約30種が生育している。本種はやせ地でも生育しうるというタフな属のタケ類である。したがって放任しておくと稈は密生し、内部の稈を伐りだすことが不可能になる。

　稈は通直で稈長15m以上に成長する大形種の1属である。1節から分枝する数は3本または4本で、中央の枝が最も太く長くなる。稈に刺はなく木質部は堅固である。タケの皮は成長終了後、ただちに離脱するが、大きくて厚い。乾燥すると堅いために割れやすく、表面には短毛があり、長さは節間長よりも長い。葉は大きくて長さは40cm以上になるものもある。*Bambusa*属と同様に利用価値の高い有用種も多く、各地で栽培されている。

デンドロカラムス アスパー
Dendrocalamus asper (Shultes f.) Backer ex Heyne

呼称：Phai-tong（タイ）、Bambu betung（インドネシア）、Giant bamboo（英語）

分布：東南アジアの各国に分布しており、栽培されている面積は広い。サバ、サラワク、インドネシア、その他の国の低地から標高1500mまでの各地に導入されていて、いずれも順化している。

大形のタケで30mに達することもある（インドネシア）

葉は披針形でやや大きい

稈は大形で30m、基部の直径は20cmになり、稈基部の材質部は厚い。稈の下方部には気根が見られる。稈は建築材やコンテナとして利用され、タケノコは食用となるが硬いのが難点である

特徴：稈長20〜30m、基部直径8〜20cm、節間長30〜50cmで節部は盛り上がり、材質部の厚さ11〜36mmで、まれに中空部の狭い稈も出現する。稈の先端部は少し垂れる。稈の若い間は細くて褐色をした毛があるが、数年後にはなくなる。また、稈は堅くて耐久性があり、節の下部に白い蠟質物質が見られる他、稈の下方部には気根が多数ついている。標高1500mまでなら生育は可能で、年降

水量が多ければ特に土壌を気にすることなく植栽できる。

用途：稈が堅牢なことから建材や橋梁の材料として使用され、また、節間長が長いことから水筒やジュースの容器として用いている他、日常の容器、食器として太い個体は特に重宝されている。本種のタケノコは甘味があり、柔らかいので好まれており、タイのプラチンブリ州ではタケノコの生産園があり、タケノコ生産用の挿しタケ苗も販売されている。

タケノコは大きく有用種であるが株分けによって新植すれば7〜8年で成林する（富山県中央植物園の熱帯雨林室内）

デンドロカラムス ギガンチウス
Dendrocalamus gigantius Wallich ex Munro

呼称：Phai-po（インドネシア）、Phai-pok（タイ）、Phai-po（タイ）、Bambu sembilang（半島マレーシア）、Wabo・ban（ミャンマー）、Giant bamboo（英語）

分布：ミャンマー南部からタイ北部が原産地ではないかと考えられている。植栽は湿潤熱帯から標高1200mの熱帯高地まで可能で、沖積土壌の熱帯低地でも生育はよく、北部タイではチークと混生しているのを見ることができる。東南アジア各国で栽培されている。

特徴：稈長約30m、胸高直径15〜25cm、節間長25〜55cmで、節部はほぼ平滑である。白い蠟質物質や気根は、よく確認することができる。3本の枝のなかで中央のものは太くて長いという特徴がある。増殖には、挿しタケが困難なことから株分けや実生苗によっている。植栽後の成林には実生苗でほぼ7〜8年を要する。

本種と類似の*Dendrocalamus asper*と*Gigantochloa levis*の区分は後者がフィリピンにあり、前者はインドネシアやマレーシアにあって、ともに材質部が厚く、節間が黒褐色の毛で覆われていることと節が盛り上がっていることではほとんど区別しがたい。だが、前者には葉耳がほとんどないが、後者には毛の多い葉耳があり、木質部が薄い。

稈は大きく、太さの割に細い枝を1節から3本分枝する。葉長30cm、幅5cm以上の大形のものもある。紙質で柔らかい

用途：稈は支柱、内装材、合板材など建築材として広く使われ、水筒、籠、土壌の崩壊防止柵などの他、製紙原料としても利用されている。タケノコも食料として利用されるが硬く、穂先を利用することが多い。タイでは、大きなタケの皮を帽子に使うなど有用種の一つとなっている。

メモ：増殖には挿しタケ苗が使われ、挿しタケそのものは雨季までにつくっておき、雨季に植えると7年後には利用可能になる。

デンドロカラムス ラティフロラス
Dendrocalamus latiflorus Munro

呼称：Phai-zangkum（タイ）、Betong（フィリピン）、Bambu Taiwan（インドネシア）、Taiwan giant bamboo（英語）、マチク（日本）

第4部　外国の熱帯性タケ類の生態・特徴・用途

分布：台湾、中国南部、タイ北部、ミャンマーなどの亜熱帯地域の標高1000m付近まで栽培されており、多雨、多湿地で生育が良く、砂地や粘土質土壌は栽培に不適である。台湾では主要種となっている。なお、インド、タイ、日本は1970年代に導入し、フィリピンでは1980年代に導入したことが明らかになっている。

特徴：稈は密生し、先端部が曲がって垂れ下がっている。稈長14〜25m、胸高直径8〜20cm、節間長20〜70cm。節は膨出していて下方部には気根がある。節には白いワックス状の粉が見られる。

用途：タケノコは生鮮食品として食されている他、台湾ではメンマとして利用されている。また、長い稈の節間長を利用して水筒やコンテナとする他にも竹細工、籠などの原材料や製紙原料、建材などに使う。この他、葉は帽子、小舟の屋根に葺き、また、大きい葉は包装用にも用いられている。

メモ：植栽には取り蒔きによって得られる実生苗が使われるほか、挿しタケが主に使われている。台湾では植栽後3年目で1株に20〜25本の稈が得られ、稈長5〜6m、胸高直径3〜4cmの稈に育つといわれ、フィリピンでは5年で長さ15m、直径7cmに達するといわれている。また、台湾ではほとんど開花しないといわれているが、フィリピン、インドネシア、中国では小面積ながら時折開花しているのが見られる。

デンドロカラムス ストリクタス
Dendrocalamus strictus (Roxb.) Nees

呼称：Phai-sang（タイ）、Buloh batu（マレーシア）、Male-bamboo（英語）、Solid-bamboo（英語）

分布：インド、ネパール、バングラデシュ、ミャンマー、タイといった国々に分布しており、ベトナム、インドネシア、マレーシア、キューバ、プエルトリコ、アメリカなどには栽培地すらある。年平均気温20〜30℃の地域内で生育し、標高1200m以上、また−5℃以下、40℃以上の場所では生育できないことが明らかになっている。

特徴：稈は密生した株立ちとなり稈長は8〜16m、胸高直径2.5〜8cm、節間長30〜45cmになる中形種で、ほとんど実竹に近く、空洞が狭い稈である。節はいくぶん膨出していて下方部に気根がある。タケの皮は縦が8

日本ではマチクと呼ばれている大形の種である。形状の美しいタケだけに広い面積を管理して台湾やタイではタケノコの採取を行っている

稈は密生するため伐採には相互のスペースを取っておく必要がある

稈の先端部が垂れるようになる。そのため株の植栽間隔を広くして光が入りやすくする（コスタリカ）

インドを代表するタケで、稈は製紙原料、建築材などに用いる。ただ稈そのものは日本のマダケ程度の太さで、形状も通直でない。タケノコは食用になっている（インド）

日本のマダケ（左）に比べ、デンドロカラムス ストリクタスには中空部がなく、木質系の材で充填されている

〜30cmの大きさで黄褐色の毛が生えている。砂質壌土でpH5.5〜7.5、透水性の良い場所が生育に適している。

用途：籠類、農業資材、ポール、建築材などに使われているが、インドでは製紙原料として大量に消費している。タイでは板材として利用している。またタケノコや種子は食用として、葉は飼料として家畜に与えている。

メモ：一般に挿しタケ苗か実生苗で増殖しているが、大面積植栽にはいったん開花すればその結実量が多いため、実生苗を使っている。種子の発芽率は高く、実生苗でも植栽後6年で株状になる。しかし、通常の株の大きさになるには10年余り必要である。また1株20〜40本では20％は新竹である。本種の開花状況は部分開花で1株の中の数本が枯死するというパターンを持っており、株そのものは枯死しないで生存している。まれに株全体が枯死することもあるが、それでも2〜4年を要している。

病虫害で多いのは立枯病や胴枯病であるがいずれも薬剤処理で十分効果が見られる。

ギガントクロア属 Genus *Gigantochloa*

原産はミャンマーであるが熱帯アジアの湿潤地帯に広く分布している。ただ、フィリピン、カリマンタン、ジャワなどは導入されたものといわれている。

大形のタケで株は密生しているが稈は直立し、基部から数本の細い枝を出す。通常の枝は稈の比較的上方部から分枝している。タケの皮は薄く、暗褐色の毛がついている。これまで明らかにされている種は24種で、属のなかの有用種は栽培されている。

ギガントクロア アプス
Gigantochloa apus (J.A. & J.H. Schultes) Kurz

呼称：Bambu tali（インドネシア）、Giant bamboo（英語）

分布：ミャンマー、タイ南部、マレーシアなどが原産地だと見られている。インドネシアなどは大昔に移住者がジャワ島に持ち込んだと考えられていて、その後、西ジャワや東ジャワで栽培され、さらに南スマトラ、中央スラベシ、中央カリマンタンへと拡大されたという歴史がある。

これほど栽培地がインドネシア各地に拡大したのを見れば、本種がいかにインドネシアにとって有用であったか理解できる。生育適地は低地の湿潤地帯から標高1500mまでの丘陵地で、砂質または粘土質の河川敷もしくは開放地や森林地帯などである。

特徴：稈長15〜30m、胸高直径6〜13cm、節間長20〜60cm、木質部の厚さ3cmで割りやすい。幼齢の間は節部に白い蠟質物質が付着している。葉は大きく、タケノコは暗緑色でタケの皮には黒い毛がある。タケノコは苦く、料理に使う前の4日間は土のなかに埋めておくという。

用途：インドネシアでは日常の用具類、家

第4部　外国の熱帯性タケ類の生態・特徴・用途

大形のタケで稈基部では材質部の厚さが3cmにもなる。弱アルカリ性のやせ地でも生育できるが、成績は良くない(インドネシア)

チルソスタキス シアメンシス
Thyrsostachys siamensis Gamble

細い稈ではあるが並木植えにすることが多い(マレーシア森林研究所構内)

タイ西部のカンチャナブリ県には本種の広大な天然林が広がっている

具、ロープ、紐、籠、楽器、柱材、壁材、床材などの建材に使い、ジャワ島では多くの家の屋根に使うなど、農村地帯の地域経済に今でも欠かすことのできないのがこのタケだといわれている。

　メモ：本種の開花はまれだといわれているが、40〜60年周期ではないかという報告もある。開花すれば多くの充実した種子が得られるが、取り蒔きが欠かせない。実生苗は竹材を収穫するまでに長期間を必要とするからということで、むしろ株分けや挿しタケにより苗をつくるほうが好まれている。挿しタケ苗も簡単につくれ、インドネシアでは12〜3月に植栽が行われている。

チルソスタキス属 Genus *Thyrsostachys*

　本属には2種があり、ミャンマー、タイ、ベトナム、カンボジア、半島マレーシアなどに生育している。いずれも細い葉を持つ細く小さな熱帯性ササ類で、稈長5mほどで密生した株をつくっている。
　*Thyrsostachys siamensis*は「修道院のタケ」と呼ばれているが、その理由は修道院の周囲に優しい壁(生垣)として植えられていたからだといわれている。

太めの稈は製紙工場の土場に山積みされている(タイ・カンチャナブリ)

呼称：Phai-ruak(タイ)、Philippin bamboo(フィリピン)
分布：原産はタイ西部の乾季のある地域で、ミャンマー以南の東南アジア各国で純林もしくは樹木と混生している。半島マレーシアでは栽培も行っている。主に熱帯モンスーン地帯でも乾季があれば生育している。しかし、土壌の肥沃な湿潤地域ではさらに良好な

195

3か月ほど続く乾季の後半には完全に落葉するが、雨季になれば葉が再生する

生育が見られる。

特徴：せいぜい稈長が8mまでで胸高直径3cmの細いササであるにもかかわらず、材質部が厚く、基部では実竹となり、直立する。葉は長さ4〜14cm、幅0.5〜1.1cmで、毛はない。繁殖は旺盛で密生した株となる。

用途：製紙原料、バスケット、柄、生垣、庭園の植え込みなどに使われている。タケノコは食用になる。

メロカンナ属 Genus Melocanna

アッサム州からミゾラム州にかけてのインド東部、ミャンマー西部、タイ北西部などの一帯に広がっている亜熱帯性のモンスーン地域に広範囲に生育している。有用種の*Melocanna bambusoides*で代表されるタケで、地域の住民にとっては大切な資源となっている。

属名はギリシャ語のmelon（リンゴ）とcanalis（円管）を意味する合成語で、結実したときの果実の形態が洋梨形をしているタケという意味を持っている。このタケの最大の特徴は、熱帯性タケ類と同様に仮軸分枝をするものの地下茎を長く伸ばすことにある。

詳細は本種の項をご覧いただきたい。

メロカンナ バンブーソイデス
Melocanna bambusoides Trin

呼称：Muli（インド）、Kayinwa、Tabinwa（ミャンマー）、Muli, Paiyya（バングラデシュ）、Berry Bamboo（英語）

分布：インド東北部、ミャンマー南西部、バングラデシュ東北部などの隣接する熱帯モンスーン地域。

特徴：地下茎は熱帯性タケ類と同様に仮軸分枝するが、異なっているのは地下茎を長く伸ばすことである。したがって、一見したところ散稈状になっているが、稈が地上では株立ち状になることもある。

稈長は10〜17m、胸高直径2〜8cm、節間長20〜50cm。稈の木質部は下部では厚いが上方部では薄い。発生初期の稈は深緑色であるが数年後には黄褐色に変わる。時折この稈に縦縞が入るものもある。また、各節には蠟質状物質を付着している。葉長は14〜28cm、幅3〜5cm。

ほぼ四十数年間隔で集団開花するが、1〜10年間に及ぶこともある。結実種はイチジク形で枝から垂れるようになる。充実すると自然落下して発芽するために、開花による稈の枯死後も持続的に再生する。

開花は通常12〜1月に起こり、自然落下するのは4〜6月である。なお発芽初年度は5回程度新タケを繰り返して発生し、しだいに大きく生育する点で、モウソウチクの発芽に共通するものがある。

用途：開花した果実は果肉部に多量のデンプンを含んでいるために集めて乾燥し、食料の原料とする。タケノコは多くの国で食用となっている。稈は建築材や工芸品の材料や製紙原料として利用されている。

メモ：*Melocanna baccifera* (Roxb.) Kurz という学名でよく知られている。

第4部　外国の熱帯性タケ類の生態・特徴・用途

稈はマダケの平均程度の形態。開花すると枝にイチジク大の果実を結実する（インド東部・アッサム州）

［中南米地域］

メキシコとそれ以南に続くいわゆるラテンアメリカ地域には熱帯から冷温帯までの気候帯が含まれているが、少なくともアルゼンチンやチリ中部まではタケ類が生育可能な自然環境下にある。

したがって19世紀以降にこれらの地域に移住した日本人、中国人、東南アジア諸国の人々などは、それまで自国で利用してきた有用なタケを持ち込んで開拓地に植栽して育ててきた経緯があり、当時の導入種が今もその土地に順化して育っている。

その結果、いうならば固有種に導入種を含めるとアジアに次ぐ多くのタケの種が生育している地域になったといえる。それも単に熱帯低地だけではなく、熱帯高地にも及ぶとともに南北にも分布域が広がっているのである。しかも中南米の熱帯高地にはいくつもの山脈があり、その主要なものだけでもシエラネバダ山脈、マドレー山脈、アンデス山脈などがあって標高3000～3500mには*Chusquea*属や*Swallenochloa*属といったササ類が200種以上生育している。

これに対して熱帯低地には中南米の北部一帯にかけて分布する*Guadua angustifolia*が各国で建築材として利用されている。中米全域に広がるバナナの生産地では*Guadua umbrexiforia*が、さらにメキシコからグアテマラにかけては*Otatea*属があり、そのうえ、熱帯アジアから導入した*Bambusa vulgaris*は中南米やカリブ海諸国でいずれもバナナの支柱用に、ブラジルでは段ボールの原料としても大面積にわたってタケの栽培が行われている。

この他、ホテイチクやハチクまでが標高1000m前後の場所で栽培されていて造園用資材となっている。

以上のように、この地域の各国では有用種がかなり集積されているにもかかわらず、利用に関してはこれからという状況下に置かれている。

以下では本地域内の主要種について記述することとしたい。

グアドゥア属 Genus *Guadua*

メキシコ以南から熱帯アメリカにかけての固有の属で、これまで15種に品種や変種を含めると合計で30種近くが明らかになっている。多くの種が湿潤地域を好み、森林伐採跡の裸地またはタケの純林地のように、比較的太陽光線がよく透過できる環境が本属の生育地に適しているといえる。

一般に稈には刺があり、一部の種を除いて稈長20～30m、胸高直径20～25cmに達する大形種である。

葉の大きさはタケ類の平均で大きくも小さくもない。若い稈の節にはモウソウチクよりも明瞭な蠟質の白い粉がついている。短毛をつけたタケの皮は堅く、成長後はすぐに離脱し、乾燥すれば割れるために利用されることはない。

稈の先端部は曲がり、コスタリカ以南からコロンビア、ブラジル中部以北などの南米の低山帯で多く生育しているのが見られる。用途の中心は建築材であるが、他にも多様な利用がなされている。

グアドゥア アングスティフォリア
Guadua angustifolia Kunth

呼称：Guadua（中南米各国）

分布：南米原産で中南米の北部各国一帯に分布しているが、栽培地が増えている。多いのはコロンビアで、エクアドル、ベネズエラ、ブラジル、ペルー北部まで分布している。

アマゾン流域やその他の河川敷、肥沃な丘陵地に多く生育しているのが見られる。比較的早くからコロンビアでは建築材用として植林を行っており、特にマニサレス市ではあらゆるところで植栽地を見ることができる。近年になって中米各国ではコロンビアの竹建築に魅せられて積極的に植林と竹建築が行われている。

特徴：生育はきわめて旺盛で、稈長20〜30m、胸高直径20〜30cmに達する大形の種である。節間長は短く、濃緑色の稈をなし、節の周囲には白い蠟質状の物質が見られる。稈の比較的低位置から枝を出しているが、葉は着生していない。材質部は厚く堅固で、1本の重量は重く、建材として最適である。株は密生せず、間引や伐採しだいでは散稈状となる。河川敷や丘陵地で肥沃な土壌が適している。

用途：もっぱら建築材として利用されているが、加工して細工物としての利用も見られる。しかし木質部が厚く堅いために細工物よりもフェンス、境界棒、橋梁、土止めなどに使われているほうが多い。

植栽4年後の林分（コスタリカ・グアピレス）

稈は直径の割に節間長が短く、節の下側には白色のワックス状物質が太い線状についている

稈の平均直径はモウソウチクよりも少し大きいが、稈長は25m以上になる

中南米では建築材としての人工林が多い

タケノコの発生数は多く、蓄積量は大きい。稈鞘は硬く割れやすい

メモ：増殖には挿しタケや株分けで、比較的簡単に苗をつくることができる。挿しタケ苗づくりは雨季に挿しつけておけば、ほぼ2か月で苗ができるので植栽が可能になり、1年後には稈長2m、5年後には主伐できるほどに大きくなり、同時に林地として完成する。稈長は土地条件が良ければ30mにも達する。株は密生しないので作業が容易である。

チュスクエア属 Genus *Chusquea*

　主としてメキシコから南下してペルーに至る太平洋側の中南米諸国と大西洋側のベネズエラ、ブラジル、アルゼンチンなどのいずれも標高3000 〜 4000mの山脈地帯に生育している熱帯性のササである。種類は日本で見られるササと同様に多く、未確認種も数多く残され、200種はあると見なされている。これらのなかには稈の空洞部分が発泡スチロールのような髄で充填されている種の純林があるかと思えば、*Quercus*属の広葉樹と混生して下層植生を構成している種もある。

　この属のタケはタケの皮を成長後にすぐ脱落する種や着生したままの種があるなど、いろいろな形態のものが混ざっているために、この属の権威者であるアメリカのLin Clark教授に現地調査（1989年）の際に質問したところ、*Chusquea*属に間違いないが、まだ調査中だとのことであった。形態的にも生態的にも、さらに低地帯の急傾斜地の樹林内にも生育している種があるだけに未知の部分が多い属だといえる。

　本属は、稈長2 〜 12mの細くて小さな稈に多くの枝と細くて長い葉をつけた種が多い。

　枝は分枝部から伐ると、より多くの枝を生じる。主な生育地では−4 〜 −6℃という低温地でも生育できるが、成長期間が4か月と通常のタケ類よりも長くかかる。増殖には実生苗、挿しタケ、株分けなどが可能である。生育地が高地のために定住者が不在であることから、このササやタケを利用することはほとんどない。むしろ密生しすぎるために、植林地では樹木の生育の妨げになるとして邪魔者扱いされている。

チュスクエア メイエリアナ
Chusquea meyeriana Ruprecht ex Doell

　分布：コスタリカでは標高3000m前後の*Quercus copeyensis*の樹林下に生育している。

　特徴：稈長は1 〜 10m、根元直径1.5 〜 3.5cm、節間長20 〜 40cmで稈の下部にある数節に気根がある。林内照度が明るくなるほど形態や株は大きくなり、密生してくる。分枝数は多く、短くて節ごとに長さ15 〜 25cm、幅0.5 〜 0.7cmの葉をつけている。基部にはまばらに軟毛をつけた細長い葉を多数つけていて先端部は垂れる。稈には空洞がなく海綿組織によって充填されている。小面積内に葉の両面とも有毛のもの、形態が異なるものなど変種が多く、今後の研究が待たれる。

　用途：まったくなし。

ブナ科の樹林地の下層植生として密生（コスタリカ・タラマンカ山系）

中空部はスポンジ状のピス（髄）で充填されている

チュスクエア ロンギフォリア
Chusquea longifolia Swallen

　分布：*Chusquea meyeriana*よりも標高の高いところに分布し、*Quercus copeyensis*や*Q. costaricensis*林の開放された場所やギャップ（森林内の樹木が倒れてできた空間地）では下層植生として生育している。

　特徴：株はそれほど大きくならない。稈長は2 〜 6m、胸高直径1 〜 2.5cm、節間長14 〜 30cmで節高の小形のタケである。分枝数は12本で、小枝に2 〜 10枚の大きな無毛の葉（葉長18 〜 30cm、幅1.2 〜 2.0cm）をつけている。伐採後の再生は*Chusquea meyeriana*

ブナ科の樹林内の下層植生として日光の入りやすい場所に密生する

よりも悪い。

用途：特になし。

オタテア属 Genus *Otatea*

もとは*Yushania*属の亜属であったが、現在は独立している。本属には*Otatea acumiata*と*O. fimbriatano*の2種があるが、この他に*O. aztecorum*が亜種として認められている。

メキシコからホンジュラスにかけての太平洋側の斜面、台地、シエラマドレ山脈の落葉樹林帯の谷間などの標高200～2000mに分布する熱帯性のタケである。稈長2～10m、胸高直径2～8cmの木質部の厚い稈で、若いときには空洞がないこともある。各節からの枝は3本であるが2年目からはさらに増加する。代表的なものとして*Otatea aztecorum* McClure et. E.W.Smithがメキシコの熱帯地域に生育している。株立ちのタケで多少の耐寒性があり、稈長8m前後で枝を垂らしている細い種である。葉は大きく、タケの皮は淡い緑色で白っぽい毛がある。利用はほとんどされていない。

スワレノクロア属 Genus *Swallenochloa*

McClureが1973年に*Chusquea*属のなかの数種を独立させて本属としたもので、1980年にCalderin et Soderstromが7種を同定した。しかし、最近になってアメリカの一部の学者が再度*Chusquea*属に復帰させようとする動きを示している。両者の違いでは*Swallenochloa*属は*Chusquea*属に比べて小形で硬く、密生していることや、空洞があり節間が短いことを根拠にしている。また、葉は皮状で硬くて厚いこと、上向きにつきモザイク的なことも理由にしている。

*Swallenochloa*属の分布はコスタリカ、パナマ、エクアドル、ベネズエラ、コロンビア、ペルーなどの標高2500～3500mのパラモ（風衝草原）と呼ばれている樹木限界付近で、熱帯アメリカのタケ類のなかで最も標高の高いところに生育している。利用価値は特にない。

スワレノクロア サブテッセラータ
Swallenochloa subtessellata (Hitchcock) McClure

コスタリカ国タラマンカ山系の標高3000m以上のパラモと呼ばれている植物限界地域の風衝草原に広く分布している。稈長1.5m、根元直径4～8mmのササで常に寒風に晒されているためか稈や稈鞘は灰色である。

［アフリカ地域］

広大なアフリカ大陸のなかでタケが分布しているのは、降水量と気温が生育要因として十分な北緯16度から南緯22度の範囲である。

そのなかでもやや広い面積で分布している国は東アフリカではエチオピアの高地帯、高山のあるケニアやタンザニア、高原のあるウガンダ、それにマダガスカル島がある。西アフリカではナイジェリア、セネガル、ギニア、そして中部アフリカのマウンテンゴリラの住むカメルーンやコンゴ共和国などがある。

いずれの国も降水量の多い地域に限定され、低地帯では群落となっているタケ林を見

ることはできにくいといえるであろう。わずかな面積であれば、降水量しだいでもう少し国数を増すことはできる。これらの国々のなかで最も分布面積が広いのは、東アフリカから西アフリカにかけて広く分布している *Arundinaria alpina* であり、次いで多いのが *Oreobambos buchwaldii* である。なお、IUFRO（国際森林研究機関連合、1985）の報告によると、マダガスカル島には多くのタケ類が生育していて、その中には青酸を含んでいる種が生育している。

アフリカ大陸の中央部にある各国の標高2000～3000mの地域に生育しているといわれている通直で完満な中形のタケで、ほぼ散稈状に生育している（ケニア山）

アルンディナリア属 Genus *Arundinaria*

アルンディナリア属の多くはヒマラヤ、中国、ケニア、タンザニア、ザイールなどの標高2000m以上の高地に分布している。通常はタケが自生していないヨーロッパでも野外で栽培できる種もあり、イギリスでは生垣に利用している。

一般には株立ち状に生えていて1節から多くの枝を出し、葉は *Arundinaria gigantea* のように幅の広いものから広くて長いもの、短くて細いものまである。また、本種は葉の両面に軟毛が生えている。稈長1.5～8m、直径は1cmほどで節間は20～25cmである。

用途はマット、バスケット、雑貨品、屋根材、治山などに使われている。

国によって利用形態は異なると思われるが、ケニアでは標高の高い無住民地域に生育しているだけにホテルの内装材や家具として大切に利用している

アルンディナリア アルピナ
Arundinaria alpina K.Schum

分布：東アフリカの高地帯に広く分布していてエチオピアの高原地帯から南はジンバブエまで、西はザイールのタンガニイカ湖、南アフリカではザンビアやジンバブエの東部、その他カメルーンやコンゴまでに及んでいるが、いずれも標高2000m以上の高地である。マラウイでは広葉樹林内に点在して存在し、タンザニアではアリュシャ、ムルブ、ムベヤの各州の他、イリンガの高地帯でも見ることができる。

タンザニアのメルー山やケニアのケニア山では2500～3000m辺りには1群落で数万haもある広大な林地があり、ケニアではこの他にも各地で見ることができる。ルワンダやウガンダ、その他の国にも生育しているということである。

特徴：ケニア山で見た稈の形状は、マダケを細くした程度の太さであった。具体的な調査は獰猛な野生動物が住んでいるということで許可されなかった。散稈型のタケに見えるのは、地下茎が熱帯性ではあるが地中を走行するからである。

用途：栅や建築材としてホテルなどで用いられていたが、生育地が住民不在の土地で搬出が困難なために使用されにくいという。

メモ：ケニアではかつて大面積開花したという記録がある。

オキシテナンセラ属 Genus *Oxytenanthera*

アジア、東アフリカの亜熱帯に相当する地域に広く分布し、稈は実竹状になっていて、空洞はほとんどない。木本性よじ登り型の種が7種存在する。

稈長は8〜16m、胸高直径6〜10cm、節間長約20cm、葉は15×3cmほどである。開花周期は7〜8年といわれ、多くの小穂、長楕円形の5〜8mの穎果ができる。用途は細工物、棹、バスケットなどで製紙用にも植栽されている。

オキシテナンセラ アビシニカ
Oxytenanthera abyssinica (A.Rich) Munro

分布：エチオピアからマラウイ、ザンビア、ジンバブエまで広く分布している。ケニアでは植栽地が存在し、エチオピアでは丘陵地帯やサバンナウッドランドで生育している。しかし、ブルンジでは標高1500m前後の高地で生育している他、マラウイやジンバブエでは半落葉乾燥林のあるところで生育しているなど、生育適地の広いタケだと考えられる。

タンザニア南部のイリンガ地方の農家ではこのタケを住宅周辺で栽培して農業資材として利用しているが、本命は冠婚葬祭時に飲用する地酒の原料とするためである

特徴：養分不足のようなやせ地や乾燥地でも生育が見られる。稈長8〜10m、胸高直径5cm足らずの小形のもので、稈は黄色である。タンザニア南部のイリンガ市に近い農家の周辺で植栽されているのを見たが、多くは森林内のギャップや開放地、もしくは標高1100〜2100mの河川敷に生育している。

用途：農村での栽培は、冠婚葬祭で利用する地酒をタケノコからつくるためである。

メモ：挿しタケの成功率は低いものの、実生苗の生育は早く、植栽後3か月で6mの成竹が得られるというが、環境条件から考えると3年の間違いではないだろうか。

オレオバンボス属 Genus *Oreobambos*

タンザニアではマラウイやザンビアよりも低地帯で生育しているが、多くの種は標高300〜1000m近くまで生育している。ただし、タンザニアでは点在する単数の株を見るだけでなく、常緑樹が疎立している開放された高原地帯でより多く見ることができる。

また、ウガンダなどでは生育が悪く、最高でも稈長12m程度である。生育地は主に湿地状態の場所で見られる。

オレオバンボス ブフワルディ
Oreobambos buchwaldii K.Schum

分布：本種は東アフリカの固有種で、ケニアを除いた標高300〜1930mの範囲内に分布しているといわれている。ブルンジでは河川沿いにパッチ状で見られ、マラウイやザンビアでは標高400〜1950mで広く生育しているのが見られる。

特徴：稈長は18mにも達する。稈には空洞があり、弱くて折れやすいのが欠点である。

用途：ほとんど利用されていない。

第5部

タケ・ササ類の フィールド知識

スホウチク（京都市洛西竹林公園、6月）

　植物は花粉や種子を風、昆虫、動物に運ばせて移動し、生育や立地環境に順応できたものだけが繁殖し、進化してきた。その結果、多くの植生や固有の生活形が現れた。そのなかでタケ科の植物は世界に約90属、1300種（変種、品種を含む）が分布しているといわれている。ここまでは日本や海外の主要種を記載してきたが、タケに関する最小限必要な基礎知識をまとめて述べることとした。

タケ・ササ類の分類と種類

　わが国でタケやササの分類に関する研究が本格的に行われたのは、1890年代後半に牧野富太郎によって手がけられたのが最初だといわれている。このことは氏が当時の植物学雑誌や植物研究雑誌に研究発表していることからも明らかである。

　それ以前のタケやササについては主に外国人による発表記録があり、おそらく日本の植物調査や植生調査の一環として取り上げられていたために、滞在期間の制約もあって、その結果はごく断片的でかつ単発的な研究にとどまっていたようである。後年になって鈴木貞雄が「日本タケ科植物総目録」（1978）のなかでタケ科の分類学に関する研究史を記述しているので、詳しく知りたい方は参照されることをお薦めする。

　タケやササの属に関しては牧野氏によるところが大きいが、その後、小泉源一、中井猛之進、柴田桂太、内田繁太郎などが新種の発見や属間の整理に関わることとなり、1900年代の初めには400種近いタケやササが発見されることとなった。この他、タケやササの分類に関しては大井次三郎、鈴木貞雄、室井綽などの研究がある。最近は分子生物学の導入によって系統樹の手法を使った新しい分類が進められているが、一般の人々にとっての実用性にはまだ時間がかかりそうである。

　本書で説明しておかなければならないこととして、タケ類の位置づけで、イネ科のなかのタケ亜科とタケ科との関係である。植物学に興味を持っている人は従来、タケやササはイネ科のなかのタケ亜科として覚えておられる方が多く、イネ科のことを以前は禾本科（かほんか）とも呼んでいた時期があった。イネ科（Gramineae）は細長い葉と茎を持っている草本類で一般に草というイメージが強いのであるが、タケ類は木化するという点で両者間には大きな違いがある。

キンメイモウソウなどの展示植栽

　外国では草本系の種類もタケとしているが、日本ではタケやササはあくまで木化するものに限定しており、草本の茎、樹木の幹に対して、タケ類は稈として表現している。また、イネ科は花序以外に分枝を見ることはないが、タケ類は周知のごとく分枝が一般的である。さらにイネ科には葉身と葉鞘の境界部に関節がないために葉が枯れても葉身が葉鞘から離れ落ちることはない。

　しかし、タケ類では関節があるために離脱するのである。葉についてはタケ類では葉の大きさや形状に多少の相違はあるが、ほとんどは披針形で、基部に葉柄がある。また、タケ類では葉鞘の上部で、葉柄の基部にあたる左右に肩毛があるが、イネ科にはこれが認められない。花序の枝や花の基部、頴と内花頴の間に関節のないのがタケ類で、このため果実は裸で落ちることになる。これに対してイネ科植物は関節があることから、果実は花頴と内花頴あるいは内花頴のみに包まれて落下するのである。なお、タケ類のデンプン粒は単粒であるがイネ科は複粒である。

　このように栄養器官ではタケ科とイネ科とではかなりの点で相違が見られるが、花に関する限り相互に共通点が多く、このため、生殖器官による分類は困難な点を伴うといえる。しかも、タケ類では開花周期が長期でかつ不定期であるために、分類上これを取り入れることはかなりの困難を抱え込むことにならざるを得ないのが現実である。

第5部　タケ・ササ類のフィールド知識

日本に生育している温帯性タケ・ササ類の数（木本系）

地域性	属	節	種	変種 (var.)	品種 (f.)	合計
温帯性タケ類	5	0	14	14	13	41
温帯性ササ類	6	8	65	70	51	186
合計	11	8	79	84	64	227

日本に生育している熱帯性タケ・ササ類の数（木本系）

地域性	属	節	種	変種 (var.)	品種 (f.)	合計
熱帯性タケ類	2	0	7	2	4	13
熱帯性ササ類	0	0	0	0	0	0
合計	2	0	7	2	4	13

［参考］　地域別の属と種
- 温帯性タケ類の属／種はアジアで20／320（内約200種はササ類ではないか）と見なされている。
- 亜熱帯性タケ類の属／種はアジアで11／132でArundinaria属のものが多く、南北アメリカでも見られるがその概数は明確でない。
- 熱帯性タケ類の属／種はアジアに24／270、アフリカで3／3、中央・南アメリカで20／410(内約200種はササ類)、オセアニアで4／7、マダガスカルで6／20などとなっていて世界全体で88属、1162種程度確認されている。

　こうしたことから、どちらかといえば森林や樹木を研究の対象としている人たちにとっては、イネ科のタケ亜科（Bambusoideae）よりもタケ科（Bambuseae）と独立させることが多くなっている。
　日本国内に生育している大部分の種は温帯性タケ・ササ類で、長い地下茎を有する散程型の種であり、染色体数はいずれも2n=48（4倍体）となっている。ただ、温暖な九州や沖縄には地下茎を伸ばさないで株状になる熱帯性タケ・ササ類が導入され、栽培管理が進められている。これらの種はいずれも2n=72（6倍体）となっている。
　上の表でも明らかなように、国内に生育している温帯性タケ類はマダケ属、ナリヒラダケ属、トウチク属、シホウチク属、オカメザサ属の5属41種（変種・品種を含む）であるが、このなかで有用種となっているのは10種ほどしかない。温帯性ササ類に関してはササ属、アズマザサ属、スズダケ属、ヤダケ属、メダケ属、カンチク属の6属がある。そこにはきわめて多くの種だけでなく、品種や変種があるにもかかわらず、有用種と呼べるだけの利用価値を持った種類は少ない。その多くは造園資材として利用されているというのも、変種や品種には地域環境変異によって生じたものや自然交配による雑種や突然変異による斑入り種が多く、それらが将来に向かって継続的に保全されていくかというと、現在ですら、その存在が不確かなものも多数存在しているのである。保全処置がとられない原因としては、それらの多くが群生化していないことや有用性に欠けているからだと考えることができる。
　なお、これら以外に日本国内の温暖地に導入されて栽培されている熱帯性タケ類にバンブーサ属のホウライチク、スホウチク、シチク、タイサンチクなどがホウライチク属やシチク属などとして、また、デンドロカラムス属のマチクがマチク属として分類されているが、国際的な分類からは訂正すべき課題といえるので、本書ではあえて正規の属に戻して記載した。

タケ・ササ類の学名と命名

　本書に記載されているタケやササには、日本人になじみの深い和名（カタカナと漢字）と地方名の他にラテン語の学名を記載している。現代の日本人は植物の和名をカタカナ書きするのが常識となっていて、学術上は漢字で書くことはない。

　古典園芸植物や栽培品種では今も漢字を使っているが、それらは学名ではなく愛好者の展示会などで慣習的に使っている愛称に過ぎないといえる。

　日本国内に広く分布していて利用価値が最も高いとされているマダケを例にとると、漢字では真竹や苦竹と書かれていることが多い。また、地方によってはオトコダケ、オダケ、カワダケ、ニガタケなどいろいろな名称で呼ばれていることから、初めて訪問した地方で地元の人が教えてくれる名前だけでは別の種類ではないかと混乱させられる場合がある。

　では、世界中どこででも通じる名前がないのかというと、ラテン語で書かれた学名がある。日本人にとっては横文字であり発音しにくいところからどうしても敬遠されがちであるが、実際は由来に関係なくラテン語で書かれているために日本人にとってはローマ字風に読めばよいことから、それほど抵抗なく使われているのではないだろうか。ただ、注意することは母音の発音に長短の区別があること、yはギリシヤ語から来ている母音でドイツ語のüは（イユ）、cはカ行、jはヤ行の子音、vは英語のwと同音になることなどが違っていることである。

　例えばマダケ属の*Phyllostachys*はギリシヤ語の葉や穂に由来している語で、花穂が葉片のついた苞に包まれるという意味から、正式にはピュロスタキュスと読むことになる。もっともφ（ギリシヤ語）を書き換えたPhは英語のfと発音してフィロスタキスと読んでもかまわないのである。なぜなら、国際的な命名規約には読み方までは言及していないからである。

　印刷や書く場合には学名をイタリック体（斜字体）にするが、変種を意味するvar.や品種の略であるf.、それに命名者名、栽培品種の形容詞などはイタリック体にしないのである。

　こうした属名（名詞形）を前に、種名（形容詞形）を後ろにラテン語、またはラテン語化した語を用い、その後に命名者名を書く二名法と、亜種名を示すときの三名法とがある。いずれもリンネによって始められた命名法である。

　こうした学名の付け方や使い方は国際植物命名規約によって一定の決まりがあり、6年ごとに開催される国際植物学会議で検討され、改正も行われることになっている。

　分類群のランク：分類群とは分類学でいうところのグループに相当し、従属関係にある多くのランクがある。一次ランクと称されている基本的なランクを上位から下位の順に並べてみると下記のようになり、括弧内は英語とラテン語で示したものである。

　上位から順に、界（kingdom／regnum）、門（division／divisio、またはphylum／phylum）、綱（class／classis）、目（order／ordo）、科（family／familia）、属（genus／genus）、種（species／species）となっており、その基本は種のランクで、種は一つの属に属し、属は一つの科に属し、科は一つの目に属し、目は一つの綱に属すというようにそれぞれが帰属することになっている。

　補助的なランクである二次ランクとしては科と属の間に連（tribe／tiribus）、属と種の間に節（section／sectio）と列（series／series）があり、種より下位に変種（variety／varietas）と品種（form／forma）が使われている。さらに多くのランクが必要となれば、それぞれのランクに亜（sub-）を加えてランク付けすることができる。例え

ば科の下位には亜科（subfamily）、属の下位なら亜属（subgenus）のようになる。我々がよく見かけるのは、科―属―種―変種―品種といったところであろう。

科とその下位区分の学名：科―亜科―連―亜連までの学名は1単語からなり、頭文字は大文字で書かれ、ランクごとにそれぞれ決まった語尾を持ち、どのランクの分類群かわかるようになっている。

科の学名はその科に含まれる属の学名と語尾である-aceaeとでつくられるが、タケやササが含まれているイネ科では*Gramineae*という古くから使われている学名があり、これが使われている。もっとも、イチゴツナギ属（*Poa*）に基づく*Poaceae*という学名を使うこともできるのである。複雑なことは差し置いてイネ科のタケ・ササ類はタケ亜科に分類され亜科の語尾に-*oideae*が使われて、タケ亜科の学名はホウライチク属である*Bambusa*に基づいて*Bambusoideae*ということになる。もっともタケ亜科をイネ科から独立させて、タケ科（*Bambusaceae*）とする人もある。タケ亜科はいくつかの連に分けることができ、連の学名の語尾は-*eae*である。

日本ではタケは木化するものということから木本性タケ類、すなわちwoody bamboosまたはerect bamboosといい、*Bambuseae*（ホウライチク連）という別の連に所属する。その他の連は草本性のグループである。木本性タケ類の*Bambuseae*はさらに10ほどの亜連に分けられ、その学名の語尾は-*inae*となっている。

マダケ属やオカメザサ属などは、オカメザサ属（*Shibataea*）に基づく*Shibataeinae*（オカメザサ亜連）に分類される。ササ類のササ属やメダケ属は北米のアルンディナリア属（*Arundinaria*）に基づく*Arundinariinae*（アルンディナリア亜属）に分類される。また、熱帯性のホウライチク属やマチク属などは*Bambusinae*（ホウライチク亜連）に分類されるのである。

属とその下位区分の学名：前にも述べたように属の学名は1単語の名詞からなり、頭文字は大文字で書き、決まった語尾はない。例えば*Phyllostachys*（マダケ属）、*Shibataea*（オカメザサ属）、*Sasa*（ササ属）、*Sasamorpha*（スズダケ属）、*Pseudosasa*（ヤダケ属）、*Pleioblastus*（メダケ属）、*Bambusa*（ホウライチク属）となる。

また、属の内部が複数の亜属や節などに区分されることがある。このような属の下位区分の学名は属名と下位区分の形容語との組み合わせでできる。下位区分の形容語の前にはランクを示す連結辞が置かれる。普通、亜属はsubg.、節はsect、列はser.のように省略形が用いられる。例えば鈴木（1996）はササ属に次の4節を認めている。

① *Sasa sect. Macrochlamys* ササ属チシマザサ節
② *Sasa sect. Monilicladae* ササ属イブキザサ節
③ *Sasa sect. Sasa* ササ属チマキザサ節
この節の形容語は属名である*Sasa*の繰り返しになっている。これはササ属の基準となる種がこの節に含まれることを意味していて、このような学名は自動名（autonym）と呼ばれている。
④ *Sasa sect. Crassinodi*（ササ属ミヤコザサ節）

種の学名：種の学名は、属名に種形容語を組み合わせてつくる。種形容語（種小名）は一つの形容詞または名詞で、人名や和名に由来する場合に頭文字を大文字で書くこともあったが、現在の規約では種および種内分類群の形容語はすべて小文字で書くように奨めている。例えば*Phyllostachys bambusoides*（マダケ）、*Phyllostachys pubescens*（モウソウチク）、*Shibataea kumasaka*（オカメザサ）、*Sasa nipponica*（ミヤコザサ）、*Bambusa multiplex*（ホウライチク）など。なお、同じ属名が続いて出てくるときは*Sasa nipponica*としなくても*S. nipponica*のように

207

S.と略すことができる。この他、ラテン語の名詞には性があるので属名が女性なら、種形容語が形容詞のときは性を同一にする必要がある。

種内分類群の学名：ある種が複数の亜種や変種、品種などの種内分類群である下位区分に細分されることがある。このような種内分類群の学名は種名と種内分類群の形容語との組み合わせになるので、種内分類群の形容語の前にはランクを示す連結語が置かれる。通常、亜種はsubsp.、変種はvar.、品種はf.と省略形を使う。

例えば*Sasa veitchii*（クマザサ）の場合、鈴木は①*S. veitchii* var. *veitchii*（狭義のクマザサ）、②*S. veitchii* var. *tyuhgokensis*（チュウゴクザサ）、③*S. veitchii* var. *grandifolia*（オオザサ）という三つの変種を示している。

その説明として、①は冬に葉が白く隈取られるクマザサで京都府に自生地があるといわれていて、広く観賞用として栽培されているもの。②のチュウゴクザサは葉の裏面が無毛で稈鞘に剛毛がある点では①と共通しているが葉の形が多少異なり、冬に隈取られがたく、日本海側に広く自生している。③のオオザサはチュウゴクザサの葉が広い一型だとしている。この見解によると、*S. veitchii*という学名は①、②、③全体に用いられることになり、①のクマザサだけに用いたいときは自動名の*S. veitchii* var. *veitchii*にするために種形容語を変種の形容語にしなければならないのである。

タケやササには稈の変形種や葉に斑が入ったものなど数多くの変わりものが多く、これらは植物命名規約によってラッキョウヤダケでは*Pseudosasa japonica* var. *tsutsumiana*、シロシマメダケでは*Pleioblastus simonii* f. *variegatus*のように変種や品種のランクで扱われることになるのである。一方で、これらを栽培品種と見なすべきだとすれば植物命名規約によってつけられた形容語を栽培品種の形容語として使うのである。すなわち、*Pseudosasa japonica* 'Tsutsumiana' や *Pleioblastus simonii* 'Varigatus' のように。

このように栽培品種名は、属以下の分類群の学名や一般名と一重引用符で囲まれた栽培品種形容語との組み合わせにし、栽培品種形容語の頭文字は大文字で書くことになっている。

また、この形容語は学名の形容語から転用されるものばかりでなく、最初から栽培品種として命名された場合、しばしばラテン語の形容語とは異なった形容語が使われ、*Bambusa multiplex* 'Yellowstripe'（スホウチク）や*B. multiplex* 'Golden Goddess'（同前）となる。なお栽培品種の名称については国際園芸学会による国際栽培植物命名規約によって規定されている。

著者の引用：植物命名規約では学名の著者を引用することを望んでいるので、本書でも記載している。

例えば*Phyllostachys bambusoides* Siebold & Zucc.となり、シーボルトとツッカリーニの二人で発表したことがわかる。後者はZuccariniのことで、著者名はこのように略してもよいが同姓があるときは混乱しないように、あらかじめ略号はBrummitt & Powellがまとめており、また、International Plant Name Indexというウェブサイトで更新されている。

括弧内の著者名：チシマザサの学名は*Sasa kurilensis*（Rur.）Makino & Shibataである。このササは1850年にロシアの植物学者Ruprechtによって千島列島産の標本を基にアルンディナリア属の一新種として発見され、この時点では*Arundinaria kurilensis* Rupr.であったが、1901年に牧野と柴田はクマザサやチシマザサの一群をそれまでのホウライチク属やアルンディナリア属などから分離してササ属を新設したために新しい学名ができたのである。

このようにある種が別の属に移されたとき

は新学名の元となっている学名を基礎異名（basionym）といい、基礎異名の著者は新学名の著者の前に括弧のなかに入れて引用することになっている。最初に変種として発表された植物が、後に種のランクに格上げされた場合や種が変種に格下げされた場合も同様である。

種内分類群の学名の著者：この場合は種内分類群の形容語の後に引用される。ただし、種形容語が種内分類群の形容語として繰り返される自動語の場合、著者名の引用を後にはつけない。例えば*Sasa veitchii*の変種の学名を著者名とともに示してみると、① *S. veitchii Rehder* var. *veitchii*（クマザサ、狭義）、② *S.veitchii* var. *tyuhgokensis*（Makino）Sad. Suzuki（チュウゴクザサ）、③ *S.veitchii* var. *grandifolia*（Koidz.）Sad. Suzuki（オオザサ）のように自動名に当たる①では最後のveitchiiの後には著者名は引用されないのである。

最後に栽培品種の著者の引用に触れておくと、国際栽培植物命名規約では栽培品種名の著者の引用は必ずしも必要ではないとされている。しかし、引用が望ましいと見なされるときは栽培品種形容語の後に著者名が置かれるのである。

（本項は学名に興味を持ち、なぜこのように複雑なのかとの疑問をいだきつつ、そのルールにたどり着くことのできなかった方々のために、かつて富山県中央植物園の高橋一臣に投稿をお願いしたタケ・ササ類の学名入門（その１）、Bamboo Voice No.29（2008）の要点を縮小し、わかりやすく改変させていただいたものである。なお、その２（タイプと優先権）は同誌No.31（2009）に搭載されている。）

タケの学名で見る主な命名者

これまでタケやササの分類に貢献された教育者は数多いが、ここでは本書内で頻繁に命名者として見ることのできる方々（日本人）のプロフィールを簡単に取りまとめ、生誕年順に紹介する。

坪井伊助（1843〜1925）

坪井は1843年に現岐阜県揖斐郡池田町草深の庄屋の家に生まれ、12歳で庄屋としてあるべき姿や役割を学んでいる。不幸なことに若くして両親を相次いで亡くし、19歳で父の跡を継ぐことになった。しかし、青年期は叔父とのトラブル、病気などにさいなまれるなど苦労の連続であったようであるが、後年は町会議員や県会議員の他、自らの人徳から多くの公職に就任し、地域活動に奔走するという生活を送った。

もともと農業に携わっていたこともあって植物の観察には興味があったようであるが、取り分けタケには深い関心を常に持ち、38歳（1881）の頃にはタケの有用性に引かれて、私財を投げ打って自らタケ林を造成し、またタケ類の標本園をつくるとともに、タケの栽培管理、枯死原因、害虫駆除などの研究を行い、同時にタケの新種を数多く発見して命名するなど、タケの普及にも努めたといわれている。

植物の命名に関しては同一植物でもいろいろな外部形態や組織の差異を取り上げることで異なった分類が可能で、その際の学名（ラテン名）とその命名者名が新しく登録され、更新されるので、昨今では古い命名者名が隠れてしまっていることも多い。坪井の例でもキシマダケ、キッコウチク、ギンメイチク、ギンメイハチク、コンシマダケ、ブツメンチク、ベニホウオウチクなどで氏の名前が記載されているのを見ることができる。

著書としては『竹林造成法』や『竹類図

譜』などの名著があり、今も貴重な文献として重宝されている。また、名鉄の養老駅に近い養老公園内には1951年に坪井の業績を回顧するために竹類園がつくられ、23種のタケやササが植栽されている。

牧野富太郎（1862〜1957）

　高知県高岡郡佐川町の裕福な商家で生まれた牧野は早くから植物に興味を持ち、家業の酒屋を継ぐことは考えてもいなかったらしく、寺子屋や塾で学んだ後、小学校に入学したが2年生で中途退学している。

　その後は毎日、植物採集や植物観察に明け暮れていたが英語や植物画などに関心を持ち、国内のみならず海外の植物にも興味を抱いていた。植物学の勉強に必要な書籍や顕微鏡を入手し、19歳の折に初めて上京し、その後は高知と東京を度々往復していたといわれている。

　21歳のときに東京で開催された勧業博覧会の見学に上京し、文部省博物局の田中芳男らに小石川植物園を案内してもらい、その後も田中とは永く、深い交流を続けていたことが知られている。その後、資料調査や勉強のため、しばしば東京帝国大学理学部植物学教室を訪ねている間に、植物に対する知識と熱意が矢田部良吉教授に認められたことで頻繁に出入りすることが公認されるようになった。

　25歳で「植物学雑誌」の創刊に携わり、翌年には『日本植物志図篇』を自費出版している。この間、いろいろなエピソードを生んでいるが、何はともあれ東京大学の植物学教室にとって牧野は植物分類学上掛け替えのない研究者となり、65歳のときに「日本植物考察（英文）」で理学博士の学位を得ている。このようにして人生の47年間を植物学教室と深く関わることになった。

　植物分類学上の研究業績に関しては誰もが周知のとおりで、今さら述べることもないが命名した植物は2500種にも及ぶといわれている。そのなかには多くのタケ類も含まれてい

神社の境内で標本をつくる牧野富太郎

るが、なかでも発見したスエコザサは亡くなった夫人の名を偲んでつけられたという逸話が残っている。

　「日本の植物分類学の父」と誰からも呼ばれているほど近代植物分類学の祖として著名であるとともに、自ら筆を執った植物画を自著の植物図鑑に掲載していることでも有名で、植物に関する著書はきわめて多く、植物学の研究者のほとんどが手にしている。東京都名誉都民。文化勲章をはじめ、受賞多し。

　牧野富太郎の関連施設としては牧野の最後の弟子といわれている小山鐵夫が現園長を務める高知県立牧野植物園（高知市五台山）、首都大学東京牧野標本館（八王子市）、牧野富太郎資料展示室（高知県佐川町）、東京都練馬区牧野記念庭園（東京都練馬区）などがある。

柴田桂太（1877〜1949）

　現東京都生まれの柴田は東京帝国大学理科植物学科を卒業後、第一高等学校、東北帝国大学農学部（現北海道大学農学部）などで教

鞭をとった後、教授のポストを投げ打って植物分類形態学の研究を現在の東京大学大学院理学系研究科附属小石川植物園内の植物学研究室で行っていた。

身近な場所に生育していたオカメザサも研究試料として利用していたことが研究報告でわかる。その後、2年間ドイツのライプチヒ大学の植物生理学研究室やフランクフルト大学で有機化学などに関する研究を会得して、留学後の1912年に東京大学の植物学教室の助教授として復職し、植物生理学・生化学の講座を開設した。したがって研究もしだいに植物生理化学の領域に転向していった。その頃の成果には花色の発現機構などの研究がある。

後年は東京大学の教授としてわが国の植物生理化学の第一人者として多大な貢献をしている。このような研究歴から見てもわかるように、植物の命名者としての功績はチシマザサやコクマザサで見られる他、目立ったものは少ないが、植物学界における人材育成にはなくてはならない学者であったといわれている。

（本文は2005年5月21日に東大名誉教授・柴田承二が尊父を思い柴田記念館改修完成式において行った挨拶から、要約させていただいた。）

中井猛之進（1882〜1952）

岐阜県に生まれた中井は旧制山口高等学校を卒業後、東京帝国大学理科に進学し、卒業するや同大学の小石川植物園に勤めた。その後、国内外で遺跡調査や植生の調査などを行い1930年に東大教授となり、古巣の小石川植物園に園長として戻っている。

ヨーロッパの先進各国やアメリカの植物標本館を歴訪している。1943〜1945年の期間は日本軍の蘭印作戦によるジャワ島占領により、現ボゴール植物園の園長に就任している。日本軍は植物園の樹木を徴発して軍用に使用しようとしたが中井らによって阻止されたという逸話が残っている。帰国後は国立科学博物館（旧東京科学博物館）の館長となっている。

植物分類学での功績は多く、チョウノスケソウ、ノジギク、ミヤギノハギその他、数多くの植物名で命名者となっている。タケやササに関しても同様に、多くの種でその名を見ることができ、例えばリュウキュウチク、チゴザサ、カンザンチク、シホウチク、タイミンチク、オカメザサなどが挙げられる。

主な著書として「大日本植物誌（監修）第1〜10号」、論文に「竹と笹」、「日本本部ノ竹ト笹」などがあり、日本学士院賞ほか多数の受賞がある。

小泉源一（1883〜1953）

1905年に東京帝国大学に選科生として入学許可された。松村任三に植物分類学を学んでいる。1916年に理学博士となり、母校の嘱託教員を経て京都帝国大学の助教授として教鞭をとり、植物学教室を創設している。その後、教授として教育と研究に精進し、東京大学助教授だった中井猛之進との共著で1927年には『大日本樹木誌』を刊行している。植物分類学会の創始者でもあり、機関誌「植物分類・地理」から「小泉博士還暦記念号」（1944）が発刊されている。

学名で命名者を表す場合は必ずKoidz.としていて、本書中でも数多くの種で見出すことができる。ケッペル、ツンベルグ、フランシェラの標本を現地で見て研究したという記録が残っている。受賞多し。

鈴木貞雄

1921年に東京帝国大学理学部植物学教室を卒業するに当たって取り上げた卒業論文のテーマは「タケ類を除きたる日本産禾本科植物の分類」というタイトルであった。ここであえてタケ類を除いたのは論文を書くためには時間的にも能力的にも自分の仕事としては荷が勝ちすぎていると考えたからだと後に自

ら述懐している。

当時は牧野富太郎、中井猛之進、小泉源一といった諸先生が断片的に個々でタケやササの分類を行っていた時代だっただけに、系統的に取りまとめて出版された図書や図説はまったくなかったといわれている。この点、鈴木によって1978年に書き上げられた『日本タケ科植物総目録』は単なる和名や学名を記載した目録ではなく、種ごとの写真や図版に加えて解説まで書かれた総図典となっており、生涯を通して三十数年研究してきたタケ・ササ分類の集大成ともいうべき書籍となっている。

1930～1940年代にはササ類の種が異常なほど多く命名された時代ともいわれているが、それらを系統的に分類し、整理したことが大きな業績として高く評価されている。書籍は他にもあるが生涯の研究経歴や個人データを見出すことができなかったのは残念であった。

現地を調査中の室井綽

室井綽（1914～2012）

1914年に兵庫県赤穂市で生まれる。1938年に旧盛岡高等農林学校農科（現岩手大学農学部）を卒業し、植物の生態やタケの分類を専門分野として各地を調査し、兵庫高校教諭、姫路学院女子短大教授として生物学の教育に努める。

1962年に北海道大学より農学博士を授与され、タケやササの新種を多数見出して命名している。現職時代より兵庫県生物学会会長、富士竹類植物園園長を併任して地域における植物研究に貢献している。

タケに関する著書は『有用竹類図説』(1962)、『タケ類』(1963)、『竹類語彙』(1968)、『竹・笹の話』(1969)、『竹とささ』(1971)、『竹』(1973)、『竹を知る本』(1987)、『竹の世界 Part 1,2』(1993,4) など多い。

岡村はた（1923～2011）

1923年に奈良女高師理科で生物学を専攻し、卒業後は兵庫県立高校で理科の教諭を長年務めている。後年は聖和大学教育学部教授となり定年まで理科教育に携わってきた。1976年に京都大学より「植物の斑入り現象に関する研究」で農学博士の学位を取得している。

タケやササに関してはもっぱら変異体に発生する斑入り現象について考究し、斑入りのタケやササの美しさを見出し、園芸的な活用に研究分野を置いていた。こうした斑入りや条斑竹の多くが開花後に得られる実生苗や環境変異で発生することから、あるときは新種であったり、また変種や品種だったりすることが多い。

もともとタケ類の研究のきっかけは室井との理科教育を通しての交流によるところが大きく、種の同定や研究成果は二人の共同で行われていたことが多く、新種登録に際してもほとんどが両名併記となっている。

岡村のタケに関する著書には『The Horticultural Bamboo Species in Japan（H. Okamura et al.）』(1986)、『原色日本園芸竹笹総図説（岡村他共著）』(1991)、『日本竹笹図譜（岡村はた編著）』(2002) などがある。

第5部　タケ・ササ類のフィールド知識

タケ・ササ類の生態と生理

　わが国に分布しているタケ類を分類するうえで、これをタケとササに類別することが行われたのは、それほど古いことではない。

　この両者の違いは8世紀前半に刊行された古事記にも取り上げられているほどで、本文中に竹、笹、小竹という漢字によってそれぞれが使い分けられているのである。これらは、それぞれ形態的にタケとは違った種類のタケの一群であることは科学者、なかでも分類学者であればすぐに気づくはずである。

　ところが奈良時代の人物でもすでにそのことがわかっていたというのは驚異である。タケの分類を体系化する過程において、外部形態を取り上げたのには花穎の複雑さが絡んでいたに違いない。そこにはタケ類の開花現象がきわめて不規則でかつ複雑きわまりなかったからだということもあったに違いない。

　そういう点ではタケの皮の着落によって、タケとササの区分が可能になったということは画期的だったといえる。すなわち、タケ類とササ類の違いを稈の成長が完了するや否やタケの皮（稈鞘）がただちに脱落する種類をタケと呼んでいる。ただ、ナリヒラダケのように落ちかけているように見えていても一点で離れることなくしばらく持ち堪えているものもある。しかし、見た目には明らかに離れかけていると判断できる状態に置かれているのでタケ類にしたのである。

　一方、ササと呼ばれるものは明らかに成長が完了しているにもかかわらず、タケの皮が稈に数か月以上密着している種類のものである。こうした区分は日本独自の判断によるものであるが、いつの間にかタケとササの呼称は海外でも定着しつつある。また、両者の比較ではオカメザサのような小形のタケもあるが、成長後タケの皮がすぐに落下する点ではタケである。

　タケ類は概して稈が大形もしくは中形で、

ハチクの展示植栽

クマザサの密生状況（6月）

生育初年度から樹木のように多くの枝と小形の葉を多数つけるのに対して、ササ類は初年度に枝分かれすることが少なく、頂部に大形の葉をつけるものが多い。両者の区分は、あくまでタケの皮の離脱か着生の期間が基本となっている。ただ、和名に関する限り○○○タケと○○○ササが混然としていて、本来のタケとササに一致していないことは注意を要する。

　次にタケやササは多年生で、木化することや稈に規則的な間隔で節が存在することが特徴といえる。この点、草本類はたとえ宿根草であったとしても数年間の寿命である。開花に関してもタケやササは、長期間に一回開花すると枯死する以外は無性繁殖を毎年繰り返すことから、持続的で再生可能な資源と呼ばれている。

タケノコの成長：温帯性タケ類ではタケノコの生育型に春型（長日型）と秋型（短日型）の2種類がある。

・春型のタケノコ…マダケ属、ナリヒラダケ属、トウチク属、オカメザサ属、ササ属、アズマザサ属、スズダケ属、メダケ属など多くの種のタケノコは春型で、前年の12月中に地中で5〜10cmまで成長して休眠している。しかし、モウソウチクでは地表面の温度が10℃に達すると発筍し、マダケやハチクでは同様に12℃になると発筍する。

・秋型のタケノコ…シホウチク属、カンチク属の2属のタケノコは秋になるとタケノコを発生する短日型である。

・晩夏型のタケノコ…デンドロカラムス属（マチク）、バンブーサ属（ホウライチク、シチクなど）の耐寒性のある熱帯性タケ類のほとんどが晩夏頃になるとタケノコを発生するという性質を持っている。

そもそもタケノコの成長は先端部のシュート頂に成長ホルモンが存在することは他の植物と同様であるが、稈の各節部にあるタケの皮が付着している稈鞘帯（成長帯ともいう）にも成長ホルモンが含まれていて、この両者が同時に成長するためにスピード感のある成長を行い、成長最盛期には1日当たり1mの成長量を示すことになるのである。特に、こうした成長期間は温帯性タケ類で50〜60日、熱帯性タケ類で80〜90日間継続する。なかでも成長最盛期には、前者で20ℓ／日、後者で40ℓ／日の水分を吸収し、余分な水分はタケの皮の先端にある葉片（または鞘片）や葉の先端部から水滴として放出する。温帯性タケ類の地下茎の成長は、地上稈の成長が終了するとすぐに開始する。その期間は長く、ほぼ100日前後に及ぶ。

1年間に伸長する地下茎の長さは条件によって異なるが、モウソウチクで5〜7m、分枝数は1〜2本、マダケやハチクでは4〜5m、分枝数で3〜5本、稈や地下茎の直径が細いクロチクでは伸長量は2〜3mであるが、分枝数は5〜8本と多くなるため、それぞれの年間総延長は上記の順で10〜13m、15〜20m、10〜20mになり、長年の間に1ha当たりの地下茎の長さは30km、50km、70kmにも達している。

タケノコの科学：タケノコとは稈や地下茎がタケの皮によって包まれ、成長している状態をいう。したがって、稈の下方部で成長が終わりタケの皮が離脱している部分はタケであるが、同じタケでも上部では成長が継続していてタケの皮がついている部分はタケノコ、または穂先タケノコと呼んでいる。ただ、ササ類ではタケの皮が長期間付着しているが、成長中かどうかは先端部を見れば容易に判断することができる。

タケノコは低カロリー、低脂肪、旬の繊維食品として好まれ、タケが持っている別の姿でもある。ほとんどのタケノコは無毒であるが味覚、食感などによって趣向が異なるため、実際の食用となるのはモウソウチク、ハチク、ホテイチク、シホウチク、ダイミョウチク、チシマザサなどが日本での代表的な種類といえる。

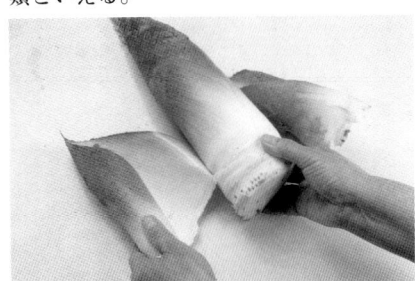

外側の皮を2〜3枚むく（京都府長岡京市）

米ぬかを入れ、約1時間ゆでる

ミヤコザサの花糸が伸長し、雌しべが現れる

ギンメイスオウの開花花穂（4月）

　栄養学から見た含有物としてはタンパク質、ビタミンA、B_1、B_2、C、K、糖質などを含んでいる。味覚を損なうものとしてはエグ味があるが、これはホモゲンチジン酸といい、日光を受けることで生成される。このため、採取者は早朝に収穫するように努めている。この他、味覚には蓚酸が関係するが水溶性のため、たいして問題とならない。

　むしろ、タケノコを湯がくと白い浮遊物が現れる。これがチロシンで、リグニンの前駆体のために時間が経過するほどに細胞壁を丈夫にすることから、タケノコそのものを堅くしてしまい、感覚的に味覚を低下させるという結果を招くことになる。

　タケの皮に関しては外側にフラボノイド、ビタミンC、K、その他Ca、フェノール類などがあり、抗菌性や撥水性を持っている。また、内側には通気性、撥水性、調湿性があるために食物が内面に付着しないことから肉類、寿司、羊羹などの包装材料としても利用されている。

　タケ類の開花：タケ類の開花は不定期で、いったん開花すれば林地は部分開花するか、全面開花するかによって開花期間が異なるものの、稈が枯死することは確実である。開花がしばしば起こる種では開花過程を記録し、対策を講じることが可能であるが、現状では前兆として、当年のタケノコ発生数が異常に少ないことや細いタケノコが多く発生することなどを挙げることができる。この他、葉が通常期に落葉しても更新しないこと、葉色が褐色、もしくは退色した緑色となるなどの現象が見られる。

　開花後の種子に関しては温帯性タケ類で稔性が低く、発芽率も低いが温帯性ササ類の結実は良く、発芽率も高い。ただ、いずれも種子の保存可能な期間が短いために実生苗を得るには取り蒔きするのがよい。これに対して熱帯性タケ類では稔性率が高く、発芽率も高いために実生苗をつくりやすく、加えて、挿しタケや樹木の取り木（枝や茎などから発根させる繁殖法）に相当する取りタケも可能である。

　その他：タケノコが成長しているときの養分は、葉の光合成によって有機物がつくられ、地中からは水分の吸収と土壌中に含まれている養分やミネラル類が水溶性の形で吸収される。

　また、養分の貯蔵はデンプンの形で行われているが、成長が始まれば多糖類に変えられて芽子に送られ、利用されることになる。この際の養分は地下茎の前方に向かって送られる。春先に伐採したタケが害虫に加害されやすいのは、糖分が多量に含まれているからである。

　なお、温帯性タケ類の実生苗では平均気温が20℃よりも30℃で良い生育が期待されるが、連続的には12時間が限度である。さらに、実生苗における三要素施肥は基準量よりも2倍量、3倍量の施肥がより効果を与えることが明らかになっている。

　この他、実生苗から変異体に生育する可能性が高いことは注目に値する。

タケノコの発生とタケの皮の役割

「タケ・ササの生態と生理」の項でタケノコの役割についてはその一部分を記載したが、もう少しタケノコとタケの皮との関連から述べておくことにする。

タケは木化植物であるにもかかわらず伸長や肥大成長期間がわずか50〜100日程度と短く、この期間だけで一人前の組織をつくり終えてしまうのである。ただ、これだけの期間で急速に成長し、しかも、内部が空洞だけに外圧に対して対応できる自営的手だてが必要となる。それを担っているのが稈や枝に規則的に配置されている節であり、横隔壁として強度保持の役割や成長に欠かせないものとなっている。

タケの成長で興味あるのは、大部分の植物が幹や茎の先端部にあるシュート頂で成長ホルモンの支援を受けつつ細胞分裂を行うことによって成長しているが、タケはシュート頂の細胞分裂と同時に、各節の上側にある成長帯が基点となってタケの皮のサポートによって稈の下方部より順次成長を開始するために、単位時間当たりの成長量が大きくなるのである。しかし、残念なことにタケには形成層がないために成長するのは初年度だけで、それ以降は伸長も肥大もできないのである。このようにタケの成長には、タケの皮の働きが大きな役割を果たしているといえる。

タケノコの発生時期と養分吸収：タケノコの発生には気温と土壌水分が大きく関与し、温帯地域に生育しているモウソウチクでは土壌表面の温度が10℃（気温ではほぼ12℃）になると地上に先端部を覗かせるが、ハチクやマダケではその温度が12℃（気温ではほぼ14℃）で地上に現れる。温帯性タケ類の多くは長日性であるが、シホウチクやカンチクは短日性で秋になると発生する。また、わが国に生育しているホウライチク、マチク、シチ

ヒメハチクのタケノコ（6月）

ホウライチクのタケノコ（6月）

ク、リョクチクなどの熱帯性タケ類は晩夏から初秋にかけて発生するという特徴があり、なかでも、タケノコの発生期間の前半には多くの水分を吸収し、大形の温帯性タケ類では通常期の10倍程度、すなわち1本当たり20ℓ/日を要し、大形の熱帯性タケ類では同様に40ℓ/日を成長のために必要とすることがわかっている。

タケは他の緑色植物同様に、水とCO_2に光エネルギーが加わって葉で光合成を行うことで有機物を生産し、それらは篩管（しかん）を通って稈や地下茎に運ばれ、デンプンやタンパク質として蓄えられる。同時に地下茎の根からは土壌中の水分やN、P、K、S、Fe、Ca、Mg、Al、Mnなどが水溶性の塩として通道組織である導管を通して運ばれ、吸収されるのである。このように光合成はタケの成

モウソウチクのタケの皮（10月）

長や再生に大変大きな働きをしている。

　タケの皮の生態：タケの皮は葉の変形といわれ、葉身（葉鞘）のほかに、葉舌、葉耳、肩毛、鞘片（葉片）などの付属部分より構成されている。また、タケノコの発生時点では稈の節ごとに1枚ずつついており、枝の節についても同様に既成数として存在している。それらのタケの皮を人為的に切除もしくは剥離すると、その部分から腐食し、また、成長を休止させてしまうだけに成長期の取り扱いには注意を要することとなる。したがってタケの皮の自然離脱は、タケの成長完了を示唆する指標とすることができる。しかし、ササ類では成長が終了しても稈鞘帯に離層がすぐにはできないために、暫時ついたままとなっている。

　タケノコの先端部には常に何枚ものタケの皮が重なりあって強度を保っており、マダケでは20kg余りの重量の畳すら持ち上げることができ、また、地下茎の先端部も同様にタケの皮によって強度が保たれ、堅い土壌中や柔らかい岩盤の隙間にも入り込んで伸長することができるのである。

　種によるタケの皮の相違：タケの皮は種によってそれぞれ形状、質感、斑点、着毛状態などが異なるため、種の同定に利用することも可能であり、例えば、モウソウチクのタケの皮は黒褐色で小さな斑点があり、形状は大きくて厚いために柔軟性に欠け、乾燥すると縦に割れやすいという特徴がある。しかも表面が密生した細毛によって覆われているため、利用しにくいのが欠点でもある。

第5部　タケ・ササ類のフィールド知識

　マダケのタケの皮は縦縞状に走る黒褐色の大きめの斑点が多数あり、皮質は柔軟で吸湿性や撥水性に加えて、裏側の気孔による通気性が高く、余分な水分をはじき、防腐性や防菌性も他のタケの皮と同様に持っている。ただ、形状は幅の割に節間が長いためにタケの皮も長三角形となり、薄くて紙質に富んでいるだけでなく、無毛でもあるために、曲げたり加工しやすいことから用途のうえで有用種といえる。マダケの変種であるカシロダケのタケの皮は繊維分が多くて柔らかく、質がよいために草履表などとして好まれている。

　種類によるタケの皮の利用：種別によるタケの皮の利用概要は以下のとおりである。

　マダケ：タケの皮は生肉、鯖寿司、羊羹、浜焼き鯛などの包装用として利用され、また編んで菓子容器、弁当箱、盛り籠、手提げ鞄などの箱物として利用されている。

　カシロダケ：タケの皮は白みがあり、繊維が固いので草履表や木版用の馬連、数珠の研磨材、漆器の磨き出し用などとして利用されている。

　モウソウチク：堅くて割れやすいために使われることは少ないが、灰汁巻（鹿児島の名産菓子）、円八あんころ（石川県松任駅）、陀羅尼助（薬用）などの包装に利用されている。

　ハチク：黄褐色で斑点がなく、紙質のために竹皮笠に用いられてきた。また、黒焼きにして米粒と酢で練って捻挫、打撲の治療用に貼りつけたこともあった。

　ケイチク：マダケに似てやや小形であるが、裂けにくいために紐としても使い勝手がよく、台湾から今も多く輸入されている。

　この他、タケの皮は一般に抗菌力、防腐力があることから漢方薬として用いることも多く、ホウライチクのタケの皮も焼いて粉末にし、油と混ぜて頭部や体のできものに塗っていた。また、タケの皮の黒焼きは止血や腹痛止めにも利用していたことが今では昔話として残っている。

タケ・ササ類の分布と生育地

国内では最大級のタケのモウソウチク

タケは赤道を中央にして暖温帯から熱帯に至る南北両緯度内の低地帯に生育している。マダケやモウソウチクを対象として考えると北緯40℃、南緯42℃の範囲内と見なされている。一方、ササ類は耐寒性に富み、亜寒帯の標高の高い地域やヒマラヤ山地やアンデス山系の3000mでも生育している。ただ、生育に関しては制限要因として気温と降水量がある。すなわち、タケの分布地域と生育型には生育環境が関係していることになる。

気温：最寒月の平均気温が−1.5〜10℃なら温帯性タケ類のみが生育可能である。最寒月の平均気温が10〜20℃なら低温域で温帯性タケ類が生育し、高温域では熱帯性タケ類が生育する。15〜20℃では亜熱帯性タケ類が生育する。最寒月の平均気温が25℃以上なら熱帯性タケ類のみが生育する。

気温の低下は標高が100m上昇するごとに0.59℃降下するので、標高2000mの場所では同じ緯度の低地帯よりも11.8℃低くなり、低地で25℃のところでも13.2℃ということで温帯性タケ類が生育できることになる。こうした事例として、熱帯高地で植栽されたホテイチクの林地をよく見ることができる。

気温に関する限り、熱帯では低温問題を気にすることはないが、温帯以北では低温障害を受けることが起こるので、EU諸国や北米大陸ではタケの自然分布は厳しいといえる。

降水量：年間降水量が600mm以上の地域ならタケ類の生育は可能であるが、持続的生産を考えると多少困難といわざるを得ない。なぜなら、この程度の降水量だとかなり長い乾季を伴うからである。したがって温帯でも熱帯でも、最低で年間1000mmの降水量が必要である。ただ、稈や地下茎が生育中は温帯性タケ類で月間降水量100mmが2回以上、熱帯性タケ類では月間降水量200mmが3回以上あるのが望ましい。それは熱帯域で降水量が少ないと乾燥が起こるので、乾季を伴う期間が長い地域では生育が困難となるからである。

立地環境としては土壌と地形が関係するが、温帯性タケ類では排水性の良い砂質土壌、少量の粘土質を含む壌土やpH5.5〜5.0でも生育可能である。地形としてはおおむね平坦地、緩やかな丘陵地が適している。熱帯性タケ類では、ラテライトと呼ばれる赤色土壌や透水性が妨げられる粘土質土壌は好ましくない。また、傾斜地も地下茎を持たない熱帯性タケ類の植栽には適していない。

温帯性タケ類の特徴：温帯地域は本来、タケやササが生育できる地域である。東アジアでは日本、中国、韓国の他、西アジアもその範囲内である。これらの国で生育種数が最も多いのは、国土の広い中国である。日本国内に生育している単軸型のタケ類は5属であるが、中国では20属以上と多い。

いずれも長い地下茎が深さ40cm前後のところを横走している。通常は先端部が伸びるが、なかには分枝することもある。こうした地下茎の各節についている芽子は休眠芽で、発芽するのは、地下茎が成長後おおむね2年から6年の間にランダムに発芽するために稈そのものの配置は散程状になる。

なかには発芽することなく生命を終える芽も多い。こうした分枝は地下茎の先端部が伸びることから単軸分枝といい、葉脈はいずれ

第5部　タケ・ササ類のフィールド知識

図3　世界のタケの天然分布と生育型

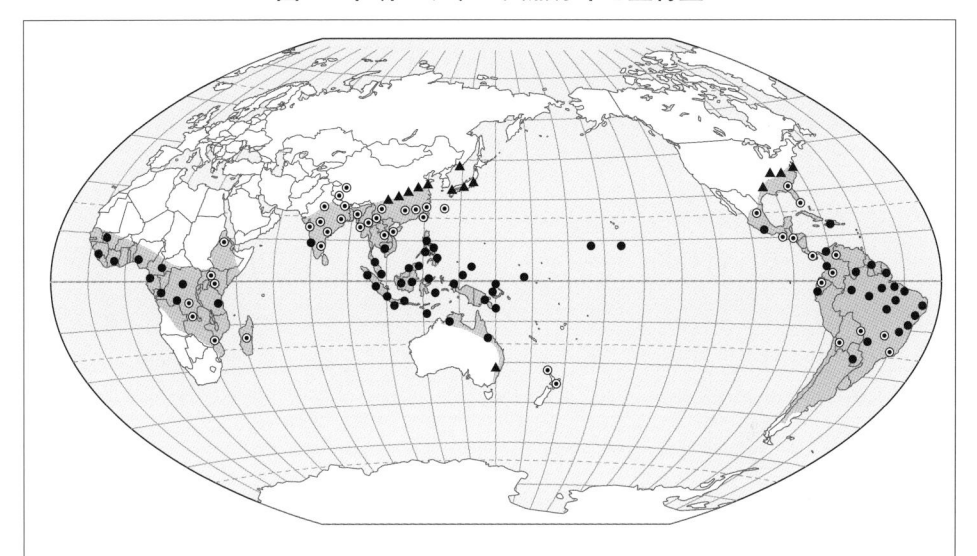

最寒月の平均気温が10℃以下の地域（▲）：温帯性タケ類のみが生育する
最寒月の平均気温が10℃～20℃の地域（◉）：低温地域では温帯性タケ類、高温地域では熱帯性タケ類が生育する
最寒月の平均気温が20℃以上の地域（●）：熱帯性タケ類のみが生育する

も格子目状となる。染色体数は2n＝48で4倍体である。

マダケ属（Genus *Phyllostachys*）：日本では有用種が多く、中形から大形となる種が多く見られる。種そのものは7種で変種や品種が多い。本属の大部分は中国の他、インドやヒマラヤ地方でも生育しており、世界中で40種といわれている。地下茎を毎年伸ばし、散稈状の林分を構成する。枝は通常二又に分枝するが、まれに1本、または3本のこともある。タケの皮は稈の成長後早期に離脱する。

葉は、おおむね披針形で葉身に対する平行脈と細脈とで格子状になる。タケノコの発生は春型。

ナリヒラダケ属（Genus *Semiarundinaria*）：日本に5種、1変種あり、アジアに10種、世界に17種が知られている。代表ともいえるナリヒラダケは長さ7～15m、胸高直径4～6cmほどの中形種で、稈、地下茎、枝の横断面は正円に近く美しい。1節からの枝数は年とともに増え、短いので庭園に利用される。タケの皮は成長完了後もしばらくついていて優雅である。

トウチク属（Genus *Sinobambusa*）：日本に1種、1品種。中国に3種あるが、世界でも4種のみと少ない。稈は5m程度、胸高直径約3cmとやや小さめの中形のタケで、稈、枝、地下茎の横断面は円形状を示し、節間は長く60～80cmで各節から出る枝数は多く、剪定するとより多く分岐する。肩毛が発達する。スズコナリヒラは本属の品種である。タケノコの発生は春型。

シホウチク属（Genus *Tetragonocalamus*）：日本に1種の他、中国と台湾にそれぞれ1種存在している。稈長は3～7m、胸高直径2～4cmになる中形のタケで、稈を横断すれば四方形になっているのが本種の特徴である。

節が高く、稈基部の節には気根が多数見られる。タケノコは秋季に発生し、タケの皮は薄い。肩毛はよく発達している。

オカメザサ属（Genus *Shibataea*）：日本に1種、中国に1種のみ生育している。放置しておけば稈長2m、根元直径6mmという小形のタケで、やや太くて短い枝を下方部から上部にかけての稈の各節から数本出し、その先端に1枚の広披針形の葉をつける。タケの皮は薄く小さい。密生するためタケの皮が離脱しにくい。タケノコの発生は春型。

温帯性ササ類の特徴：日本国内で見られる単軸型のササ類は長い地下茎があって、単軸分枝するものと、亜熱帯性タケ類のように地下茎を伸ばしては仮軸分枝するチシマザサのような種も存在するが、原則的には散稈型となる。一般に稈長は短くて1m前後のことが多く、長くなるタイプでも小形のタケ程度である。タケの皮は稈の成長が終わっても長期間付着したままである。

ササ属（Genus *Sasa*）：日本、韓国、サハリン、中国など世界で35種の他、品種や変種が多い。大部分は小形であるが、中には中形とも呼べるやや大きい種も見られる。一般に仮軸分枝であるが単軸分枝もある。しかし、通常は散稈型に見える。分枝しないか1節より1枝を出す。タケの皮は長期間稈に着生し続け、その長さは節間長よりも短い。肩毛はいずれも剛毛で、葉は稈、または枝の先端部に何葉かつける。

鈴木貞雄は当初、ササ属を形態の大きさによって4節に分けていたが、1978年以降以下の5節に細分化することにしており、本書でもこの区分を利用している。タケノコの発生は春型。

①**チシマザサ節**（Section *Macrochlamys*）：北海道から本州の日本海側に分布し、稈基部分が傾斜地の有無に関わりなく湾曲して直上する。節間は長くない。アマギザサ節とともに稈がササ属のなかでは長く、2m余になることもあり、稈の上部で分枝する。

節の膨らみはそれほど大きくはなく、タケの皮の長さは節間長よりも少し短い。葉は厚く、長楕円状披針形である。

②**ナンブスズ節**（Section *Lasioderma*）：北海道から近畿以東の太平洋側や四国、九州に分布し、岩手県南部地方には多くの種が見られる。稈はやや斜上して1～2mの稈長、6～10mmの直径となり、丈夫である。通常は稈の上部で分枝するが下方部で分枝することもある。節間は短くて節高となっている。タケの皮は節間と同じかやや短く、また、葉はやや硬く、稈や枝の先端部に数葉つけている。有用種の範疇にはない。

③**アマギザサ節**（Section *Monilicladae*）：本州中部の太平洋側や四国で見られる。稈は傾上し、稈長1～2m、直径4～10mmで、稈の先端部で分枝する。節間は短く、節部は大きく膨らんでいる。タケの皮は節間の半分かそれよりも短い。葉はいくぶん硬く、肩毛はあまり目立つことがない。

④**チマキザサ節**（Section *Sasa*）：日本海側の各地に分布し、四国や九州では高地で見ることができる。稈は1.5～2m程度で、基部もしくは稈の下方部で数本の短い枝を出す。節間はやや長く、節はいくぶん隆起する。葉は広くて大きく、上面は光沢があり、柔らかい。肩毛はよく発達する。

⑤**ミヤコザサ節**（Section *Crassinodi*）：いくぶん湿気の高い太平洋側の山地に分布している。種数は多い。稈は短く、50～90cmで、分枝することはほとんどない。節はかなり膨らんでいる。葉は薄くて光沢がなく、乾燥すると巻き込みやすく、稈は1年で枯死する。肩毛は発達する。

アズマザサ属（Genus *Sasaella*）：主に東北地方や関東地方に種類が多く、関西地方ではほとんど見受けることはない。日本には13種あるが北米や東アジアには多い。稈は地面より直上し1節から1枝が出る。肩毛は基部のみ細毛があるが、それ以外は滑らかとなっている。タケノコの発生は春型。

第5部　タケ・ササ類のフィールド知識

緑条が入るカムロザサ（6月）

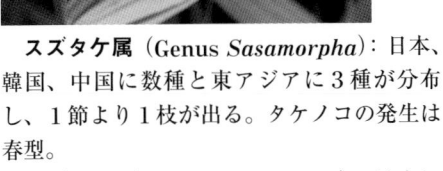

株立ち状のスホウチク（6月）

スズタケ属（Genus *Sasamorpha*）：日本、韓国、中国に数種と東アジアに3種が分布し、1節より1枝が出る。タケノコの発生は春型。

ヤダケ属（Genus *Pseudosasa*）：日本に3種、2変種、中国に数種分布している。節は低く、節間長は長く濃緑色をしている。1節より1枝を出し、タケの皮は長く、桿全体を包んでいる。タケノコの発生は春型。

メダケ属（Genus *Pleioblastus*）：日本に9種、2変種、3品種。中国には100種といわれている。タケノコの発生は春型。

①**リュウキュウチク節**（Section *Pleioblastus*）：葉の大きな種類で、葉長は幅の12～20倍にも達するほどで、細長く、葉舌（または小舌）は長い。

②**メダケ節**（Section *Medakea*）：葉長は幅の7～8倍ほどで葉舌は短い。葉鞘の肩毛はほぼ直上する。節は膨出し、葉は硬い。桿長は2m以上に達する。

③**ネザサ節**（Section *Nezasa*）：本州、四国、九州に5種あるといわれている。葉鞘の肩毛は水平で、葉は柔らかい。

カンチク属（Genus *Chimonobambusa*）：日本に1種で、1品種がある。世界に12種が知られている。桿は細く、品種のチゴカンチクのタケの皮を取り去って冬季の寒風にさらすと、桿は赤色になるので朱竹ともいわれる。タケノコの発生は秋型。

熱帯性タケ類の特徴：日本国内で栽培されている連軸型のタケ類はいずれも導入種で、沖縄、九州、四国、房総半島に至る温暖な太平洋側の地域で生育することができる。いずれも地中で地下茎が走行することはなく、仮軸分枝して株立ち状になる。葉脈は平行脈。染色体は2n=72で、6倍体である。

現在、沖縄や九州以外で野外栽培されている種類は以下の2属のみである。

バンブーサ属（Genus *Bambusa*）：日本に6種の品種や変種がある。本属を主要種からホウライチク属と呼ぶこともある。東南アジアや世界各国の熱帯地域には、70種以上の種類や品種などがある大きな属である。

したがって形状もさまざまで、一般化して述べることは困難であるが、概して材質部は厚く、大きな形状から中形で材質部の薄いものまである。桿には刺のあるものやないものもある。葉は平行脈である。実生苗や挿しタケが可能で増殖しやすい。タケノコの発生は晩夏型。

デンドロカラムス属（Genus *Dendrocalamus*）：沖縄、鹿児島県で1種（マチク）が栽培されている。したがってマチク属ともいわれているが正確ではない。東南アジアを中心として30種分布している。大形のタケで1節からの枝数は多い。海外でのマチクは食用タケノコとして栽培し、乾燥タケノコとしても利用している。タケノコの発生は晩夏型。

タケ・ササ類の栽培と管理

このところよく見かけるタケ林は、従来どおり経営管理されている林分と拡大放置林の二つに分けることができる。前者の経営管理地には施業上粗放栽培が行われているモウソウチクやマダケなどの竹材林と集約栽培されているモウソウチクのタケノコ栽培林があって、それぞれ例年定められた経営計画に基づいて施業が行われている。課題は放置されている林分から周辺の開放地に進出し、また、植林地に侵入して拡大しつつあるタケ林である。

これまで拡大放置林はさておき、もともと管理や施業をすることで利用してきたタケ林はこうした作業を継続することで安定した生産管理のできる態勢ができ上がっている。放置しておけば毎年新たな稈が発生してくるタケ林は、樹木林とは異なった特性を持っているだけに施業管理をなおざりにすることはできないのである。こうしたことを前提として、温帯性タケ・ササ林の管理手法のポイントについて述べるとしよう。

〈温帯性タケ林の栽培と管理〉
1. 竹材採取林の整備と管理：既存林で対象とすべき林分には、モウソウチク林とマダケ林がある。両者の利用目的を考えるとき、モウソウチクは建築材や海苔・牡蠣筏あるいは構造物として利用されることが多く、その他の目的では製紙原料や製炭材、多様なバイオマス利用といった点で径級が太く、木質部の多いものが要求されることが多い。

これに対してマダケは繊細で竹細工や加工品の原材料として利用することが多く、同じ建築材でも内装の人目につきやすい部分に使われることが多いので、タケの特徴を生かした通直で均整のとれた良材が望まれる。したがって太い材料だけでなく、細くても使用目的に対応した径級の材が求められるとともに材質もまた利用上有用な要素となる。

他方、拡大放置林においては管理する以上、その先には何らかの利用目的が想定されていなければならないことを頭に置いておくことが大切である。

共通施業　竹材を求める施業では粗放栽培を行うことで十分に目的を達することができるので、放置タケ林の管理をまず取り上げることである。季節のうえからはタケノコが出る前に病虫被害や枯損しているタケのほか、年齢が経っていて稈の表面が褐色化しているタケを地際近くで伐採することによって糸口を解くことができる。

この作業はその後に発生してくるタケノコを成長させて、本数調整作業に支障をもたらせないためにも必要だということができる。もちろん、伐採したタケは利用価値がないだけに小さく割って林内に放置しておけば搬出の手間を省くことができ、いずれ土壌に還元することができる。

日本の温暖な南部地方なら3月中旬にはモウソウチクが発生し、さらにハチクやマダケなら1か月余り後にはタケノコが発生してくる。そうした地域では、往々にして竹材林であっても旬のタケノコとして自家用に供するために掘り取ることが多いが、早期に発生したタケノコは将来の竹材生産のことを考えて取り急いではいけないのである。

例えば、隣接のタケとのスペースが広く開放されているところでは早目にその空間を埋めるために、あえて採取しないことが大切である。後日、その空地に発生するタケノコを期待することが多いが、実際にはその場所にタケノコの発生がもたらされるかどうか不明であるため、必要なものは早く手当てしておく必要がある。つまり、タケノコ採取は発生の後半以降に不用と思われるものを採取すればよいということになる。

タケノコの採取後も竹材林では土壌養分の不足がない限り、あえて肥料の施与を考えなくてもよく、特に窒素分の過多施与は竹材を柔軟化する可能性もあるので、利用目的に

第5部　タケ・ササ類のフィールド知識

手入れされたモウソウチクのタケノコ採取林（6月）

日の出前に地上に出る直前のタケノコを掘り上げる（京都府長岡京市、5月）

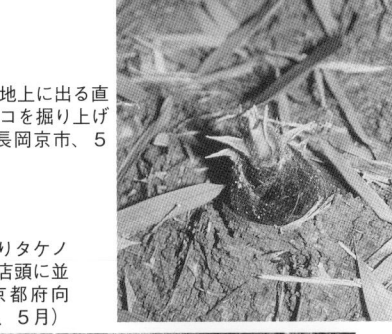

朝掘りタケノコが店頭に並ぶ（京都府向日市、5月）

よっては避けるほうが良策だということもある。

　タケノコが生育中の時期の稈では貯蔵されているデンプンが多糖類に変わっているため、数年生の稈といえども伐採して利用することができないために、あくまで隣接稈とのスペースをとるための伐採にとどめることとする。必要なときは養分補給を行うために、年間施肥量の1/2量を散布する。

　稈の成長が終了すると地下茎の伸長が始まり、10月後半まで継続する。この間の夏季期間中は、除草を1～2回行う程度の管理でよい。稈の主伐は、あくまでそれ以降翌年の3月までということになる。

　なお、稈の伐採に際しては最初に枯損竹、病虫被害竹、老齢竹を伐採し、次いで隣接しているタケのうち老齢竹、細竹、悪い形状竹など販売価値のないものを伐採し、最終的に商品価値の高いタケを伐採することで本数整理を行う。特に管理が行き届いていない林地では、初年度の本数整理に気を遣う必要がある。

　竹材林の本数管理：主伐量は林地の良否にもよるが、標準的にはモウソウチクで7000本/ha、マダケで9000本/haを基準とする。よってそれ以上の本数は伐採して利用するという管理を行い、翌年以降は立竹の1/4～1/5を毎年伐採して維持管理するのが基本である。

　ここで注意しておかなければならないのは伐竹の選定方法で、①生態的伐竹方法に関しては一つの林の容量をどれほど保持しておくかに目標を置く場合で、この方法では生育してくる量だけ伐採することになる。ところが毎年生育する本数や大きさが一定でないために、生育量優先で伐採量が決まるのである。②生理的伐採方法というのは、光合成や養分生産の盛んな若齢のタケを常に残しておくことから持続的生産や林地保全型の伐採方法ということができる。そして、③工芸的伐竹方法というのは竹細工や竹工芸の原材料を得るための方法で、多くの場合は3～4生の稈を選択して伐採する方法である。

　伐竹後の搬出に際しての注意事項としてはモウソウチクに比べてマダケの表面はより傷つけないように気配りすることが必要で、表面の傷の付き具合によっては商品価値がなくなることもあるほど大切な部分だということができる。

　2. タケノコ採取林の管理：いろいろな種類のタケノコが生鮮食品として食べられているが、タケノコ生産用に栽培されているのはモウソウチクだけである。ところが実際にはモウソウチク以上に食味の良いタケノコもあるが、生産量が少なく個人レベルでの取り扱い

223

のみとなっている。

　食品価値の高いモウソウチクのタケノコ生産には集約的管理を行わなければならない。例えば全国的に有名な京都の西山タケノコや山城タケノコの生産地では、カレンダーに従って以下のような作業を行っている。

11～12月（タケの主伐や整理伐採終了後）
可能なら最初に土壌を中耕（軽く鍬入れをする）した後、土壌が見えない程度に細断した稲わらを敷き詰めて、1か月程度風雨に曝しておく。12月上旬頃に稲わらを覆うように透水性の良い多少粘土質の土壌を敷く。ハードな作業ではあるが、これを行うことによって良質のタケノコを早期に発生させ、また、見つけやすくなるので早期にタケノコを採取でき、高収入をもたらすといわれている。

2～4月（早掘り）　早掘りによるタケノコの出荷と病虫被害竹や雪害枯損竹などの伐採・整理を行う。ただ、伐採したタケはチップ化が可能ならば、林内もしくは林道に散布する。3月後半になれば暖地ではタケノコが一斉に発生してくるが、次年度以降のタケの生育や配置のことを配慮して、必要な場所に発生してきたタケノコは極力残すようにする。場合によっては、タケノコが3m程度に伸びた頃を見計らって稈を揺さぶるか切断する（うら止め、または梢伐りという）と日光の透過量の増加や地表温度の上昇が早くなるなどのことから、新竹の葉が正常なタケの葉数よりも多くつき、ある程度着葉量を回復させるだけでなく、クロロフィル量も増すために、その後の養分生産に良い結果をもたらすことが明らかになっている。掘り採りが一段落した時点で、年間施与肥料の1/2量を林内全体に散布する。

7～10月（地下茎の成長期）　タケノコ畑の本数密度は5000本/ha前後なので雑草が茂りやすくなるため、2回程度除草する必要がある。なお、期間の後半には整理伐採を行って本数密度を4500本/haにする。このときに残量の肥料を施与する。

　このように良質のタケノコを生産するには、竹材林の管理よりも多くの作業と手間を加えることで集約的管理をしなければならない。

3. 製炭用材林の管理：製炭に使っているタケの大部分は木質部の厚いモウソウチクである。製炭材としてマダケからつくられた炭がモウソウチクのものよりも良質という成果は出ているが、材料が少ないこと、原料価格が高く、タケ自体の炭化歩留まりが低いためにコストが合わない点がある。

　かつて、竹炭はタケ自体が備えている微細孔表面積の広さから、臭気の吸着性能、調湿性、土壌微生物や菌類の繁殖がよいために木炭よりも有利だといわれ、それではとあらゆる竹材が無作為に炭材として集められては炭化された時期があった。

　しかも当時は炭焼き窯にしてもほとんど経費をかけることもなく、伏せ焼きやドラム缶のなかに竹稈を詰め込み、炭化焼成温度すら気にしないで焼いていた。こうした雑な製炭方法ではまともな竹炭ができ上がるわけはなく、快く思っていなかった有識者が各地に居合わせて嘆いていたことがあった。労少なくして一攫千金を夢見た製炭者が自滅したのはいうまでもないことであった。

　今日まで竹炭焼きに取り組んでいる仕事人は共通して研究熱心で、かつ良心的であるだけに、専業家として今後も取り組んでいくと思われることから、あえて原材料林としてのモウソウチク林育成とその管理について助言させていただきたい。

　炭材　炭材として利用可能な年齢は、その含水量から見て4～5年生のタケが適していて、5年生以上になると含水量不足で炭化するうえで必ずしも品質が良いとはいえない炭ができるのである。常に西日が当たる西斜面から南西斜面にかけて生育しているタケでは、夏季から秋にかけての西日や乾燥にさらされるために、4年生を選ぶべきであろう。また、反対に、谷筋や透水性の悪い過湿地に

生育しているタケも好ましくない。

　こうした条件を考えて良質の竹炭を生産するには材料選定に注意し、平均胸高直径9cmのとき、立竹本数を6000本/haとした林地で育成した製炭用竹材林を造成して所定の年齢のタケを伐採するようにすることが望ましい。また、管理するに際して施肥を行わないで、自然状態で育成するのがよい。施肥林から持ち込んだ竹材では良いタケを焼くことができなかった事例がいくつも出ているからで、タケノコ採取のために施肥していた場所で生育していたタケを有効利用するという考えから利用するのは考えものである。しかも、タケノコ畑のタケは日光を受けすぎていることも理由になるかもしれない。

4. 新植地での育成と管理：新植地にタケ林を造成する際は、まず利用目的、もしくは場所が決まっていることが必要である。例えばタケノコ栽培であれば土壌が問題になるであろうし、竹材林であれば何に使うかによって種が優先的に決まることになる。また、小面積の植栽であれば苗の準備も簡単であるが数ヘクタール以上ともなれば苗の生産から用意することになる。

　株分け苗の準備　温帯性タケ類では地下茎の株分け苗によって植栽するのが一般的である。株分け苗としては3年生程度の太い地下茎（地下茎にタケの皮が部分的に残っていて根が多くついている）を30〜40cmの長さに伐り、土のなかに埋めておき、地上にタケノコが数回発生してくれば、翌年にそれを植栽地に持って行き、植えつける。

　ただ、地下茎だけを植えつけておくと、タケが大きく育つまでに4〜5年を要するので、地下茎の元近くに数本の枝葉を持った細い親竹をつけた苗を準備し、苗床に植えておくと早く太いタケを発生させることができる。これはタケの葉による光合成で養分の補給が行われるからである。こうして得られる苗は、完全なクローンであるだけに系統さえ選んでおけば、将来は良い林地にすることができ

発芽後1週間目のモウソウチクの実生苗

る。通常の林地に達成できるまで約10年近く要する気の長い仕事である。

　実生苗の準備　種子は開花後の結実によって得られるが、モウソウチクやマダケで稔性のある種子は非常に少なく、しかも、それらの種子の保存可能期間が短いことから、結実後は早期に播種する「取り蒔き」を行わなければならない。そのうえ開花そのものの周期がほとんど明らかにされていない現状では、実生苗をつくる計画をあらかじめ立てることができないというのも問題である。

　さて、開花が始まって種子が採れたとしても発芽率はモウソウチクで5〜10%程度であり、マダケではさらに低い発芽率しかない。種子を播種床に入れておけば、ほぼ10日から2週間ほどで発芽を始め、1か月程度で仮軸分枝するように最初の小さなタケノコの根元から新しいやや大きなタケノコを発生する。こうした過程を数回経て半年後には根元直径5mm、高さ20cmほどの株立ちの稈と多数の根に混ざって1本の細い地下茎を伸ばすので、移植して翌年に地上茎が50cmほどになれば定植する。通常、実生苗から育てると株分けによって育てるよりもタケ林ができ上がるのが数年長くかかり、10年ほど要する。

　植栽時期　植栽は秋から厳冬期を除いた3月頃までに実施する。ただ発根数が多い場合は梅雨時期でも可能である。植えつけには苗を深さ40cmの植え穴のなかに静置して堆

肥を混ぜた土で埋め戻して灌水し、稈を添え木にしばっておき、風で倒れないように固定するか、植え穴に地下茎を静置しておいてから泥状の土を流し込んで稈を添え棒に固定するかである。なお、植栽本数はモウソウチクで400〜600本/haを標準とし、同様にマダケでは600〜800本/haを植える。

保育と管理 毎年タケノコが発生してくるが初期は稈が細くて小さく、大きな葉によってつくられる養分供給が大きな役割を果たすことになるので除去することなく育てておき、中形サイズのタケが確認されるようになれば5年以上経過している古くて細いタケを伐採する。

この間の夏季には雑草が繁茂するため、下草刈りを毎年行うようにする。施肥に関しては最初は窒素系肥料を多くし、数年経過すればN:P:K=5:5:2程度の割合で2年間隔で年間500kg/haの配合肥料をタケノコの発生前に全体の1/4、発生後1/2、秋に1/4、施与する。

5. 放置拡大林の整備と管理：タケのキャッチコピーの一つが「持続的再生可能な資源」ということである。つまり一度伐採しても新たな植栽を行わなくてよいということであり、無性繁殖するということでもある。しかし、タケを単位面積当たり一定量保持したいのであれば、常に伐採を行って本数調整しておかなければならないのに、何もせずに放置していたということになる。

では、手始めにどこから手を加えればよいのであろうか。放置林を見て最初に気づくのは倒れたり枯れたりしているタケが多いことである。こうした放置林ではタケを外周部より伐り、外部に搬出することである。ただ、伐採や搬出のために林内を動き回るので、低位置で伐っておかなければ足を引っ掛けて怪我をするもとになる。

第2に手をつけるのは、折れているタケや病害虫の被害を受けているタケである。いずれも商品的価値がなく、利用できない廃棄す

土留めをしたモウソウチク林。タケノコを生産（鹿児島県姶良市、10月）

べきものである。第3段階では形状の悪いタケや隣接しているタケを伐ってランダム配置に調整することである。最終的に、健全で5年生以下のタケによって林分構成ができていることが大切である。この後は竹材林にするのであれば密植に、タケノコ採取林であれば粗植にして管理する。整備を行うのには、秋季以降の休眠期間であれば利用可能なタケも伐採できるからである。

竹材林にしろタケノコ畑にしろ、太い竹を求めるのであれば、太いタケを常時残しておくことであり、細いタケをつくりたいのであれば、細いタケで構成するか密生にすれば目的を達成することができる。また、拡大阻止には拡大していく前方に深さ50cmの溝をつくるか遮蔽物を埋め込むことである。万一、溝の外側に地下茎がすでに入り込んでいる場合は、出てきた地上茎は根気よく伐採を繰り返して葉による光合成を行わせないことである。地下茎が伸びた翌年はタケノコを発生しないで2年目にタケノコを発生するだけに地下茎が先行していることを忘れてはならないのである。

〈温帯性ササ類の管理〉

温帯性ササ類の管理が通常必要とされるところは庭園の周辺であり、もともとササ類そのものの生育は山地帯であるため、これまで管理が問題となることはなかったと思われる。

第5部　タケ・ササ類のフィールド知識

クマザサを植えつける（9月）

ベニホウオウチクの株立ち（6月）

ササ類で注意しなければならないのは地下茎の量が多いことで、小まめに地下茎を掘り取るか、幅の狭い溝を掘って越境しないように監視することである。庭園で植栽したものは毎年刈り込みを行うことで拡大阻止を図ることができる。

〈熱帯性タケ林の栽培と管理〉

熱帯地域でのタケ林の育成といっても熱帯アジアと熱帯アメリカは、雨季や乾季が存在するものの多雨地域がかなり広い。しかし、熱帯アフリカとなると熱帯低地でも年間降水量が2000mmを超すような雨林地帯に標高2000～3000mの高山帯のタケ林を加えても、その面積は決して広くはない。ただ、最近はどの熱帯地域でも、資源植物としてのタケ林への関心が高まりつつある。なぜならこれまでタケをバイオマス資材として利用することが考えられてこなかったからである。もっとも、熱帯性タケ類の栽培や管理は、温帯性タケ類のそれと同一にはできないので、その要点だけを述べておくことにする。

栽培地の選定　熱帯地域の土壌にはラテライト質や粘土質の土地が多いが、この種の土壌はタケの生育に適しているとは言い難いので、新植に当たっては平坦地や緩傾斜地で、かつ、粘土質の少ない透水性の良いpH5～6.5程度の場所の選定が望まれる。特に森林の伐採跡地や疎林内に熱帯性タケ類を植栽すると植栽のみならず管理もしやすいといえる。ただ、将来の株の広がりや雨季の降水状況を考えると、熱帯地域では傾斜地での植栽はエロージョン（土壌の流亡）が起こりやすいだけにできるだけ避けるべきである。

タケ苗の準備　熱帯性タケ類の苗木づくりは雨季の初めに、①株分け、②挿しタケ、③実生によって行う。①の株分け苗づくりは地下茎を有しないだけに、地中部にある新しいタケの分枝部分を伐り離して植栽する。②の挿しタケ苗づくりは2～3年生の稈を地際から伐採して1～2節ごとに伐り離して円筒状のまま芽子を上に、地中約20cmの深さに水平状態に植えつけると20～30日後にタケノコが伸びてくるので、50cm程度に成長してから植栽地に植える。③実生苗は充実した種子が得られたらできるだけ早期に播種して苗を育てる。2週間もすれば発芽するので、苗床に移植して稈が50cm程度に育てば植栽地に定植する。定植は雨季の初めから末期までに行う。いずれの苗も成林するのに4～5年を要するが、実生苗からではいくぶん成長期間が長くかかる。

植栽時期と本数　植栽は雨季に実施するが、苗の植え穴を深さ×長さ×幅ともに50cm程度に掘り、苗を深さ30～40cmに静置した後に、埋め戻しの土として堆肥（落ち葉）や肥料と混ぜた土を入れ、しっかりと踏み固める。植えつけ本数はタケの種類や成林後の太さにもよるが、5～7m間隔とすれば500～400本/haの苗が必要となる。

伐採、その他　伐採は乾季または降雨の少ない時期に行うが、熱帯地域では伐採後早期に害虫が発生するので、なるべく早く防虫処理を行うのがよい。建築材としての利用には特に防虫処理が大切であるが、乾季に伐採することで被害を軽減することができる。

主な病虫害等の対策

　植物では害虫の一時的な飛来や発生によって加害され、また、幼虫が体内で生活することによって生育を阻害されるといった大きな被害を受けることがあり、場合によっては枯死するケースも見られる。幸いにしてこれまでタケに関する限り部分的な病虫害を受けることはあっても、生育中に大きな被害を受けて大量に枯死したという記録はない。

　しかしながら、竹材を伐採した後に利用するために保管しておいたところ、虫害を受けて利用できなかったという例や病原菌によって枯死することは往々にして起こったことがある。その他の自然災害と併せて対策について述べることにする。

〈タケノコの害虫〉
　ハジマクチバ：春季のタケノコ発生期に先端部付近より内部に入り込む、俗にタケノコムシと呼ばれている幼虫による被害がある。成虫は頭部や胸部が赤褐色で前羽の基部には白い紋、先端部の縁に黒褐色の斑紋があり、後羽は黒っぽい体長15〜20mmの蛾が夏季に下枝の葉鞘の先端部に卵を産み、落葉とともに落下して越冬する。翌春の発筍期に、この幼虫が羽化してタケノコに侵入する。この際、侵入孔から白い糞を出す。その後、幼虫はタケノコから出て土中で繭をつくり、蛹となる生活史を繰り返す。食害されたタケノコは、成長を止めて腐るという被害が多く起こっている。

　防除法はタケノコの先端部にある葉片に白い糞があるときは幼虫が生存している証しであるので、殺すか早めにタケノコの先端部に粉剤もしくは乳剤の殺虫剤を撒くのがよい。また、タケノコが出てきた場合は早期に幼虫がいないことを確認してから紙袋をかぶせておくのも被害予防として行われている簡易方法である。

　コメツキムシ：ハリガネムシとも呼ばれる蛾の幼虫もタケノコを食害する。土中に生息しているためにタケノコの地中部に食い込むか根をかじり、タケノコの成長を阻害することになる。幼虫は約20mmの細長い円筒形で赤褐色の光沢がある。土中にいるだけに見つけるのは困難であるが、タケノコの発生前頃に薬剤を散布することで被害防除ができる。

〈タケの葉を食害する害虫〉
　タケノハマキムシ：7月頃の新緑時に羽化して林内を飛び回り、葉に産卵する。幼虫が糸を出して葉を何枚か綴って巻き込み、そのなかでメイガ類の幼虫が葉を食害して成長する。幼虫で越冬し、春になって蛹になる。幼虫は頭部が褐色で胴部は灰白色、背面は硬くて黒く、毛が生えている。体長は3cm程度になる。この種のハマキムシは数種生息している。大きな被害をもたらすことはない。

　防除法としては、燻煙殺虫剤を噴霧するか成虫なら誘蛾灯で捕獲するのがよい。

　タケアツバ：主にモウソウチクで被害が見られるヤガの一種。成虫は体長6〜13mmで、全体が淡黄褐色。卵は丸くて小さく、葉の上に点々と産みつけられる。幼虫は黄緑色で1.5cmくらいになる。年間4〜5回発生し、特に夏の後半に多く被害がもたらされる。最初、葉肉を食べるが最終的には緑色部分を食

第5部　タケ・ササ類のフィールド知識

べ尽くしてしまい、葉の主脈や側脈などだけが残り、透かし状に食害する。大量発生するとほとんどの葉がなくなり、葉が再生できないと稈を枯らしたり、翌年のタケノコの発生に影響を与えることもある。発生の予兆があれば早めに殺虫剤を散布する。

この他、類似の被害をもたらすタケノホソクロバ、タケスゴモリハダニなどもいる。

タケカレハ：成虫は大形の蛾で両羽を広げると7cm、体長6cmになるものもいる。羽の前方にはそれぞれ銀白色の丸い紋が2個ついているほか、赤褐色の2線とその外側に灰褐色や茶褐色の線と帯がある。幼虫で越冬し、翌年の春に葉を食べて成長し、その後、繭をつくった後に蛹となる。大きな被害をもたらした例はこれまでにない。

アブラムシ類：葉や新芽に小さな虫が群がって加害するが、スス病と共生していることが多い。

〈枝や葉鞘部に加害する害虫〉

モウソウタマコバチ：成虫は黒色の胴体と透明の羽を持ったコバチで、春に羽化し、新しい枝の基部にある節間に産卵する。稈の上部の枝に寄生すると細長い虫えい（虫こぶ）をつくり、葉鞘も伸びてこの虫えいを覆うようになるので、開花ではないかと見間違えられやすいが、先端に葉がついているところが異なっている。この内部に蛆虫のような小さな幼虫が生息し、蛹で越冬して春に羽化してから穴をあけて脱出する。こうした虫えいが多数できると、タケが衰弱することになる。

予防としては、4月頃の羽化前に薬剤散布か燻煙することである。虫えいを一個ずつ除去するのは容易ではない。同様の幼虫がマダケやホテイチクにもつくが、これはマダケコバチといわれている。

カイガラムシ：葉鞘部や葉の裏や新芽の周りに白色をした1～6mmの大きさで粘りついている殻が、点々と見られることがある。潰すと、ねっとりした赤い汁を出す。取るのは簡単だが、放置しておけばいくらでも増加

するので、見つけしだいに取り去って焼却する。周辺にはスス病が見られることもある。

〈竹材と竹製品の害虫〉

伐採後の竹材に見られる害虫は、タケノコやタケの皮に被害をもたらす害虫とは異なっている。

タケトラカミキリ：成虫は足が長い体長13mm前後で、胴体は黄緑色の短毛が生えた円筒形をしている。背中には黒い紋の模様が見られる。成虫は夏に現れ、伐採されている竹材の切り口や割れ目に卵を産む。幼虫は2cmほどで産卵後は1年で成虫となり、竹材の表面に小さな穴をあけて脱出する。跡には稈の表面に丸い穴が残され、稈の内部は食害されているにもかかわらず、表皮が部分的に残されているだけで利用できない状態になっている。

防除としてはタケの伐採を秋以降に行い、伐採後は早期に忌避剤を含浸させるか、熱処理（油抜き）を行うことで予防できる。

ベニカミキリ：成虫は体長17mm前後で美しい紅色の背を持つのが特徴のカミキリムシで、頭部や触角などは黒い。春に現れた成虫はモウソウチク、その他の稈の伐り口などに産卵し、幼虫が材部を食害する。やや大形であるために孔道も竹屑も大きく、加害されていることは容易にわかる。乾燥した数年生の稈を好んで加害するが、まれに成竹でも老齢や生育の悪いタケに加害することもある。幼虫の成熟したものは28mmにも達する。産卵された翌年の夏に蛹となり羽化するが、成虫はそのまま材中で越冬し、2年目の春に脱出する。被害竹は折れやすく使用に耐えない。対処法は前者と同じ。

タケナガシンクイ類：本シンクイ類にはチビタケナガシンクイとニホンタケナガシンクイの2種があり、前者は体長2.5～3.5mm、暗赤褐色の小形の甲虫である。乾燥した竹材を好み、分布範囲は広く、暖温帯から熱帯まで分布している。

成虫は5～6月頃に現れるが、外部に飛び

229

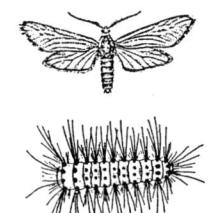

タケノホソクロバの成虫と幼虫　モウソウタマコバチと虫えい　タケトラカミキリ 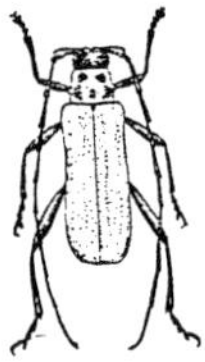　ベニカミキリ　タケカレハ　チビタケナガシンクイ 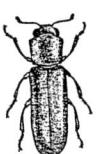　ヒラタキクイムシ

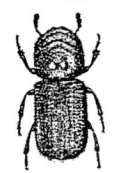

出した成虫は再度竹材に孔をあけて侵入し、材に入った成虫は導管内に産卵して孵化した幼虫は繊維方向に孔道をあけつつ柔細胞を食害し、食後は粉状の竹屑や糞を出す。幼虫は小さく、蛹を経て夏に羽化した成虫は、そのまま越冬する場合と竹材から脱出した後に別の材に入ることもあるという。

このように2世代を生きる場合もあるが、通常は1回である。ニホンタケナガシンクイはチビタケナガシンクイよりも黒味があって大きく、本州と九州に分布し、生活史は類似している。被害を出さないためには早期の熱処理、薬剤処理の他、伐期をタケや地下茎が成長していない晩秋から冬季に行った後、前述のような処理を行う。

ヒラタキクイムシ：成虫は赤褐色、または暗褐色をした甲虫で体長3～7mmで東日本以西に生息し、広葉樹の伐木や木材にも加害する。加害場所は、木材も竹材も同じで切り口や割れ目から産卵管を入れて導管内に産卵する。幼虫は白く蛆虫状で繊維方向に沿って孔道をつくると同時に食害し、幼虫のまま越冬する。その後、翌春に蛹となり、7～8月頃に羽化して脱出する。越冬前の食害時に糞が出てくるのと成虫の脱出孔を見ることで、被害を確認できる。

被害対策はシンクイムシと同様で、その生活史を知って早期に手を打つことである。特に伐期と伐倒後は早期処置することが重要で、切り口を放置したまま保存したり、小屋に詰め込んでおかないことが大切である。

〈病害〉

天狗巣病：本病（つる自然枯病ともいう）は古くからマダケの過密林や老齢竹の多い不手入地の林縁に見られ、放置しておけば拡大していくことが知られている。遠方から見ると開花したのかと思えるが、近づくとまったく異なった様相を示していることに気づくのである。本菌に侵されると、春頃に枝が蔓状になって伸びていることがわかり、その先端に小さな緑色の葉がついていて、罹病した部分には正常な葉は見られない。先端の葉鞘部に白い子座をつけ、多数の分生胞子をつく

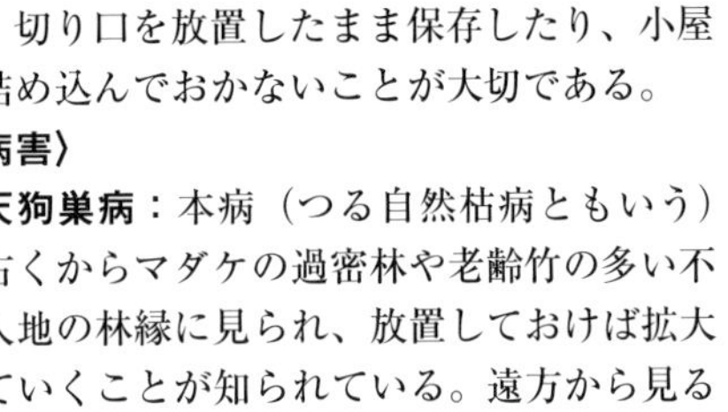

天狗巣病（ホウライチク、5月）

り、これが枝擦れによって接触して広がることになる。最近はモウソウチクでも発症している。

防除方法としては老齢竹の伐採と被害竹の早期焼却、特に被害部分の枝の伐採焼却を実施することである。

クロホ病：本病にかかったことは、枝の先端部が黒い粉状の胞子で覆われていることでわかる。原因は明らかでないが胞子の飛ぶ前の低温期に罹病枝を切り取って焼却することである。

朱病：マダケやメダケなどの稈の枝分かれした部分に胞子を寄生して、その後に赤褐色の斑点を生じ、日時の経過とともにそれが黒変しつつ拡大して、やがて上部が葉枯れ状態になって枯死するという過程をたどるので、赤衣病やスミイレ病ともいわれている。この病気も老齢竹に多く発症し、湿地や過湿地に多いことから、通気性をよくすることと老齢竹を伐採することで防ぐことができる。

スス病：竹稈がスス病菌に侵されて、まるで煤がついたように黒くなり、枯死するほどの被害は出ないが、同時にカイガラムシ、アブラムシ、蟻が共生することがある。これはカイガラムシやアブラムシが排泄する甘露がスス病菌のための栄養分となる一方、蟻にとっても甘露が餌となるからである。こうして、お互いが共存することで生活を行っているようであるが、蟻や小蜂などがスス病菌の胞子を運搬してタケの被害を拡大することも考えられることから、早めに駆除することが奨められる。

〈自然災害〉

自然災害によるタケの被害も見逃すことはできない。

風雪害：強風によるタケの被害は地上部の稈が風によって前後左右に振り回され、根元から倒れてしまい、そのままでは立ち戻ることができない場合は、風が止んでから支え棒によって立て直すか隣接のタケの根元に縄を結びつけて三方に引っ張っておくことである。根元の土は、埋め戻して固定しておくことが大切である。台風によって稈が折れたり割れたりしたものは伐採し、新竹、老齢竹は立ち戻れないものが多いので、これらも地際から伐採してしまう。

雪害は、春先に降る水分の多い重たい雪で被害が起こりやすい。多雪地ではハチクの被害が大きく、次いでマダケである。葉の表面積が大きくなると積雪量も多くなり、倒れるだけでなく割裂するものが多く出る。特に疎林のタケノコ畑では倒れやすいので、多雪地域では先止めすることを奨める。また、あらかじめ降雪前に稈相互を縄で結びつけて倒れないように支えておく。

低温障害：通常の生育地では連続して－15℃以下になることはないが、生育限界に近い秋田県や岩手県の南部では葉の変色、稈の黄化を起こすことがまれにある。葉が変色しても稈の黄化が始まらない限り大丈夫である。それらの地域では一般に稈長が短く、葉量も少なくタケ自体が環境対応をしているように見受けられる。

旱魃害：夏季の乾燥が続くと葉が萎れてしまい落葉することもあるが、土壌に湿気がある限り枯死することはない。ただ、多くの場合、乾燥が夏季の場合だと地下茎の成長に影響が出るため、翌年以降のタケノコの発生に影響を与えかねないこともある。できるなら灌水で乾燥を防ぐ。

野生動物による被害：タケそのものが被害を受けることはないが、最近多くなっているのはタケノコが伸び始めた春季にイノシシによる被害が各地で見られることである。かつてはサルがタケノコを食べたり折ったりしたことがあったが、最近は地中にある小さなタケノコでも嗅覚の鋭いイノシシが土を掘り上げて食べあさるため被害が大きく、電流柵を通して対策を練っているが完全に防御できていない。

タケ・ササ類の代表的用途

〈タケ利用の歴史〉

わが国では、いつ頃からタケを利用してきたのであろうか。古い時代のことは、ひらがな、かたかな、国字などを使って平安時代初期に書かれた古事記や日本書紀で知ることができる。

古事記によると、イザナギノミコトが見ないと約束した妻イザナミノミコトのむごたらしい死体を見たために、魔女が怒ってイザナギノミコトを追いかけてきた。彼は咄嗟に頭に挿していた神聖な爪櫛の歯を折って魔女に投げつけた。すると歯が落ちたところからタケノコが生えてきたために、これを魔女が食べている間に逃げきった。

たとえ、これが寓話か神代の物語であったとしても、タケノコが発生したということからすれば、その当時すでに櫛がタケでつくられていたということが想像できる。また、古事記には他の場所にコノハナサクヤヒメが皇子を出産したときに、竹刀でへその緒を切り、その刀を土に突き刺しておいたところ、逆さタケが生えてきたと書かれている。

これらのことは、我々が知り得る最初のタケ利用であるといえるかもしれない。その後は、日本で書かれた最初の物語として竹取物語がある。竹取りの翁が山野に生えているタケを伐っては日夜、竹細工品をつくっていたとある。この話も8世紀頃書かれたものと考えられている。

弥生時代の後期には鉄器が盛んに使われ、竹細工も繊細なものが編まれるようになっていて、生活に関わる魚具の筌（うけ）をはじめとして笊、箕などの他、籠などもつくられた。タケノコが盛んに食べられていたことも明らかになっている。

大和時代後半から平安時代の末期までの古代には古墳・飛鳥・天平・藤原文化といわれる、どちらかというと華華な時代があった。氏族の勃興と天皇や藤原氏との登場による三つ巴の異なった文化が見られ、竹細工でも今日も使われている六つ目編みの作品が出土している。奈良時代に中国から禅宗が入ってきただけでなく、日本の僧侶が中国に渡って修行し、仏典とともに多くの竹製品を持ち込んだことが正倉院の御物として今も保存されていることからもわかる。それらの例として筆軸、竹籠、楽器類、武具などが展示されている。

中世の鎌倉、室町時代になると豪華な寺院が数多くつくられており、華やかな時代であったが、やがて権力争いのために戦乱の時代へと変わっていったのである。しかし、一方では茶道、華道などの文化が始まり、その道具や用具がタケでつくられて今日まで引き継がれることになる。武道もその一つで竹刀、武具、弓矢などの職人が京都にとどまって、それらの文化を今も支えているといえる。

近世になると安土・桃山・江戸文化が出現する。織田、豊臣、徳川という新しい権力抗争の渦の中に巻き込まれてきた庶民が、安泰で平和な日々を迎えられたのは江戸時代の後半になってからのことである。タケを使った日常雑貨品が出回ったのは、正直言ってそんな時代の平和がもたらしてくれたからであったかもしれない。

近世には近隣国との争い事がしばしば起こり、資源の乏しいわが国では多くの日常の道具類、雑貨品、民具、工芸品がタケからつくられて、金属類の肩代わりをさせられていったのである。それにしても多くの竹製品が戦争によって生まれたのは人的資源が軍需産業に駆り立てられてしまい、家庭内工業で十分に日常生活用品がまかなえたというメリットがタケには存在していたのである。

しかし、戦後の新しい時代が訪ずれてくると日本の西洋化があらゆる分野で進み、伝統的な和風文化が薄らいでタケを利用する文化にも大きな変貌が見られるようになるとい

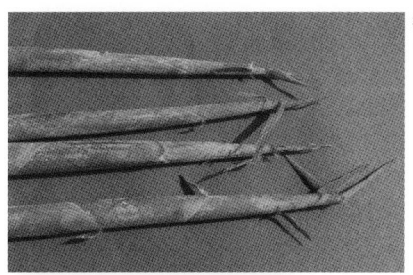

第5部　タケ・ササ類のフィールド知識

採取したチシマザサのタケノコ（5月）

トウチクのタケノコも春季に発生

おいしさランキング上位のホテイチクのタケノコ（6月）

あく抜き不要で食べ方のレパートリーが広いリョクチクのタケノコ（鹿児島県日置市）

〈生鮮タケノコの利用〉

　タケを何ら特別に加工することなく食品とすることができるのは生鮮食品としての魅力である。国内で生育しているいずれのタケノコも食して有害なものはないが、味覚を考えるとどれもが好まれるわけではなく、むしろ好まれる種類のほうが少ないといえるであろう。その一つが硬度である。

　もともとタケは木化する植物だけに、大きく成長するほどにリグニンがつくられてタケノコの下部から硬化してくるので、早期に収穫することが必要である。二番目はうま味すなわち味覚が大切だといえる。味覚は人によって多少相違があるが、タケノコに関する限り共通することは、えぐ味の存在とほのかな甘味である。

　このえぐ味はホモゲンチジン酸によるもので、タケノコが太陽光をどれだけ受けるかによって生成される量が異なるので、太陽が昇らないうちに早く掘り採ることで防げるので

ある。形状からのタケノコの良否判定もまた可能で、全体の形が砲弾型であることとタケの皮や先端部の葉片（鞘片）が白っぽいことである。

　タケノコのおいしさのランキングはカンザンチク（鹿児島ではダイミョウチク）、ホテイチク（熊本ではコサンチク）、ハチク、モウソウチクの順だといわれている。

　ただ、マダケのタケノコはえぐみが強くて好まれないが、4〜5m伸びたときに先端部のタケノコ部分を伐り取ると、穂先タケノコと呼ばれているようにおいしく食べることができる。最近はモウソウチクでもこうしたタケノコの食べ方が行われている。秋に出てくるタケノコのシホウチクやカンチクも、生産量が少ないだけに同好家の間では密かに愛好されている。

　このほか、長野県や東北から北海道にかけてのモウソウチクが生育しないところでは、チシマザサ（ネマガリダケ）のタケノコが市場に出回っている。最近、鹿児島で栽培され

233

つつあるマチクは熱帯性タケ類に属していて東南アジアでは広範囲の国で食べられているが、日本では多くの人が好むかといえば多少堅いこともあって広く普及するには至っていない。

タケノコは低カロリーの繊維食品だけにダイエット効果がある食品として若い世代の人たちに好まれているが、ミネラルやビタミン類も多く含まれている。

例えばモウソウチクではビタミンA、B_1、B_2、B_{12}、K、Cなどが含まれている。ミネラル分としてはCa、Mg、Al、Mn、Feの他、窒素、リン酸、カリ、硫黄なども水溶性の塩として含まれている。光合成によってつくられた貯蔵デンプンやタンパク質も稈や地下茎に含まれていてタケノコが成長する際に利用される。

タケノコのうま味に関する成分としてはアミノ酸類があり、チロシン、イソロイシン、リジン、アルギニン、アスパラギン酸、グルタミン酸などが含まれている。特にチロシンはタケノコの先端部に多く、成長が終わった根元には少ない。逆にキシロオリゴ糖は根元に多く大腸の働きをよくするなどの効果を持っている。

〈タケの皮の利用〉

タケの皮は葉の変形ともいわれ、葉舌、葉耳、肩毛、鞘片（葉片）などの付属物が先端部分にあり、タケの皮の数は1節に1枚ずつついていて成長には欠かせない成長ホルモンを各節部で共有している。したがって、タケノコの成長中にタケの皮を人為的に除去すれば、成長を中止してしまうのである。

また、タケの皮は先端部に数多く重ね合わさっていて強度を保っているため、マダケでは20kg程度のものを持ち上げるほどの力を持っている。この点、地下茎の先端部も同様で、地中の岩石に割れ目があればその間をすり抜けていくことが可能である。

タケの皮は種によって形状、質感、斑点、着毛の有無などが異なるため、種の固定に利用することができる。例えばモウソウチクのタケの皮は黒褐色で小さな斑点があり、質感は厚くて堅い、また、表面には短毛が密生しているなどの特徴がある。しかし、マダケの場合は、タケの皮そのものが薄くて表面に毛がないことや吸湿性や撥水性に加えて折り曲げて使うことができるので利用しやすいという特性がある。主要なタケの皮の利用例を以下に示すことにする。

マダケ　精肉、鯖寿司、浜焼き鯛、羊羹などの包装用として、またタケの皮を編み込んで菓子容器、弁当箱、盛り付け籠、手提げ鞄などに加工して通気性、抗菌性の役割を引き出している。

カシロダケ　タケの皮は白っぽく繊維が固いので草履表、木版画用の馬連、数珠の研磨材、漆器の磨き出し用に利用されている。

モウソウチク　一般には硬くて割れやすいので利用価値は低いが、鹿児島名産の灰汁巻き、円八あんころ、薬用の陀羅尼助などの包装に使われている。

ハチク　淡い黄褐色で斑点がなく、紙質であるために竹皮笠として用いられてきたが、タケの皮を黒焼きして米粒と酢で練り込み、捻挫や打撲症の治療に昔から使ってきた。

ケイチク　マダケと同じ大きさのタケの皮であるが、裂けにくいために撚って利用している。

ホウライチク　焼いて粉末にした後に油と混ぜ、皮膚の出来物に使った地方もあった。

〈稈の素材利用〉

竹稈そのものが、タケの利用価値を左右している部分であるのはいうまでもないことである。タケの素材を考えてみると、表面が滑らかで硬いこと、節間が節によって区切られていること、稈の内部が中空であること、軽く、縦方向に割りやすいこと、曲げやすく加工しやすいことなどがある。

品種や変種には、稈の色彩や形状が異なったものがあること、稈に斑紋や条斑があること、用途に応じた材料が選べることなどによ

第5部　タケ・ササ類のフィールド知識

マダケを生かした二段重ね弁当箱

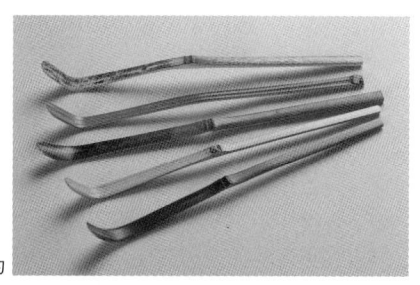

ハチクの茶杓

マダケで編んだ盛り皿

り、今後とも時代に応じた利用開発の可能性がある。

色彩の利用　黒褐色（クロチク、ゴマダケ）、赤色（チゴカンチク）、黄金色（キンメイチク、オウゴンホテイ、オウゴンモウソウ）、緑色（ギンメイチク、ギンメイモウソウ）など

斑紋の利用　（ウンモンチク、トラフダケ、タンバハンチク）

縦縞の利用　緑色の縦縞（スホウチク）、芽溝部の変色（キンメイチク、ギンメイチク）

異形の利用　亀甲（キッコウチク）、節の集合（ホテイチク）、ラッキョウ（ラッキョウヤダケ、ラッキョウチク）、ジグザグ（ムツオレダケ）、皺（シボチク）、四角（シホウチク）

上記の事項は稈の特色を示したもので実際にはそれぞれの稈が持っている強靱性、柔軟性、弾力性、耐久性などの理学性が絡んで利用につながっている。

〈稈の用途別利用〉

用途別に使われてきた稈の種類について主なものを列記する。

家具類　椅子、机、棚類、衝立（モウソウチク、マダケ、ハチク、ウンモンチク、クロチク、ハンチク）などの他、モウソウチクの集成材、柄

楽器　横笛・縦笛（メダケ、ヤダケ、ハンチク、ゴマダケ）、尺八（マダケ）

日用雑貨品　食器類・笊・籠・スプーンなど（マダケ、モウソウチク）、扇子・扇・団扇・提灯・御簾・物干し竿（マダケ）、傘（マダケ、ハチク、モウソウチク、ホテイチク、クロチク、シャコタンチク）、はたき（ハコネダケ）、箒（ハチク、マダケ、クロチク）、掛け軸の柄（ヤダケ、メダケ）

文具類　そろばん・物差し・計算尺（マダケ）

農具　笊・籠・支柱・竿（モウソウチク、マダケ）

漁具　筌・生簀（マダケ）、筏（モウソウチク）、釣竿

炭　（モウソウチク、マダケ）

茶道　茶杓・柄杓・茶壺・茶托（マダケ、モウソウチク）、茶筅（ハチク、スズタケ、クロチク）

華道　花入れ・生け籠（モウソウチク、マダケ）

武道具　弓（マダケ）、矢（ヤダケ）、竹刀（マダケ）、槍（マダケ、ハチク）

和風建築　天井棹（マダケ、ハチク、メダケ、クロチク）、床柱（マダケ、キッコウチク、モウソウチク）、窓格子（マダケ、クロ

235

チク、カンチク、ハンチク)、飾り棚(マダケ、ハチク、モウソウチク、クロチク、ハンチク)、外壁・濡れ縁(マダケ)、壁下地(モウソウチク、マダケ、ハチク、メダケ)、水管(マダケ、モウソウチク)、垣根(マダケ、ハチク、モウソウチク)

〈葉の利用〉

　タケやササの葉にはクロロフィル、炭水化物、タンパク質、ミネラル類、ビタミン類、多糖類、繊維などタケの皮と同様の成分が多く含まれている。なかでもケイ酸は特に多く、落葉の分解を妨げている。とはいえ、昔から漢方薬として用いられてきたのも、そのままや粉砕しただけでは飲みにくいので、クマザサの葉では細胞膜を破壊して成分抽出を行い、エキスとして飲んでいる。

　最近では細粉化が可能になったため、うどん、そば、パンなどに食品添加物として用いている。

　北海道の一部では、以前から家畜の飼料として放牧地などに群生するミヤコザサを食べさせている。

　外国では野生のサル、パンダ、ゴリラ、バク、クマなどがタケやササの葉を食べている。

〈企業化による利用〉

　従来のタケの利用といえば、各国ともに家内工業的な小規模利用が行われてきた。我々が工場経営によるタケの利用として思い浮かべるのは製紙会社でしかなかった。それも熱帯地域のアジアの国々で、針葉樹の代替えにタケの繊維を利用して洋紙を製造していたのである。

　しかし、今日では植物資源の一つとして利用され、バイオマスの有力資源として脚光を浴びる時代に変わってきたのである。ただ、わが国において最大の問題は、あまりにも資源量が少ないことで、よほどの植林を行わない限り資源活用の域に達することができないのである。また、あらゆる産業で関係することであるが、合理的な工程を導入して人件費の削減ができるようにする必要がある。

〈建材としての利用〉

　タケが樹木と大きく異なることは稈が中空であるために実材積が低くならざるを得ないので、その分は本数でカバーしなければならない。しかし、年生産量では樹木の2倍が認められているため、集成材工法や繊維板、ファイバーボードなどのような再加工することによって端材をつくらない製法を導入し、有利に製品化できるようにすることを課題として発展させなければならない。タケが持つ通電性のよさも床暖房とした際のエコ商品となり得るはずである。

〈製紙・繊維産業での利用〉

　もともと竹繊維を活用することは製紙業界が介在している。国内産業としては中越パル

モウソウチクをチップ化して集積(鹿児島県薩摩川内市)

竹パルプを古紙パルプなどと配合して製品化

プ工業がモウソウチクを用いて鹿児島県と富山県で「環境に優しい紙」として製紙事業を行っている。

　鹿児島県では原料出荷者である農家自身がモウソウチクをチップ工場へ運搬してチップ

化し、木材パルプや古紙パルプとの組み合わせでタケ入り紙を生産している。ただし、月間数日の稼働である。

その理由は基本的に竹資源の必要量が集まらないからである。むしろ竹紙も和紙となると小規模であるが、数人の専門家が創作和紙を漉いている。竹繊維をレーヨン化して繊維産業を盛り立てている国もあるが、わが国ではクールビズが契機となって竹繊維の軽量性、早乾性、着皺ができないことなどの利点が明らかになって以来、夏物衣料として和洋装の生地、肌着などが製品化されている。特に、竹炭加工によって調湿性を高め、防菌性の取り込み、通気性や防臭効果の向上など今後の進展に期待するところが大である。

〈炭化物の利用〉

竹炭は炭化事業の開始以前からエネルギー利用を目的とするのではなく、タケが持っている微細孔構造を活用して炭化後に得られる調湿性、抗菌性、臭気の吸着性、水質浄化、土壌改善などを行うために製造したものである。

このことは、高温での炭化とそれに適応した焼成温度が得られる窯を使う必要があった。しかし、初期段階では低温炭化（焼成温度400〜700℃）でもこれらの目的が達成されるとの思いから伏せ焼きやドラム缶焼きが行われていた。だが、こうした温度ではそれほど高度の効果が得られないことがほどなく明らかとなり、その後は土や耐火煉瓦の他ステンレスを用いた窯を使用することによって1000〜1300℃で焼成し、遠赤外線効果や通電効果などの存在する高質な竹炭が得られるようになった。

ウイスキー業界では一連の濾過過程で竹炭濾過を行い、その後の熟成段階で温度管理のできる炭化炉で再度焼き入れを行って熟成度を高め、味のまろやかさを出すことができたという。

竹炭がさらに展開していった例としては靴下がある。10ミクロン以下の粉状にした竹炭と竹酢液をマイクロカプセルに封じ込めて、特殊技術によって靴下の繊維にコーティングして竹炭の消臭、調湿効果と竹酢液の抗菌効果を、靴下の機能性に付加している。このときに考えられたマイクロカプセルは、使用するたびにしだいに潰れるので、効果が長持ちするという利点があった。

なお、竹炭の副産物ともいえる排煙を冷却することで液化し、これを収集して取り出したものに竹酢液がある。

収集後、数か月静置しておくと、比重差によって三層に分かれる。下層部は、比重の重いタール分が多く含まれるので木材の腐朽防止の殺菌剤や害虫防除に利用することができる。最上層部には水分やゴミなどが浮遊しているので利用価値が低く、廃棄する。そして中間層には酢酸や蟻酸の他、ポリフェノールを多種含む酸性の液体が分離する。

ここには殺菌性や消臭性の成分が多く含まれるので、単に防菌や消臭に用いるだけでなく、頭髪剤、ゲル状に加工して皮膚のケアやシミの防止、入浴剤、その他のコスメチックなどとして竹炭とともに実用化されている。

〈竹繊維と強化プラスチックの利用〉

竹繊維は製紙原料として東南アジアの各国で使われているが、炭素繊維は成分の多くが炭素からできた繊維である。

強度が強く、丈夫なだけでなく、鉄鋼、アルミ、樹脂よりも小さな質量で同じ程度の機能を達成することができるので、これを強化プラスチックと複合加工することによって軽量で強靭なボードや構造物をつくることができるのである。車両や飛行機の部材として利用すればエネルギーを30％も節減することができるとして重宝されつつある新しい分野であり、今後の展開が期待されている。

タケ・ササ類の建築材への利用

　わが国は世界有数の地震国であるにもかかわらず、以前は個人住宅のほとんどが純日本建築と呼ばれている木造建築であった。木造家屋が新築の場合は、家全体から匂ってくるふくよかなスギやヒノキの香りと木目の美しさを十分に堪能できたのも施主の喜びにつながるものの一つであった。

　しかし、数十年前から住宅や建築に耐震性の必要性が求められてくると、木造建築といえども軽量鉄骨や鉄筋を組み込んだ住宅が出回るようになってきた。それでも木の肌のぬくもりを求める人たちの思い入れもあって、壁面材や化粧材では部分的とはいえ木目入りのプリント板や集成材などが使われるという新しい工法が取り入れられるようになった。

　一方、タケは木質材でありながら木材とは異質の部分が数多くあり、日本国内では温暖な海外諸国と違って、竹材のみで一戸の住宅を建てることは今もある種の制限が加えられているために、いうならば日本建築のバイプレイヤーとしての役割を果たしてきたにすぎないのである。

　しかし、タケは数寄屋建築の茶室や和室の造形美には欠かすことのできない建築素材となっていて、例えば和室の内装材としては室内の雰囲気づくりにはきわめて使い勝手がよいため、茶室においては屋根裏の垂木、回り縁、棹などにマダケが、床の間には化粧柱としてキッコウチクが、また、光取りの丸窓の枠にはクロチクやスズダケが使われている。

　外装材としては、木舞や下地窓などにも広く使われているほどである。古くから使われてきた茶室の天井には、炭火や薪の煙によっていぶされてできた煤竹が見られる。農家の茅葺屋根を支えるためのマダケが荒縄でしっかりと結びつけられているのは、強靭で耐久性のあることが意外と利用効果を生み出しているからである。目を庭に移してみると竹垣を始めとして、枝折り戸、造園資材としても利用され、侘びや寂びの世界をつくり出しているのである。

　日本建築とタケ：日本建築のなかにタケが取り込まれたのは数寄屋建築だといえるが、そこにはタケの持っている物理的な構造がうまく持ち込めたからであろう。

　その例として、細く割れること、曲げやすいこと、温度変化による狂いがないことなどはタケならではの特性であり、これらのことを基にして編めば工芸的な価値をより高めることができるのである。こうした繊細な竹細工をつくり上げていくとき、いかに細く縦割りしてから編み、欄間や透かし戸に組み込むかはタケの割裂性の良否に関わりがあり、そこには個々のタケが持っている維管束数が関係しているのである。

　ハチクが茶筅に、マダケが多くの工芸品に利用されるのも維管束数が多いからで、なかでもハチクは表皮近くに集中しているからである。逆に割裂性が低いシボチクは、割れにくいために縁台や外装用に使われている。次に天井や屋根裏の垂木や棹のように荷重がかかる部分には弾力性が求められることからマダケの丸竹が使われることになる。同時に内装材ではタケの持つ美しい形態が関係するだけに垂木、窓格子、壁下地、棚吊などもマダケが主に使われる。ハチクが劣るのは弾力性が低く、節が出ているために美観上見苦しいことがあるからである。

　弾力性に関連して、桿に直角に働く負担力があるが、これは折る方向に働く力で維管束の周囲にある靭皮繊維の膜壁の肥厚と木化度によって決まる。この負担力は靭皮繊維の長さにも関係し、長いほど負担力を増す要因となっている。また、負担力は発生後3年目で最高になるので屋根垂木にはマダケが最適だとされている。

　表皮やその近くに靭皮繊維が密集しているので堅く、また、伸縮性が小さいために温度や湿度の変化に対する狂いが起こらないこと

第5部　タケ・ササ類のフィールド知識

天井をマダケで仕上げる(蓼科笹類植物園)

モウソウチクで編んだ茶室の網代(富士竹類植物園)

メダケで組んだ茶室の格子窓(蓼科笹類植物園)

タケを斜めに組み合わせた和室の格子窓(京都市・大河内山荘)

から、マダケの竹釘が重宝されている。

以上の他、タケは軽量であるにもかかわらず抵抗力が大きく、柔軟性もあることから稈のみならず枝や地下茎までも利用されている。

稈の工芸的特性：タケの利用の側面としては、形状や外観の造形美も建築に関与することが多い。新緑の葉が映える頃の稈の淡い緑色はすがすがしい気持ちを覚えさせてくれる。クロチク、キンメイチク、チゴカンチク、ハンモンチクなど色彩の違うものやラッキョウチク、ホテイチク、キッコウチクなどのように異形を持つものも和室の柱、垂木、天井の棹などに装飾感も含めて用いることが多い。

カンチクのように稈が細く、節が高くても茶室の窓格子や竹縁に用いることもある。木舞には細くて、節が平滑で、節間の長いメダケの外観が美しいことから使われることもある。

タケはもともと円筒形であるが、これを縦に2分割すると、おおむね等間隔に見られる節部の内部にある隔壁の形状だけでなく、キッコウチクやラッキョヤダケのような奇形もまた、壁面にはめ込むことによって形態美を見せることができる。わが国では太くて力強さがあるモウソウチクも完満度の低さや表面の緻密さを欠くために本来の姿ではなく、人工シホウチク、人工斑紋シホウチクなどに加工して化粧床柱として利用している。

稈以外では枝、葉、地下茎、タケの皮もまた建築資材として利用されている。例えばモウソウチクやマダケの枝は太くて長いために竹穂垣として用いるが、内壁には茶褐色のハチクが利用される。タケ類の葉でも小形のもので葉身が長いものは幅が狭くて利用されることはないが、クマザサやチマキザサのような大形のものは寒季になると、稈に葉をつけたまま刈り取って日本海側に面した多雪地の農家の屋根に葺いていた時代があった。

竹材の伐採と保存：建築材料にする稈は用途に合った素質を持っていなければならないので、細工用とするには柔軟で粘りのある3〜4年ものを求め、強度を求めるときは4年または5年で表皮に艶のあるものを探さなければならない。もちろん適度の乾燥も必要で

あるが、乾燥中にクラックを生じたり虫害を受けないようにすることである。これらの対策として生理的な範疇からは乾燥期間中の割れに対しては1～2年生の若い稈や過湿地に生育しているタケを伐採しないように選択することや生育中の伐採を実施しないことが挙げられる。

また、虫害に対しては稈や地下茎の生育中は両者とも含水量が高いことや貯蔵養分を多糖類に変えて利用するためにシンクイムシ、その他の甲虫類が産卵し被害をもたらす原因をつくるので、こうした時期には伐採を避けることである。また、虫害予防としては忌避剤を注入することも行われている。

熱帯地方のタケの家：都会での住宅がブロックづくりや高層の集合住宅に変わりつつあるなかで、年間を通して暑い熱帯地域には今もタケづくりの家で暮らしている人たちが何億人もいるといわれている。身近な場所に建築資材として利用できるタケが生育しているフィリピン、インドネシア、タイなどの農村地帯では、近隣の住民に協力してもらって簡単に建てている住宅を多く見ることができる。

このようにして建てられた熱帯低地での建築は、壁にしたタケの組目から隙間風が通り抜けるので、日中の室内でさえ熱帯特有の湿気のある高温の風を冷やすことができる。そのため、現地の人たちは快適に過ごすことができるのである。また、コスタリカやコロンビアのように標高1000m余りの熱帯高地では、昼間は暑い風が吹くが夜間は涼しいため低地と同様の構造の家ではなく、壁には木舞竹を組んでその外側に泥土やモルタルを塗って通り抜ける風を妨げるような構造になっている。

したがって、コロンビアやコスタリカでは低所得者だけでなく高所得者ですら竹製の住宅に住み、日常生活を謳歌している。今日でもこうした家々が数多くつくられている理由は、竹製の家が地震に対して崩壊することがほとんどないこと、また、被害を受けても軽

タケを建材として利用した住居トンコナン（インドネシア）

駐車場の基礎づくりに稈を組み、その上にコンクリートを張る（ラオス）

減されること、建築費がブロックや木造よりも安く済むことなどのメリットがあるからだという。

東南アジア全域には熱帯性タケ類でも構造材として最適な種といわれている*Bambusa blumeana*、*Dendrocalamus asper*、*Gigantochloa apus*などの木質部の厚い大形種が多く生育している。中南米諸国では建築上の主要構造材の柱としての役割を十分果たすことのできる種*Guadua angustiforia*が各地に生育し、建築材用としてのタケが中米からブラジルにかけて栽培されている。

また、東南アジア各国には*Bambusa polymorpha*、*Schizostachyum lima*、その他、材質部の薄いタケが生育していて、これらを割って木槌で叩くだけで編めば、壁用のマットにすることができるほど適材適所のタケ類が各地で入手できるのである。

大型の竹建築が日本国内で認められるのであれば当然、構造材としてモウソウチクが使われるであろう。

京銘竹の種類と製品技術

京銘竹の展示コーナー（京都市洛西竹林公園）

　京都に都が置かれて平安京と呼ばれていたのは、西暦794年から1191年までの、ほぼ400年間である。この間、今も残っている数多くの著名な日本庭園が併設されている木造寺院が建立され、後年、京都五山と呼ばれるようになった各宗派の寺々が次々に創建された。この頃の屏風絵を見ると、異なったタケ林や街中で丸竹を担いで売り歩く竹売り風景が描かれている。当然、竹細工品も盛んにつくられていたことは、市内に今も残っている竹屋町という地名からもわかるような気がする。

　ただ、同じ竹細工でも奈良時代の華やかさのなかに重厚さのある作品に比べると、平安時代の作品は多少地味なものが多いといわれているが、平安時代にはその時代と風土に反映した作品がつくられていたという民俗学者もいる。こうしたタケの多くは、当時から平安京郊外や丹波地方に生育していたに違いない。だからこそ平安時代の後半に、竹取りの翁夫婦が主人公の脇役として登場してくる竹取物語が書かれたのであろう。

　その後、室町や鎌倉時代には茶道や華道、そして武道などが相次いで発達しており、そこで使われている多くの道具類は侘び、寂びのある風情が必要だとして京都の職人によってつくられており、今も伝統的な技を受け継いでいる職人が、日本の竹文化を支えているとさえいわれている。

　もちろん、書道の道具もそうであるが茶の湯の世界では茶室建築が、重要な役割を果たしている。ここで使われる竹材には、京都のタケならではのこだわりと製品化への熟達した技術が投入されている。そうしたこだわりのある製品としたものが京銘竹（きょうめいちく）と呼ばれている。

　この京銘竹というブランド名を得ているものには二つの流れがあり、その一つは珍品でかつ貴重なものということで自然竹に磨きを加えたものである。今一つは人工的な技術を加えることによって、形状を変更させたり曲げたりして使い勝手のよい製品に仕上げたものである。

〈珍品としての銘竹（天然もの）〉

　キッコウチク……モウソウチクの突然変異で、亀の甲状の奇形を有効に使うもの。

　ウンモンチク（タンパハンチク）……ハチクの変種で、節間に菌による斑紋が自然に現

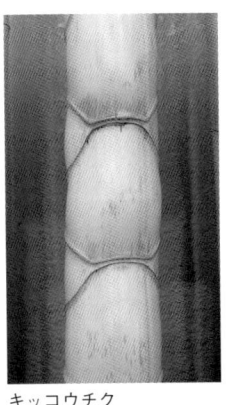

キッコウチク　クロチク　シラタケ(マダケ)　メダケ

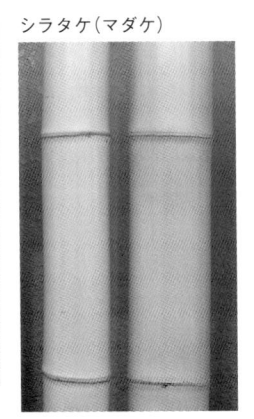

ススダケ(マダケ) 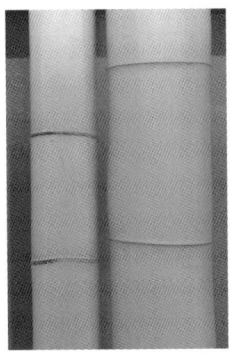　カクチク(モウソウチク) 　ズメンカクチク 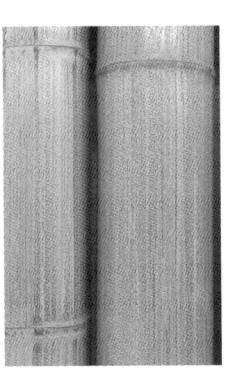　ゴマダケ(モウソウチク)

れている美しいもの。

クロチク……発生してからほぼ1年以降になり、稈がメラニン色素によって紫黒色または紫褐色に自然に全面変色した太いもの。

〈商品名としての銘竹（人工もの）〉

ススダケ（煤竹）……マダケ、ハチク、モウソウチクを煤けさせたもの。茅葺屋根の棹や天井などに使っていたものが炉辺や竈から立ち上る長年の煤で燻されてできたタケで、全面が黒褐色であっても縄目が残っていてもかまわない。細いものは楽器の笙、太いものは数寄屋建築や茶器になるなど多様性がある。

シラタケ（白竹）……マダケ、モウソウチクを晒したもので晒竹ともいう。伐採後1か月ほど日陰で乾燥させたものを苛性ソーダか火であぶって、油抜きしたもの。

メッキシラタケ（芽付白竹）……マダケの稈から出ている枝の基部をいくぶん残しておいて晒したもの。

シミタケ（浸み竹）……マダケかハチクの節部に菌によって紫褐色に浸みの現れたものがあり、下方部から上方部まで浸みているものを晒して製品にする。

ズメンカクチク（図面角竹）……モウソウチクがタケノコの時期に、四角の板枠をはめ込んで人工的につくった角竹に酸で斑紋をつけたもの。

ズメンカクマガリダケ（図面角曲竹）、ズメンヒラタケ（図面平竹）……いずれも木枠をはめてつくる。

ゴマダケ（胡麻竹）……タケ林内に生えているタケに胡麻斑を自然に発生させたもので、伐採してから人為的に菌を接種したものは京銘竹にはならない。

タケ・ササ類の造園的利用法

大形タケ類の栽培目的は、これまで稈の木質部の利用とタケノコ栽培に置かれてきたといえよう。

ところが、ササ類の栽培目的は、あくまで平面状態に広がるという生態的な特性から庭木の根締めや庭園の地被植物として、また、密生して茂る葉の美しさを強調して観賞するか、あるいは景観材料として利用することが大部分であったといえる。もちろん、この両者は生態的特性を多少とも異にしていることから同時に利用することもできるため、その折には、庭園内でタケに樹林の役割を持たせ、ササには地表面の緑地部分を分担させることが多く見受けられる。

こうした利用方法からいえば、タケのなかでも中形や小形に属する小径の種類は、家の門口から玄関脇に至るアプローチに列状に植栽することで、路地道に効果的な景観をつくりだすことができる。清楚で落ち着いた景観を求める人にはシホウチクやトウチクを用い、少し華やかさを求める場合はスズコナリヒラのような明るいものが適している。

トウチクやスズコナリヒラの短くした枝が叢状になっていたり、球状に刈り込まれた枝の先に多くの葉がひしめき合っている様子は、まるでコウヤマキやキタヤマスギの刈り込みにも似ていて、剪定技術を応用した枝打ちの技ともいえる。

背景が比較的明るい場合はクロチクも均整がとれているだけによい構成材料であるが、発生した年の稈の色が緑色であることとクロチク本来の艶光りのある黒褐色に保持できる歳月が2～3年しかないことを考えると、毎年着実にタケノコを発生させて世代交代を行わせられるだけの育成技術に長けていなければならない。ホテイチクもまた利用できないわけではないが、高さを揃え、直立させたいときは多少無理ではないかと思われる。

トウチクの生垣(千葉県大多喜町、11月)

上述したタケやササは、いずれも温帯性の種類だけに造成に際しては明確な区画域ができるような囲い込み枠のなかに入れて植えておきたい。そうしなければ、思わぬ場所に地下茎が伸び出して生育範囲を拡大することがあるので、常に注意を怠らないことが肝要である。それゆえ、地下茎の伸び具合を確実に知ることができるようにするために、砂利石、または玉砂利を敷き詰めるのもよいであろう。

生垣・庭垣での利用：生垣、庭垣としてタケやササを配置する場合、刈り込むことによって整形したり、葉を密につけたりして美観上からも適切に維持することができる。

高生垣、ないし中生垣にはナリヒラダケ、ホウライチク、カンザンチク、トウチク、ホテイチクなどが適し、低生垣にはオカメザサ、ネザサ、カンチクなどが適している。庭垣は庭園内の仕切りやアクセントのため、列状に植栽されることが多い。

前庭・中庭・後庭での利用：門から玄関までの狭い場所の空間を利用してつくられる前庭に1本の針葉樹を植えただけでは庭と呼ぶには物足りなさを感じるので、小形のタケを数本まとめて植栽することでまとまりのある空間をつくりだすことができる。現に玄関脇の小さな空間や目隠しに数本のタケを植栽している住宅は意外と多く見受けられる。

この場合によく利用されるのは、スズコナリヒラやトウチクである。この両者はいずれもトウチク属で、スズコナリヒラという名がつけられているものの、実際はトウチクの品

種で、葉の縦縞やまれに稈で見られる縦縞が来訪者に大きなインパクトを与えることができるのである。このタケは毎年新葉が更新される時期に古い枝を剪定して分枝点の清掃を行うことで、より清楚さと持ち主の優しい心遣いを与えてくれる。

同じ小形のタケでもヒメハチクは全体の形状はよいのであるが、枝そのものが長くなるために訪問者の通行の妨げとなるので必ずしも好まれるとは限らない。これとは逆に耐寒性のある熱帯性タケ類を植えれば、地下茎が広がることもないので喜ばれる。

しかし、ホウライチクやスホウチクは一般家庭では大きくなるため、むしろホウオウチクが葉も小さく剪定もしやすいので推薦できる。わが家にはベニホウオウチクを植えているが、小さな葉が多数ついていてタケノコも毎年多く発生するので、剪定の失敗を恐れることのない目隠しにもってこいのタケだといえる。

母屋と居間、本家屋と茶室への渡り廊下の片隅、建物に囲まれた中央につくられる中庭は、坪庭とも呼ばれていて京都の町屋や商店でよく見られる小庭のことである。この庭には夏の昼間や夕凪の風の淀んだ一時に、ともすれば、わずかな葉の揺れによって空気のよどみを断ち切ってくれるきっかけを、視覚を通して人の心に与えてくれるという働きを持っている。

多くの場合、坪庭には灯籠、手洗い場、飛び石、玉砂利、袖垣などが配置されていて、前庭とは異なって四季折々の風情を感じられるように幾種もの常緑樹や落葉樹が植えられている。それらの木々はもともと光を遮るのではなく、散光として暗くならないようにして植えられているので、決して大きくならないように毎年剪定することを忘れてはならない。

そんな庭の一角にクロチク、シホウチク、ホテイチクといった小振りで、淡緑色の葉を持ったタケが小さな叢をつくり、石の間からクマザサかコチクの葉が数葉顔を覗かせているのを見せつけられると、たまらなく真のミニ日本庭園を感じさせてくれるのである。外国人にとっては異文化の真髄をそこに見出せるという人も多い。

日本人なら南面に広い空間があれば、そこを使ってスギやヒノキを植えて森や林をつくり、池を掘って周遊することで自然の景観を楽しみたいと思うのではないだろうか。本格的な後庭ともなれば回遊式の日本庭園もあるが、平坦地のままで深山か里山の姿を求める人は、不思議なほど大形のタケであるモウソウチクやマダケを植えて奥深く見通せる庭づくりを行う。

また、少しばかりの傾斜地でもあれば石段をつくって、その両側にクマザサ、オロシマチク、オカメザサなどを一面に植え込み、早春に刈り取っては新葉の美しさに酔いしれる人もいる。地表面に生えているササなら毎年タケを伐ったり運び出したりする際に足で踏まれても、すぐ立ち上がって元通りに復元してくれるので何ら気にすることはないのである。

このように後庭ともなると植栽面積が広くなるので、ごく大雑把な庭づくりを行うことも多い。特にこの種の庭が多く見られるのは農家の裏庭で、ここから生活資材や農業資材になる多くの原材料を得ることができるため、一挙両得だとしてつくられていたこともある。

主庭・前庭・小庭・坪庭での利用：全国各地にはお茶席や別邸と呼ばれている有名な建築物が多々あり、そこには有名な庭園を併設していることが多い。お茶席の前後に招かれた各人が時間の許される限り、それぞれの想いや気持ちを庭の風景に託しつつ散策し、あるいは自然美や季節感を植物の姿を通して楽しむ人もいるであろう。

時と場合によっては建築物と主庭のどちらが有名なのかわからないこともあるが、やはりそれらは両者がセットになってこそ倍加さ

第5部　タケ・ササ類のフィールド知識

前庭にトウチクを植栽
（東京都新宿区、7月）

チャボヤクシマヤダケの鉢植え（富士竹類植物園、7月）

れて輝きを増し、有名になっているはずである。

こうした庭園の場合、タケは大形のものが好まれ、モウソウチク、マダケ、ハチクなどを用いると勇壮な景観をつくることができる。ただ、そこには奥行きと立体感をイメージさせるために庭の隅、または塀近くに数本だけではなく、何十本ものタケを植えておかなければ意味がないのである。

樹木は多く植栽されていると枝張りや樹高が異なるので自ずから立体感が現れるが、タケはほぼ同じ高さに稈や枝葉が位置するだけに、稈そのものを一目見たときに緑のなかに吸い込まれるほどの神秘さや奥ゆかしさが印象づけられなければならないので、稈そのものが常に新鮮味あふれるように管理されていなければならない。

なかにはタケ林に冷気を感じるという人があるが、地被にシャガのような植物を植えておくかササ類を植栽して刈り込みを行っておけば、芝以上に新鮮な印象を与えてくれる。こうした場合によく見るのはオカメザサ、クマザサ、チゴザサなどである。

鉢植え・盆栽での利用：屋外に植物を植えつけるのではなく、鉢物として必要に応じて移動させることで楽しむこともできる。鉢植えでは比較的小形のクロチク、チゴカンチク、トウチクといった種類が無難である。少し大きめの鉢に5～6本も育てておけば、どこにでも移動させて利用することができる。

ただ、鉢植えでは春から秋まで毎日灌水するつもりで育てていなければならない。それはタケがいかに多くの水分を毎日吸い上げるかを知らされることになる。

少なくとも雨天でもない限り夏の晴天日には水分不足で葉を巻き込むために、早朝に鉢底から水が流れ出すほどたっぷりと灌水しなければならない。なお、鉢植えでは植えつけ後5年もすれば地下茎が伸びすぎて鉢内の周囲を巻くほどになるので、根切りを行って土の補充を行うことを忘れないようにすることである。

また、盆栽については小さなヒメハチクを育てて少しでも大きなタケノコが出てくれば間引くことである。本数は多いほど見ごたえのある作品に仕上がるので、常に新しい稈を育てるようにする。樹木のように毎年大きく育たないだけに、葉の取り扱いには気をつけなければならない。葉が大きくなれば養分をすぐつくりだすため、受光量を抑えぎみにして育てるのがよい。

その点、ササなどはよく刈り込んでおくと葉を小さくして育つので楽しい作品ができる。なお、ササ類には変種や品種が多く、葉や稈に白または淡緑色の筋条の条斑をつけている種類が数多くあるので、本書の写真を参考にして選択されるのもいかがかなと思うのである。

245

タケ・ササ類の竹垣への利用

　垣根のなかでも竹垣は、現代ですら著名なものから素人づくりのきわめて簡単なものまで千差万別だといえる。

　竹垣そのものを歴史的に見ると、平安時代から鎌倉・室町時代にかけてつくられたのではないかと考えられている。というのも古事記には青柴垣という記事が見られ、タケの枝でつくられたものではないかと見なされているからである。当時の柴垣は田舎風のごく素朴なものだったようで、材料もそれらの階層の人たちでも入手できるほど庶民的なものだったのであろう。

　時代が進むにつれて編み方に変化が現れたのは当然の成り行きだったとしても、桃山時代に入ると茶の湯との関わりから庭づくりにタケが随所で使われるようになり、精神的な空間を与えるものとして庭園内にタケでつくられた囲いや仕切りが現れると、それまでの重苦しく風情のなさを感じさせていた板囲いや土塀を飛び越して利用されることとなり、一挙に侘び、寂びの世界に大きな変革をもたらすようになったといわれている。

　その後、江戸時代になって竹垣が本格的に日本庭園に用いられるようになる。その代表的な竹垣の多くが京都の寺院の名称と一体化されているのは、やはり禅宗や茶道との関係を無視することはできない。以下にいくつかの事例と竹垣の構造について簡単に述べておくことにする。

　金閣寺垣：京都の洛西にある世界遺産の金閣寺に設置されている竹垣である。

　親柱と親柱の間に横に桟を数段に渡す。竹垣の支えの中心となる胴縁（どうぶち）がなく、柱間に低い立子（たてこ。竹垣の表面に用いる組子の一種）を1列に配して、上部に雨除けと景観を兼ねて覆いかぶせる半割り竹の玉縁（たまぶち）が置かれている。竹垣の立子や組子の上に当てて、しっかり押さえる

建仁寺垣（小石川後楽園）

玉縁をつけているというのが基本的な構造である。

　銀閣寺垣：京都市内ではやや北東にある銀閣寺で創作された垣で、参道沿いの片側に長く続く石垣の上につくられている竹垣である。建仁寺垣を低くしたような形にも見え、石垣の上につくられているところに風情がある。立子に太いタケを2分割し、それに太い押縁（おしぶち）を石垣に接する下部と垣の中央部に2段にかけるというものである。材料にはマダケを使っている。最近では石垣の上に載せるのではなく、石垣そのものを使わないものまで現れるようになり、勝手に銀閣寺垣と呼ぶ人もいるが困ったことである。竹垣の高さそのものは低く、石垣とのバランスを十分考えてつくられている。

　建仁寺垣：建仁寺そのものが京都市内の中心部にあり、寺院のなかでも格式の高い禅寺で、昔から使われてきた竹垣である。立子の上部に玉縁を使わずに、水平に切って揃えるが、立子の上が暴れやすい傾向があるので上段の押縁を高い位置にかけるようにするか、あるいは振れ止めを渡すかしている。

　振れ止めに幅の狭い割り竹を釘止めし、この部分の胴縁に垂木を用いる。釘は立子の間に打つ。振れ止めには晒竹を半割りとするかメダケのような細いタケを1～2本使うかで違い、立竹と同じ割り竹を用いる。上段の胴縁をマダケとしたときは振れ止めも立子の間に縄を通して胴縁に結ぶ。振れ止めには胴縁よりも細いものを用いる。この種の垣は外囲いには適さないので、敷地内の仕切りや袖垣

第5部　タケ・ササ類のフィールド知識

桂垣（歌舞伎座屋上庭園）

網代垣（小石川後楽園）

光悦垣（歌舞伎座屋上庭園）

のように配するのが良い。

　柱に胴縁を取りつける方法は、垂木やマダケの胴縁の先端を斜め切りとして柱に直接釘止めする。親柱が細い場合はこのほうが押縁を当てやすい。

　桂垣：京都の桂川ほとりにある桂離宮の正門を中心につくられている竹穂垣で、細い竹穂を芯に、表面に太めの枝を横の組子として用いているが、この枝は小枝つきにして、その枝を一間ごとに市松模様に見せているのが特徴である。

　そこに上部を斜めに削いだ太い半割り竹の押縁を横にかけて、長く突き出させた形がこの垣の特色となっている。そして上側に横押縁を渡している。きわめて手間のかかる芸術的な垣ともいえる。かつては模倣が禁じられていたが、変形して簡略化したものをつくっている人もいる。桂離宮の庭園を拝観することは手続きや入園者数に制限があって困難であるが、竹垣そのものは簡単に見ることができる。

　龍安寺垣：この竹垣は、京都市内にある臨済宗の石庭で名高い寺の内部参道の足元につくられている。一跨ぎできるほど低い垣根である。一見したところ矢来垣のように組

まれており、割り竹2枚を合わせた組子の上に、それほど太くない半割り竹の玉縁をかけて、下部にも押縁をかけたものである。

　この垣の特徴は組子を地面に差し込まずに、下押縁で止めて浮かしているところにある。往々にして地面に突き刺しているものを見るが明らかな間違いであり、土と接触している部分が腐食しやすいので工夫されているのであろう。

　光悦垣：京都の洛北鷹ヶ峰にある光悦寺の竹垣で、路地と他の境内とを結ぶ仕切りとして曲線を長くとってつくられているのが特徴である。矢来垣のように組子は割り竹の2枚合わせで、菱目はイレギュラーになっているものなどいろいろである。玉縁にクロモジの枝で巻いたものもあり、竹垣のなかで変形した曲線をとっている垣としてはユニークで、他ではあまり見ることがない。

　矢来垣：斜めに竹を粗く組んだ垣のことを総称しているが、もともとは駒除けにつくったものだけに古くは木製や方形組のものもある。竹製では胴縁に対して組子を斜めに結びつけている。比較的簡単につくることができ、しかも丈夫なことから簡易な垣として庭園や茶庭などでも使われている。

　四つ目垣：親柱、間柱に丸竹の胴縁を取りつけ、これに同じ丸竹の立子を前後左右に立て、胴縁に棕櫚縄で結んだもの。胴縁を4段にするのを基本とし、四つの升目ができるこ

とから名づけられたという。胴縁が2段、3段の低いものもあり、簡素な柵形式の透かし垣の代表になっている。

竹穂垣：穂は枝のことを意味しており、したがってタケの枝を束ねて使った垣ということになる。

専門家の間では竹穂を白穂と黒穂に分けていて、白穂と呼ばれているのはマダケ、モウソウチク、ハチクの枝のことをいい、使っている間に白味のある褐色になるからであろう。これに対して黒穂はクロチクの枝をいい、強い光を受けて育っている黒光りが美しいので高知県産のものが喜ばれる。

この垣は多数の竹穂を立子として並べて柴垣のようにすることもあるが、タケの枝を芯にして、表面に太めの枝を立子として並べ、押縁をかけるもので、例えば細枝を用いて数段に葺いていくものもある。これらのうちで前者は関西方面で多く見られ、上に玉縁を置かずに自然に開かせていることが多い。これに対して後者の例は関東方面で見ることができる。この他のつくり方としては竹穂を最初に束ねておいて、それを1本の胴縁に両側から斜めに交互に結び止めるという一種の古典的な竹穂垣がある。

その他の遮蔽垣、透かし垣：伝統的な遮蔽垣として萩垣、黒文字垣、蓑垣、木賊垣（とくさがき）、網代垣、大津垣、沼津垣、鉄砲垣、御簾垣（みすがき）、杉皮垣などがある。また、他の伝統的な透かし垣として二尊院垣、ななこ垣などがある。

竹垣に関しては、この他にも数々の型があり、それぞれに創作性が表現されているために、最近は何という型に相当するのかわかりづらい竹垣が個人の住宅に増えている。

しかし、他方では耐久性が大きいプラスチック製の疑竹（人工の模造竹）が使われるようになり、油抜きした色合いやその出来栄えのよさに驚かされることがある。竹垣は6〜7年でつくり替えるのに対し、疑竹は長持ちするという経済性、利便性などの理由から設置している例が増えている。疑竹を全面否定するわけではないが、疑竹といえども長年、風雨に晒されたままでは風情、味わいをなくし、無残な状態になること必定である。

なお、上記で説明に用いた竹垣に関する専門用語のいくつかを五十順に解説する。

押縁（おしぶち）：立子や組子の上にかぶせるように水平に置いて立子を押さえつけて固定する竹のこと。

親柱（おやばしら）：竹垣の強固さに関わる木杭の柱で、太い丸太を垣の両端の地面に打ち込む。

笠竹（かさだけ）：竹垣の最上部に棟瓦のように載せる半割り竹のこと。

組子（くみこ）：垣の表側に模様をつくるように斜めや横に組むために使う竹のこと。縦は立子という。

透かし垣（すかしがき）：垣の奥が透けて見通せる垣根をいい、逆に奥が見えない垣を遮蔽垣という。

袖垣（そでがき）：建物のコーナーや庭に入る枝折り戸を取りつける幅の狭い垣で、袖のように見える。

竹穂（たけほ）：竹の枝や穂先のこと。

立子（たてこ）：組子の一つで縦方向に張るもの。

玉縁（たまぶち）：立子の上側を覆うようにして被せるもので、上の笠竹とその下の押縁とが一体となった部分全体のこと。

胴縁（どうぶち）：竹垣の中心部を横に通して、左右にある組子を堅固に支える役割を果たすための丸竹や垂木のこと。

むめ板（むめいた）：立子が地面に直接触れないようにするための受け板のこと。

節止め（ふしどめ）：節の上側で切って節を残すこと。

巻柱（まきばしら）：丸太の外周をタケや他の素材で巻き、美しさをつくること。

間柱（まばしら）：親柱の間に杭を打ち込んで垣をしっかり固定するもの。

竹炭・竹酢液の特徴と活用

　人類が初めて火に接したのは落雷、火山の噴火、自然発火などに起因した火災だったと思われる。暖房、料理、照明など生活に火を使い始めたのは、イスラエル北部の遺跡に残されていた焼け跡の石や灰が見つかった79万年前頃だとか、北京原人の遺跡から出てきた灰による45万年前頃だとかいわれてきた。

　日本でも愛媛県大洲市肱川の鹿ノ川洞窟から30万年前の人骨や石器とともに消し炭や灰の他、焼土が発掘されたことから、当時すでに火が使われていたものと推定されている。しかし、それらは火を使っていた証拠ではあるが、火持ちのよい炭化した木炭だとするには多少無理があるといえよう。

　ただ、中国では、長沙市郊外にあった馬王堆漢墓の1号墓（4000年前の高貴な女性の3重の納棺箱）の間に満たされていた木炭が見つかっている。この場合は、木炭が吸湿剤や防腐用として使われていたのである。炭の利用が当時そこまで至っていたとすれば、木炭が燃料として使われていたのも自明のことだといえるであろう。そのことについてはこの漢墓を実際に見て直感したのをおぼえている。したがって、木炭が燃料として使われていた歴史は、より古い時代に始まっていたと推測できる。

　日本の例では縄文時代に木炭が使われていたことは当時の遺跡から明らかで、2300年前の鉄器時代には中国から炭化技術が導入されていたと伝えられている。奈良時代に書かれた古事記の編者の太安万侶の墓には木炭が大量に埋められていた事実の他、当時、奈良の大仏の鋳造や平安時代の暖房に木炭が利用されていたのはもちろんのこと、僧や貴族らが火鉢やこたつなどの用具を使っていたことからも、その存在は明らかである。その後、室町時代に茶道が盛んになるにつれて、当時としては高級な木炭がつくられ、武家政治が始

丸竹の竹炭（鹿児島県日置市）

まると刀剣や武具の上質なものをつくるために、精錬に使う上質炭が専門職人によって焼かれていた記録もある。その一つが備長炭であろう。

　これに対し、竹炭はどうであったのだろうか。元来、竹材は木材と同様に木化するという共通した特性を持っているために、木材の代替品として利用することができた。その例として太平洋戦争当時、木材は軍事物資として供出させられたが、竹材は再生可能な資源として誰もが制約を受けることなく利用することができたのである。

　しかし、この両者の物理的特性はすべてが同じではない。その最大の相違点は木炭が燃料として今日まで続いているのに対し、後発の竹炭は太平洋戦争中こそ木炭の代替えとして燃料用に使ったものの、20世紀末の竹炭ブーム期以降は木炭と違って竹材が多孔性であることの有利性が強調されて調湿性、脱臭、土壌改良、水質浄化などを前面に出して、燃料以外の目的に使用することで今日に至っている。まさに竹炭の歴史は、木炭よりも2000年は新しい別物といえる。

　木炭と竹炭の相違：木炭は材料となるナラ、クヌギ、コナラ、ミズナラを用いて、炭化温度を400～600℃（低温炭化）、または800～1000℃（高温炭化）で炭化し、炭窯内で消火、冷却する黒炭（特徴：樹皮がついている、鈍く柔らかな打音がする、表面が黒く脆い、火つきがよい、火持ちが短い、断面に割れ目が多い）とウバメガシ、アラカシ、ナラなどを使って1000℃以上の高温で炭化し、

モウソウチクを細く割った竹炭

粉状の竹炭

炭化した丸竹を切断。オブジェ、花器などに用いる

さらに精錬により1000〜1200℃まで炭化温度を上げた後に炭窯外で灰土を混ぜた消し粉を撒いて消火、冷却する白炭（特徴：樹皮が付着していない、硬くて崩れず、叩くと高音を出す、火つきが悪い、火持ちが良い、断面に割れが少ない）とに大別される。

この他、特にウバメガシ（カシを含む）を用いて和歌山県田辺市方面で生産されている硬質の白炭の備長炭や木材を炭化した後に水蒸気やCO_2によって高温処理し、これをガス賦活法や薬品賦活法によって大きな比表面積と高い吸着能を持った多孔性の炭素物質とした活性炭がある。ただ、木炭ではあらゆる木材で炭化することが可能なので、上記以外の樹種では雑炭という通称名で呼ばれる炭もある。

これに対して竹材は稈に中空があるため、竹炭とするには1本当たりの実質量が大きなモウソウチクの他、マダケ、ハチク、チシマザサだけが炭化用に利用される。タケは種間での理化学的な性質に大きな相違がないため、ことさら、種による炭化法の違いを考慮する必要性はなく、むしろ炭化窯の違いによって生じる炭化温度で炭の性能が違ってくる。例えば伏せ焼きやドラム缶による簡易窯で炭化すれば放熱によるロスが多いために、400〜600℃程度の低温度炭化しかできない。また、こうした窯の外部を土で覆っても700℃が限界であるため、焼き上がった炭は概して柔らかく、脱臭、床下の調湿、流水浄化、土質改善など軽度の環境改善を目的とした利用に供すことになる。

しかし、炭化窯が陶芸用窯やブロックと粘土で固めた窯だと800〜1000℃の中温度炭に焼くことができ、さらに高品質の高温度炭を得るためには1000〜1200℃程度で炭化する必要があり、それには窯の壁面や周囲全体を粘土で厚く構築するか、5mm程度の厚さのステンレス製窯で炭化しなければならない。この程度の温度で炭化された炭は多孔性で広い表面積を持った竹炭特有の特性を発揮させることができ、波長の長い遠赤外線や波長の短い近赤外線だけでなく電磁波の遮断効果が得られる。

また、こうした竹炭を湯に浸けると、水道水に残留している塩素やカルキ臭の成分であるクロラミンが吸着されるので、皮膚や毛髪を傷めることなく洗えるという効果が報告されている。同時に炭からCa、Mg、Kなどのアルカリ性のミネラル成分が湯の中に溶出してアルカリ性となり、肌の角質を柔らかにして潤い感をもたらすことも知られている。さらに、竹炭が人体に悪影響を及ぼす環境ホルモンを吸着除去する効果のあることも明らか

になっている。

　環境ホルモンは脂にとける脂溶性が大きいので、直径の小さな孔が多い活性炭や細孔が高温炭化したことで小さくなった備長炭よりも直径の大きな細孔が多い竹炭のほうが有効だという実験結果もある。この他、シックハウス症候群の原因でもあるホルムアルデヒドやトルエン、ベンゼンの吸着にも高温で炭化した竹炭で好結果が出ている。

　また、竹炭を分割することで農地土壌の改良や多くの作物生産への効果などが各地で報告されている。最近では竹炭をナノサイズ（1ナノメートル＝1/10億m）に粉砕して、広範囲の食品添加物として利用している例もある。

　竹酢液の採取と利用：竹炭を炭化している際に燃焼ガスを排出するが、これを冷却して液化させ、精製したものが竹酢液である。この分野で先陣を果たしているのが木酢液である。木酢液と竹酢液の成分の違いを比較すると、木酢液には酢酸が多いのに対して竹酢液にはギ酸が多く、それぞれ2倍程度の差がある。フェノールに関しては竹酢液のほうが4倍程度多く含まれている。ただ、こうした値はサンプルしだいで多少の変動があることは否めない。

　竹酢液の成分は採取するときの煙の色と温度が関係し、点火後すぐの白煙には水蒸気やホルムアルデヒドが多く含まれているので、白煙に黄褐色の煙が混入し始めた頃から青い煙が出始めるまでに80〜140℃の温度範囲内で採取するのがよい。500℃以上の高温で採取した竹酢液ではリグニンの分解が激しくなり、発がん性物質でもあるベンツピレンなどの有害物質が含まれてくる可能性が高いので避けなければならない。

　採取された原液を静置しておくと、大雑把にいって容器の底には比重の重いタール分の多い液体が沈み、上部にはゴミなどが混ざった液が浮いている。したがって中間層ともいうべき透明で綺麗な部分のみを抜き取って簡易精製をして竹酢液とする。その後、蒸留やその他の方法で再精製を行って商品とすることができる。ただ、竹酢液は放置しておくと、日時の経過とともに重合反応を起こして褐色の濃い液に変化することから、液の濃淡だけを見て品質の良し悪しを判断することは危険である。

　竹酢液の原液はpH 1.5〜3.7という強酸性であるだけに農作物、花卉園芸の育成等に利用する際は100〜2000倍という高倍率に適宜希釈して使用する。また、竹酢液は抗菌作用のある多種のポリフェノールやギ酸を含んでいるため、消毒や殺菌剤としても利用できる。2000倍余りに希釈して温浴剤として使用することで保温性を高め、皮膚を滑らかにし、アトピー性皮膚炎が治癒した事例を目の当たりにしたこともある。さらに竹酢液をゲル化して、化粧品に混ぜた製品も市販されている。アンモニア臭のほか、家畜や排便などに噴霧するだけで瞬時に消臭効果が発揮されるなど、今後の研究成果が期待されている。

竹酢液の粗液を採取

精製した竹酢液

タケ・ササ類の名称と解説

(五十音順)

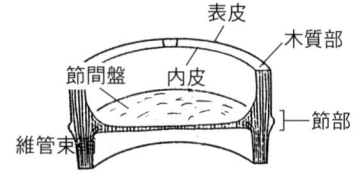

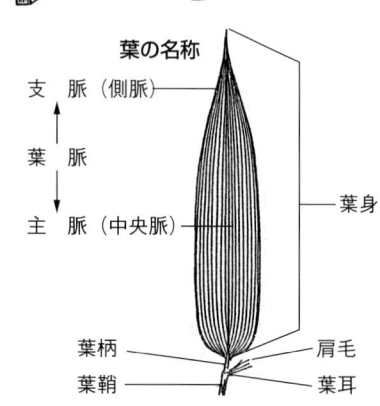

維管束鞘(bundle sheath, vascular bundle sheath)：葉脈の維管束を囲んでいる一層の柔細胞からなる組織のこと。

枝(branch)：タケでは主軸(稈)の節部から分かれ出た軸性のある組織のこと。

芽溝(がこう)(marks of bud)：稈の節についている芽子が発芽して枝となったその部分から節間内にできている窪みの部分のこと。

芽子(がし)(bud)：稈には初年度の伸長と肥大成長の終了直後に発芽する大部分の芽子と稈の下方部にある一部の休眠芽がある。また地下茎には多くの休眠芽があり、そのなかの5％程度が地下茎の伸長2年目以降に順次発芽する。

仮軸分枝(sympodial branching)：側軸が伸びて、まるで主軸のようになる分枝方法のこと。

肩毛(oral setae)：葉鞘や稈鞘部の先端部分に生えている毛のこと。その本数や大きさの他、着生角度などが個体識別に使われることもある。

稈(culm)：単軸分枝する温帯性タケ類の地下茎の芽子や仮軸分枝する熱帯性タケ類の地中稈にある芽子が発芽して地上に伸びたもの。

稈鞘(culm of sheath)：稈の幼少期に節についているタケの皮のこと。

稈鞘輪(sheath ring)：タケの皮が節部についている部分のこと。

稈部(木質部)(woody part)：稈の表皮と内皮に挟まれた木化している部分。

雌ずい(pistil)：花の中央にある花葉の一種で、雌性生殖器官。短い花柱の先端に花粉を受ける柱頭が分化する。1花に1本。

支脈(側脈)(lateral vein)：主脈から派生する葉脈のこと。

主脈(中央脈)(main vein)：1枚の葉に太さの異なる複数の葉脈がある場合に最も太い葉脈のことで、普通は葉の中央を貫く中央脈(central vein)でもある。

小穂(しょうすい)(spikelet)：イネ科では鱗片葉に腋生する1～数個の花が集まってできた花序の単位をいう。一般的には小花が1～2個以上集まってつくった小さな花序で、長い花序軸に多数の無柄または短柄のある側花を密生した花序を穂という。

鞘片(sheath blade)：タケの皮の先端部についている小さな葉状のもの。

成長点(growth point)：タケノコの先端部に当たるシュート頂とタケの皮が稈についている部分、すなわち稈鞘輪(帯)の上側に成長輪があってジベレリンという成長ホルモンによって成長する。

節間(internode)：節と節の間の部分。

節間盤(internode board)：稈内部の節は隔壁状の円盤となっていて外圧に耐える構造をつくっている。

折衷型(compromise type)：熱帯性タケ類でありながら地下茎を地中で伸ばしている

第5部　タケ・ササ類のフィールド知識

小穂の名称
- 雌ずい
- 雄ずい
- 鱗被

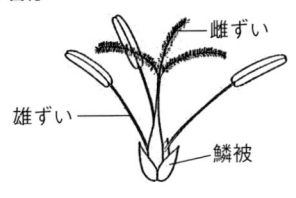

タケの皮の名称
- 肩毛
- 葉耳
- 稈鞘
- 鞘片
- 葉舌
- 節輪
- 稈鞘輪
- 節

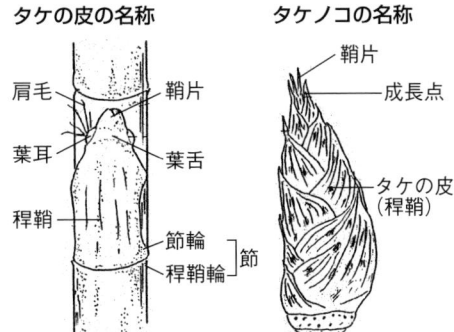

タケノコの名称
- 鞘片
- 成長点
- タケの皮（稈鞘）

生育型で、亜熱帯地域に生育している。地上ではメロカンナ属やアルンディナリア属で見られるように散稈型となっている。

節部（part of node）：タケの節は稈に対して外部が1輪または2輪状で、下側は稈鞘輪、上側は節輪となっているため両者を合わせて節、または節部という。ただし、モウソウチクのように1輪状の場合は、この両者の機能を併せ持っている。

節輪（node ring）：節部のうち、隔壁の機能を持っているもの。

側芽（lateral bud）：稈や地下茎の節の側方に存在する芽のこと。

タケの皮（culm sheath）：タケノコの表面を鱗片状に覆うようにして存在し、節の数だけタケの皮もある。包装に使う種類やスリッパの表、箱の材料としても利用されている。

タケノコ（shoot）：芽子から発芽して地上に現れた時期にタケの皮をつけていて、その柔らかい木質部は食用となる種類もある。

単軸型（single culm forming type, monopodial type）：温帯地域に生育しているタケ類では地下茎の芽が個々別々に離れて発芽するため地上茎がランダムに散稈状で生育すること。

単軸分枝（monopodial branching）：前年に成長し終えた地下茎の先端部（主軸）が翌年も直接伸びるだけでなく、まれにその側軸をつくる分枝様式のこと。

地下茎（rhizome）：温帯性タケ類では、単軸分枝しながら地中を横走するように伸びる茎のこと。また、亜熱帯性タケ類でも地中を走行する地下茎が見られる。

中空（空洞）（hollow）：稈の内部が空洞になっている状態のこと。

内皮（endodermis）：稈や枝の木質部の内側にある細胞層で、薄い半透膜の皮膜をつけている。通常は木質部から空洞内に水は浸出しないが、この逆は行われる。

根（root）：稈の地中部には支柱根があり、地下茎には各節から数十cm程度の主根と短い細根を伸ばして土壌中の養分を吸収する。

表皮（exodermis）：タケの保護を行うために稈の表面には堅く、緻密で、円滑な組織をつくっている。これが表皮で、1層の表皮細胞からなっている。

副芽（accessory bud）：一つの葉腋に腋芽が2個以上できるとき、最初にできた大きな芽を主芽、それ以外の芽を副芽という。ササ属、スズダケ属、ヤダケ属に副芽はないが、アズマザサ属では0～2個、マダケ属では1個、シホウチク属では2個、オカメザサ属やカンチク属では2～4個、メダケ属では数個の主芽と横に並んだ副芽がある。

木質部（woody part）：タケの表皮と内皮に挟まれた木化した部分で、維管束鞘や柔細胞で満たされている。稈部と同じ。

雄ずい、雌蕊（stamen）：花の要素の一つで雄しべともいう。雌ずいに対する言葉で、雄性生殖器のこと。花糸を伸ばした先端部の葯には多くの花粉をつける。

葉耳（auricle）：葉鞘の先端部にある肩毛が着生している部分。

地下茎の分岐による生育型と名称

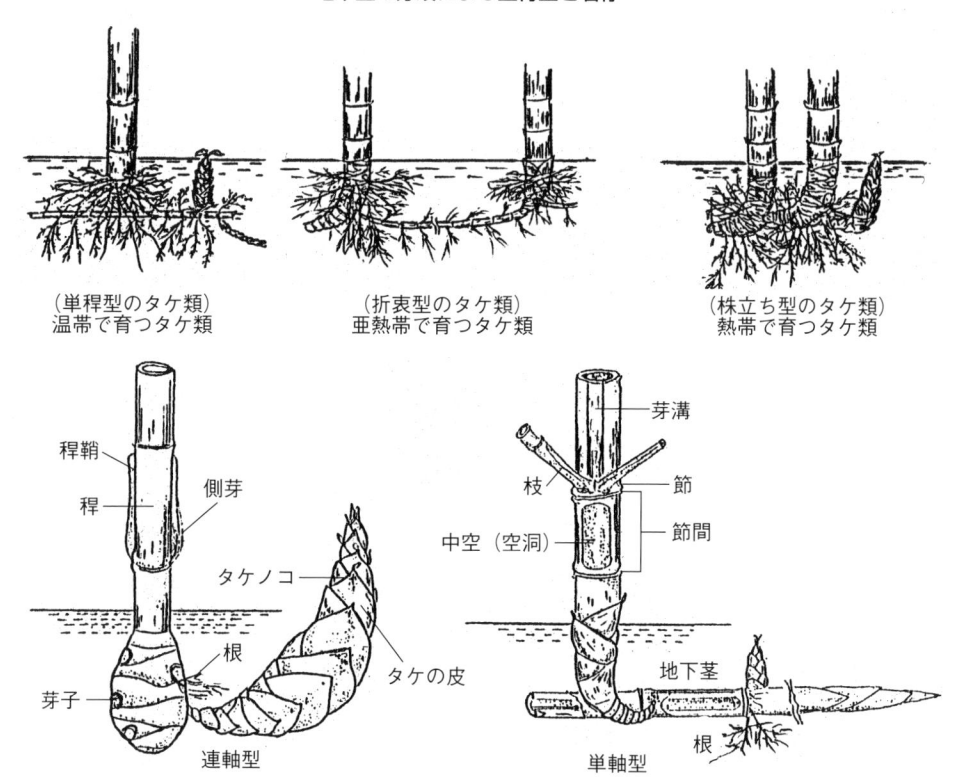

（単稈型のタケ類）
温帯で育つタケ類

（折衷型のタケ類）
亜熱帯で育つタケ類

（株立ち型のタケ類）
熱帯で育つタケ類

連軸型：稈鞘、稈、側芽、タケノコ、タケの皮、根、芽子

単軸型：芽溝、枝、節、節間、中空（空洞）、地下茎、根

葉鞘（leaf sheath）：タケでは葉が平らな葉身の部分とその基部の葉柄を覆っているタケの皮をいう。

葉身（leaf blade）：葉の本体ともいうべき光合成を行う部分全体のこと。クロロフィルを含む。

葉舌（ligule）：葉身と葉鞘の間にある膜質の付属物のことで、タケではよく発達している。

葉柄（petiole）：葉身とつながり葉身を支えている柄に当たる部分をいう。

葉脈（vein）：葉を支え、水分を葉肉の細胞等に送り込み、光合成物質を稈に送る。温帯性タケ類の葉は、主脈に平行して明らかな平行脈をつくる。

節（ふし）（node）：稈や枝にほぼ等間隔に存在する組織で、内部に横隔壁をつくるため節間に空胴部ができ、稈や枝に強度を保たせる。また、外部は1輪または2輪状に突出し、発生初期にタケの皮を付着している。各節には上下交互に芽子をつけていて、その大部分は成長直後に枝を出す。

鱗被（りんぴ）（lodicule）：イネ科の花は穎花（glumous flower）といって外花穎（外穎、inferior palea）および内花穎（内穎、superior palea）と呼ばれる裏表2個の鱗片、その内側にある2個の微小な透明質の鱗被、3本の雄ずい、1本の雌ずいからなる。

連軸型（gregarious culm forming type、sympordial type）：熱帯性タケ類のように株立ちになる生育型のこと。

タケ・ササ類が集植されている主な植物園・庭園・公園など

森林総合研究所筑波本所

所在地 〒305-0903 茨城県つくば市松の里1 TEL 029-873-3211

アクセス JR常磐線「牛久駅」より農林団地方面行き関東鉄道バスで「森林総合研究所前」で下車すぐ。

概要 森林、木材、林産物などを総合的に、また、各個で専門研究を行っている国立の研究所で北海道（札幌市）、東北（盛岡市）、関西（京都市）、四国（高知市）、九州（熊本市）に支所がある。他に試験地や実験林を持っている。つくば市の本所と関西支所の樹木園にはタケの展示コーナがあり、数十種のタケやササが植栽されている。また、構内の植え込みにもタケやササが植栽されていて景観維持に役立っている。

メモ つくば市の本所では正門を入った左手奥の駐車場付近にタケ・ササの展示園があり、有用種が数十種植栽されている。また関西支所（〒612-0855 京都市伏見区永井久太郎68 TEL075-611-1201）では正門を入った左側の樹木園内にタケ・ササコーナーがあり、45種が植栽されている。開園時間＝勤務時間内。休園日＝土祝日、年末年始。入園料＝無料。自由に観察することができる。駐車場は少ないが来客用あり。

千葉県花植木センター

所在地 〒286-0102 千葉県成田市天神峰字道場80-1 TEL 0476-32-0237

アクセス JRまたは京成電鉄の成田空港「第2ビル駅」第2旅客ターミナルから車で10分余り。または京成電鉄「東成田駅」下車後タクシーか千葉交通バス。あるいは成田市役所前よりコミュニティバス津富浦ルートで「花植木センター」下車。

概要 1980年に開かれた県立の施設で、総面積9.7ha。ツツジ、ハイビスカス、ゼラニウム、樹木など90科430種の草本や木本植物が所有されていてピラミッド型のモデル花壇、グラウンドカバー見本園、落葉樹園、針葉樹園、常緑樹園、花木園には園芸種が多く蒐集されている。和風庭園、バラ園、生垣、竹垣、梅園などが展示されている。研修や普及も行っている。タケ類に関しては約40種集められている。

メモ 開園時間＝9：00〜16：30。休園日＝月曜日、年末年始。入園料＝無料。

大多喜県民の森・竹笹園

竹笹園入口

所在地 〒298-0216 千葉県夷隅郡大多喜町大多喜486-21 TEL 0470-82-3110

アクセス JR外房線「大原駅」からいすみ鉄道で「大多喜駅」、あるいはJR内房線「五井駅」から小湊鉄道といすみ鉄道に乗り換えて「大多喜駅」で下車し、徒歩15分。

概要 総面積61haの県民の森内に森林学習館があり、地域産業の竹細工や製品が数多く展示されているだけでなく、竹工芸センターや研修館もある。庭園風につくられた竹笹園には多くのタケやササが植栽されている展示園がある。

メモ 開園時間＝勤務時間中。休園日＝年末年始。入園料＝無料。

東京都神代植物公園

所在地 〒182-0017 東京都調布市深大寺元町5-31-10 TEL 0424-83-2300

アクセス JR中央線三鷹駅より小田急バスで調布駅北口行き、または京王電鉄（本線）調布駅より小田急バスで「三鷹駅」行きか「吉祥寺駅」行き、あるいは京王電鉄「つつじヶ丘」から京王バスで「深大寺」行きで「神代植物公園前」下車など。

概要 もとは街路樹の育成苗畑であったが戦後に神代緑地として公開された。現在の東京都神代植物公園と変わったのは1961年。世界の品種を蒐集したバラ園は春バラで409品種、秋バラで300品種と多く、この花を見るために来園する人が多い。開園後50年を過ぎてサクラ、ツツジ、ウメ、ツバキ、カエデなどの園芸品種も多く、造園的な配慮も行われている。タケ・ササ園には約40種が植栽されている。

メモ 開園時間＝9：00～16：00。休園日＝月曜日、年末年始。入園料＝大人500円、中学生（他府県在住者）200円、都内在住の中・小学生無料、65歳以上250円。駐車場あり、228台。1時間以内300円で以後30分ごとに100円増。

横浜市こども植物園

所在地 〒232-0066　神奈川県横浜市南区六ッ川3-122　TEL 045-741-1015

アクセス JR「保土ヶ谷駅」や「横浜駅」より市バスや神奈中バスなどで「児童遊園地入口」下車。

概要 2.6haの土地にバラ園、花木園、内外の果樹を植栽している果物園、薬草園、シダ園、タケ園というラインアップを敷き、さらに水生植物や自然観察林、温室なども備えて、こどもたちに自然のなかにある植物の役割を学ばせ、緑の意義を体感させるという目的から国際児童年（1979年）に開園した意義は大きい。1階に展示室、2階に研修室、緑の相談室もあるのが展示研修館であり、亜熱帯や熱帯植物サボテンや多肉植物が見られる温室もある。

タケ園には30種が展示されているが特に話題性があるのは、かつて横浜で開花したモウソウチクの実生苗が47年ごとに2度も開花したという林分があることである。この苗は森林総合研究所や京都大学でも同様の現象を起こしているのも興味がある。なお、この敷地は木原研究所の敷地の一部が寄贈され、整備された場所である。

メモ こども植物園の隣接地には14.1haという広い面積の「横浜市児童遊園地」が開設されており、ここにも地形を利用して緑の多い樹木の育つ森林や遊具の備わった広場を有する公園がある。開園時間＝9：00～16：30。休園日＝毎月第3月曜日、年末年始。入園料＝無料。駐車場＝30分100円で以後も同料金。

神奈川県立フラワーセンター大船植物園

ハチクの展示植栽

所在地 〒247-0072　神奈川県鎌倉市岡本1018　TEL 0467-46-2188

アクセス JR東海道本線「大船駅」西口観音側から徒歩16分、大船駅バスターミナル1番乗り場より神奈中バスに乗り「岡本」で降車、徒歩3分。

概要 フラワーセンターの名のとおり園芸植物が中心の植物園で、1年中美しい花や木を観賞できる。芝生広場ではピクニックもできる。タケ・ササに関しては園芸的に利用されている有用性のある45種を植栽展示している。

メモ 開園時間＝3～10月　9：00～17：00（ただし3月と10月は16：00まで）、11～2月　9：00～16：00。駐車場あり。

福井総合植物園プラントピア

所在地 〒916-0146 福井県丹生郡越前町朝日17-3-1 TEL 0778-34-1120

アクセス JR北陸本線「鯖江駅」より国道417号を越前町役場に向かい、少し過ぎたところ（車で約15分）、または福井鉄道「神明駅」よりバスで10分。

概要 越前町丹生山地の自然や地形を生かした面積25haの総合植物園で1994年に開園した。植物を楽しく学べる植物館内には展示室、図書室、研修室、多目的室、標本室、研究室などがあり、野外には湿生植物園、薬草園、ロックガーデン、分類見本園がある他、里山の2次林を観察できる広い山地形を利用した自然生態保護林がある。野生のサクラ園、アケビ園、アジサイ園、ツバキ園、カエデ園、タケ・ササ園などが園路に沿って造成されている。

タケ・ササ園には約60種のタケ科植物が栽培されている。温室は植物館の3階にサボテンなど乾燥地植物が栽培されている。

メモ 開園時間＝9：00～17：00。休園日＝火曜日、年末年始。入園料＝大人300円、中・高校生200円、小学生100円。有料駐車場あり。

蓼科笹類植物園

植物園の正面入口

所在地 〒391-0011 長野県茅野市玉川字原山11400-1018 TEL 0266-79-6031

アクセス 中央高速諏訪南インターより15分、上原山林間工業団地内（株）大和生物研究所・蓼科工場内。

概要 自社の製品がクマザサに由来することから、工場敷地内にある自然林を利用して国内外のササ類約130種を蒐集した笹類植物園で、笹類植物園エリア、数寄屋庭園エリア、実験圃場エリアが連携するようにつくられている。

メモ 見学時間＝勤務時間内で、積雪期は不可。駐車場あり、無料。

富士竹類植物園

所在地 〒411-0932 静岡県駿東郡長泉町南一色885 TEL 055-987-5498

アクセス JR「三島駅」、またはJR御殿場線「下土狩駅」よりタクシー。

概要 正門に向かって真正面に霊峰富士山を仰ぎ見ることのできる高台に開設されたタケ・ササを専門に集植している植物園。世界でも有数の規模を誇り、主要なタケ・ササ類が500種ほど（国内外の変種や品種を含む）植栽されている。

メモ 2012年以降、諸般の事情によって閉園中のこともあるため、見学希望者は直接お問い合わせいただきたい。

名古屋市東山動植物園

所在地 〒464-0804 愛知県名古屋市千種区東山元町3-70 TEL 052-782-2111

アクセス 市営地下鉄の東山線「東山公園駅」下車3番出口より徒歩3分。植物園へは同東山線「星ヶ丘」6番出口より徒歩7分。

概要 名古屋市東部の丘陵地帯に約60haの総面積を持ち、植物園、動物園、遊園地などが一体化された広大な施設である。ほぼ27haの植物園にはバラ、ツバキ、モミジ、シャクナゲ、アジサイ、ラン、その他数々のコーナーがあり、それぞれが多彩な方法によって展示されている。温室は重要文化財となっている前館と大形で新しい後館がある。前者は改装のため数年後まで休館しているが、熱帯植物が見られる後館だけでも余りあ

る植物種を観賞することができる。

　アカマツやコナラを主とした自然林内には万葉の散歩道、薬草の道、東海の森などと名づけられたテーマに沿った散歩道がある一方、園内には白川郷から移築した合掌造りの家、日本庭園、洋風庭園、植物会館などもある。

　タケ・ササ園には50種余りが植栽されているだけでなく、手入れの行き届いたモウソウチク林では美しい景観に心が癒される。

　メモ　開園時間＝9：00～16：50。休園日＝月曜日、12月29日～1月1日。入園料＝大人500円、中学生以下無料。有料駐車場あり。

京都府立植物園

　所在地　〒606-0823　京都市左京区下鴨半木町　TEL 075-701-0141

　アクセス　「京都駅」より市営地下鉄烏丸線で「北大路駅」3番出入口より北大路橋を渡って左折すれば正門に、または次の「北山駅」3番出入口からはすぐ北門に至る。

　概要　1924年に創立されたわが国最初の公立植物園である。しかし、メモにも記したように市民に再度開放されたのは1961年4月で、その後、日本の森（1970年）、洋風庭園（1981年）、世界の熱帯植物を観賞できる観覧温室と展示場や研修室のある植物園会館（1992年）などが竣工するに及んで名実ともに日本有数の植物園となった。

　バラの美しい造形花壇、滝や噴水のある洋風庭園、小川と自然林のある半木（ナカラギ）の森、自然状態に植栽されている植物生態園、園芸植物コーナ、約100種に及ぶタケ・ササ園がある。

　メモ　戦前は園内に市民プールや遊具も設置されていて、植物の展示も見られる市民の憩いの場として賑わった。しかし、太平洋戦争後の12年間は駐留軍の家族用住宅やアメリカンスクールなどの用地として接収され、多数の展示用樹木が伐採されてしまい返還当時は見る影もなかった。開園時間＝9：00～17：00。休園日＝年末年始。入園料＝200円（観覧温室、陶板名画の庭は別途）、高校生150円、こども・高齢者など無料。有料駐車場あり170台、普通車800円／台。

京都市洛西竹林公園

園内の百々橋付近

　所在地　〒610-1112　京都市西京区大枝北福西町2丁目300-3　TEL 075-331-3821

　アクセス　阪急電鉄京都線「桂駅」西口バスターミナルで京都市バス「西8系統」に乗車し、「南福西町」下車、徒歩5分。

　概要　もともとこの地域一帯から南南西にかけては京タケノコの産地であったが、1980年前頃から洛西ニュータウン計画によって地域開発が行われることとなり、竹林景観保存記念のためのメモリアルパークとして1981年にこの公園が完成した。

　竹林公園全体の広さは4haで、回遊式の生態園として作庭されていて、園内には約110種のタケやササがコンクリート枠の中に植栽されている。

　資料館にはエジソンが京都の八幡市に生育していたマダケをフィラメントとしてつくった電球のレプリカ、京銘竹、ネット状に広がった地下茎、竹刀、茶筅、尺八、その他の竹細工の数々などが見られる展示室と研修室などがある。また、茶室（竹風軒）が別棟に建てられている。

　メモ　開園時間＝9：00～17：00。休園日＝毎週水曜日、年末年始。入園料＝無料、ただし茶室は有料。駐車場無料、大型バス3台、乗用車22台。

松花堂庭園

所在地 〒614-8077　京都府八幡市八幡女郎花43　TEL 075-981-0010

アクセス 京阪電車鴨東線「八幡市駅」または「樟葉駅」より路線バスで「大芝」停留所下車すぐ。JR学研都市線「松井山手駅」より路線バスで「大芝」停留所下車すぐ。

概要 この施設は江戸時代初期の松花堂昭乗（石清水八幡の社僧）ゆかりの場所で、大きく分けて庭園と美術館がある。庭園は内園と外園からなり内園には所々にタケや苔の植わった庭に枯山水の築山や書院と草庵茶室の松花堂が建っていて、晩年に本人が隠棲するために建てたものである。その外側には外園があり、外周にはタケ林が目隠しの役を果たしている。外園の建物には松隠（閑雲軒）と梅隠（宗旦好み）と竹隠の3茶室がある。

この他には新しい美術館とその別館がある。出口近くには茶花の椿を200種植栽している園や約40種のタケを蒐集したコーナーがある。

メモ 開園時間＝9：00〜17：00。休園日＝毎週月曜日、年末年始。入園料＝大人400円、学生300円、こども200円。他に割引あり。美術館は入園料と同額。入園・入館併用なら大人760円、学生570円、こども380円。松花堂弁当発祥の地だけに園内のレストランで賞味できる。

大阪市立大学理学部附属植物園

所在地 〒576-0004　大阪府交野市私市2000　TEL 072-891-2059

アクセス 京阪電車交野線「私市駅」下車、改札口を出て直進し、突き当たりを右折して緩い坂道を下ると国道168号越しに見える小山一帯が植物園。

概要 1950年に大学の理学部附属研究施設として設立され、国内外の多くの植物が収集されている。日本に現存している11の樹林型が山地に再現されているのが特徴で、サクラ、ツバキ、梅園、ヤシ園、花木園など各種の植栽地がある総合植物園となっている。タケ・ササはタケ植栽地域とササ植栽地域に分けられ、形態や生態の観察がしやすくなっている。中国から持ち込んだ種を加えると約70種を観察することができる。園内は約28haと広い。

メモ 開園時間＝9：30〜16：30。入園料＝大人350円、大阪市民で65歳以上や中学生以下は無料など。専用駐車場あり。乗用車500円／台、大型バス2000円／台など。入園口手前に河川敷公園がある。

高山竹林園

所在地 〒630-0101　奈良県生駒市高山町3440　TEL 0743-79-3344

アクセス 近鉄奈良線「富雄駅」下車、奈良交通バスで高山竹林園前から徒歩5分、または「富雄駅」から富雄川の左岸沿いに北へ6km、国道163号を横切って富雄川の右岸をさらに北へ行くと「高山八幡宮」があり、その先の右手に見える。

概要 本園は生駒市の北部にあり、もともと地場産業の振興を図るために日本庭園のなかに資料館、研修室、竹生庵、タケ・ササ植栽地域がつくられている施設である。タケの生態園と多目的広場の周囲を取り囲むようにしてタケやササが種別に植栽されている。この他、園内各地にもタケやササが多数植えられているので、さりげなく観察することもできる。

メモ もともと高山八幡宮の周辺の家々では茶筅をはじめ茶道具、編み針など竹細工づくりが盛んであった。なかでも古くから茶筅で有名な土地であった。小高い丘の上にあるため、散策していても景観が楽しめる。開園時間＝9：00〜16：00。休館日＝年末年始。入園料＝無料。

船岡竹林公園

所在地 〒680-0408　鳥取県八頭郡八頭町西谷564-1　TEL 0858-73-8100

アクセス JR因美線「郡家駅」で若桜鉄道若桜線に乗り換え「隼駅」で下車し、車で10分。

概要 町の観光拠点地の一つとして約200種集めたタケとササの生態園やタケノコ掘園、アジサイ園などを集中的に配備し、そのはずれにキャンプ場やバーベキュー場、宿泊ロッジ、竹炭焼き体験学習などもできる設備も備えるなどで集客に努めているレジャータイプの公園である。売店では園内で焼かれた竹炭や竹酢液なども販売されている。

メモ 開園期間＝3月末から11月末まで、冬季は閉鎖。休園日＝水曜日。駐車場無料、80台。

バンブー・ジョイ・ハイランド

所在地 〒729-2313　広島県竹原市高崎町1414　TEL 0846-24-1001

アクセス JR山陽本線「三原駅」より呉線「大乗駅」で下車、徒歩23分。

概要 竹原市はその地名から市民全体のタケに関する熱意は高く、街路樹までタケ並木にしている。1995年に開園し、全体の36.6haが文化、スポーツ、リクリエーションの総合公園となっている。

このうちの27.9haが文化と自然を相手とした探勝施設で、竹の館に入ると270本のタケを束ねた環境楽器から尺八や鹿威（ししおど）しなどの音がシンセサイザーで流れる。展示室、工芸教室、茶室などがあり、竹文化との関わりを学ぶことができる。また、タケの生態園には約50種のタケ類と10種のササ類が展示植栽されていて、公園のシンボル的な存在となっている。

この他には親水広場、竹取物語に関する遊具やグランドスキーの楽しめるこども広場、芝生広場、野外劇場、花木園、散策路などがある。残りの8.7haは体育館、多目的グラウンド、テニスコート、グラウンドゴルフ場などとして使われている。

メモ 開園時間＝9：00～17：00。休園日＝月曜日、年末年始。展示室＝大人110円、高校生以下50円。その他の茶室、体育施設などで有料のところがある。駐車場無料、355台。

高知県立牧野植物園

所在地 〒781-8125　高知市五台山4200-6　TEL 088-882-2601

アクセス JR「高知駅」よりMY遊バスで「牧野植物園前」下車すぐ。

概要 植物分類学者、牧野富太郎の業績を記念するため逝去の翌年（1958年）に五台山の山腹6haを県営牧野植物園として開園し、原種ともいうべき野生植物を蒐集して高知県の自然を再現する展示とした。当時は牧野博士の旧蔵書約42万冊を牧野文庫として収蔵し有名であった。熱帯植物に関しては、こぢんまりした温室に集められていた。

1999年になって園地を17.8haに拡張し、本格的な整備を行い、メインとなっている北園には植物に関する研究や普及を行いやすくし、牧野富太郎を顕彰する意味からも牧野富太郎記念館本館が建設された。植物の屋外展示にも工夫を加え、身近に草本性植物を観察しやすくなっている。

この他に展示館ともいうべき研究室、研修室、会議室、レストラン、売店などの入った半地下2階建てのユニークな建物がある。2010年には南園に大形の温室が完成し、乾燥植物や多くの熱帯植物を楽しみながら学べる展示がなされている。この温室周辺にも植物展示も行われている。タケに関しては牧野博士が命名した種も多く、タケ・ササの蒐集展示は三十数種に及んでいる。特にスエコザサは亡き夫人に感謝してつけられた名前として有名である。

メモ 当植物園では海外の植物園との交流

第5部　タケ・ササ類のフィールド知識

による調査研究が数多く実施され、成果が挙げられている。上述しなかったが、地質に基づく植生園など見どころの多い総合植物園である。開園時間＝9：00～17：00。休園日＝年末年始。入園料＝一般720円、高校生以下無料、高知県在住の高齢者無料、年間入園券2880円など。園内駐車場あり。

北九州市立合馬竹林公園

　所在地　〒803-0261　福岡県北九州市小倉南区大字合馬38-2　TEL 093-452-3452

　アクセス　山陽新幹線「小倉駅」より西鉄バス「合馬（おうま）」行きで「網代橋」下車すぐ。または「小倉駅バスセンター」より西鉄バス「中谷」方面行き（12、21、45番）で「両谷出張所前」下車、徒歩20分。平日のみ「中谷」から「おでかけ交通」合馬行きで「竹林公園」下車徒歩約10分。

　概要　総面積3haの半分を使ってユニークな展示館と竹笹園があり、多目的広場も併設されている。展示館はタケノコをイメージした三角屋根のエントランスホール、右手に工作・イベントゾーン、その隣に「竹の文化ゾーン」があり、タケと生活に関する展示品が見られる。

　さらに歩を進めると「竹とのふれあいゾーン」があり、かぐや姫の出迎えを受けるとビデオや竹細工の実物を手に取って見ることができる。屋外のタケ・ササ類見本園には国内外のタケやササが150種（変種や品種を含む）展示されている。この他、芝生広場や多目的広場なども完備されている。

　メモ　合馬地区一帯はタケノコ産地として有名で、竹林公園の周辺にあるモウソウチク林は管理の行き届いた美しいタケノコ畑となっている。開園時間＝3～11月10：00～17：00、12～2月10：00～16：00。休園日＝火曜日、年末年始。入園料＝無料。駐車場あり、52台。

水俣竹林園

　所在地　〒867-0054　熊本県水俣市汐見町1-231-12　TEL 096-382-5911

　アクセス　JR鹿児島本線「水俣駅」より車で国道3号を約4km南下した埋め立て地。

　概要　第3回世界竹会議の開催にあたって開園された竹林園で、4haの土地に生命力の旺盛なタケと水俣川をモチーフにした水の流れとで構成した純和風の回遊式庭園。その周囲を160種のタケとササで植栽している。自然の大切さと環境の復元の願いをタケやササに込めている公園である。

　メモ　問い合わせは水俣市役所の観光再生係0966-61-1629へ。入園時間＝9：00～17：00。入園料＝無料。

北薩広域公園（ちくりん公園）

　所在地　〒895-1811　鹿児島県薩摩郡さつま町虎居5258-2　TEL 0996-53-1111

　アクセス　JR鹿児島本線、または九州新幹線「出水駅」より南国交通バス空港行きに乗り「宮之城バスセンター」で下車し、タクシーでちくりん公園まで15分。

展示コーナーなどのある施設

　概要　ちくりん公園そのものは総合公園の一部分を占めているが地元の特産であるタケを主題にした公園で、タケをイメージしたモニュメント、曲水の宴が開催できる竹林庭園の他、入口付近には茶室も設置されている。県内産と外国産などのタケ類が50種余り植栽されている。

　メモ　近くに島津家の菩提寺がある宗功寺公園に隣接している。年中無休。駐車場無料、30台。

タケ・ササ類の

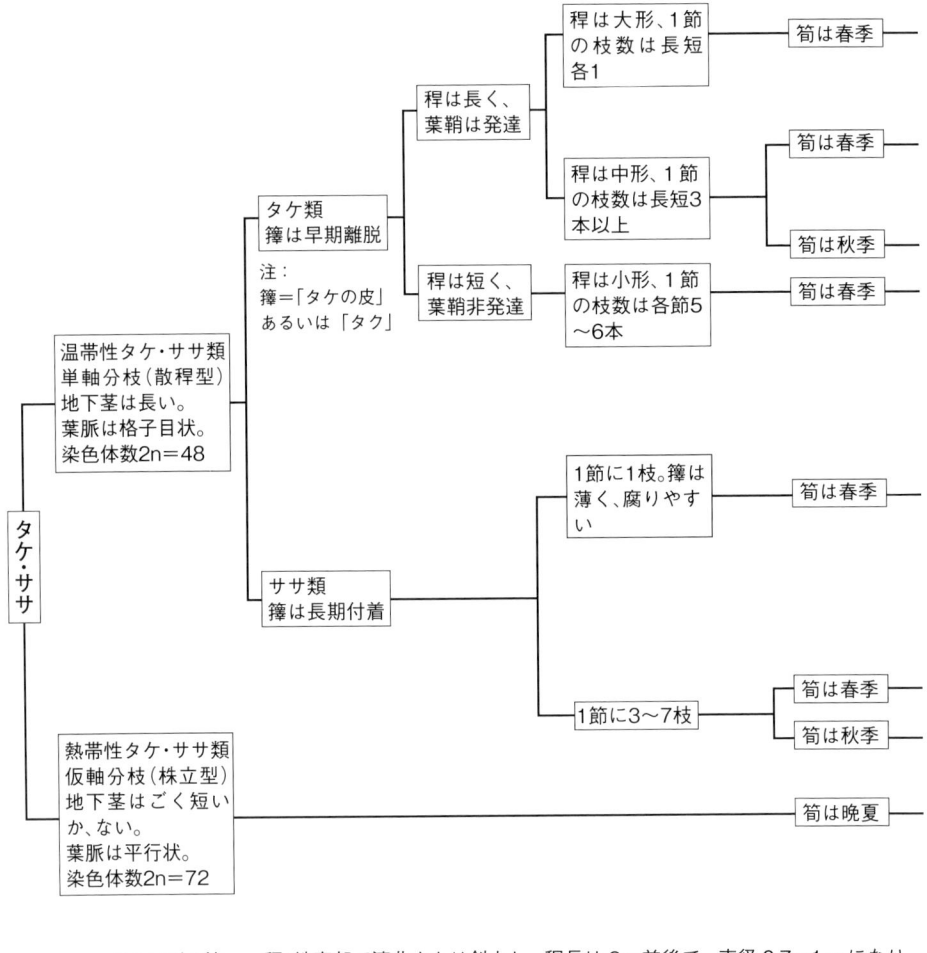

```
タケ・ササ
├─ 温帯性タケ・ササ類
│   単軸分枝(散稈型)
│   地下茎は長い。
│   葉脈は格子目状。
│   染色体数2n＝48
│   ├─ タケ類
│   │   籜は早期離脱
│   │   注：
│   │   籜＝「タケの皮」
│   │   あるいは「タク」
│   │   ├─ 稈は長く、葉鞘は発達
│   │   │   ├─ 稈は大形、1節の枝数は長短各1 ─ 筍は春季
│   │   │   └─ 稈は中形、1節の枝数は長短3本以上
│   │   │       ├─ 筍は春季
│   │   │       └─ 筍は秋季
│   │   └─ 稈は短く、葉鞘非発達
│   │       └─ 稈は小形、1節の枝数は各節5～6本 ─ 筍は春季
│   └─ ササ類
│       籜は長期付着
│       ├─ 1節に1枝。籜は薄く、腐りやすい ─ 筍は春季
│       └─ 1節に3～7枝
│           ├─ 筍は春季
│           └─ 筍は秋季
└─ 熱帯性タケ・ササ類
    仮軸分枝(株立型)
    地下茎はごく短いか、ない。
    葉脈は平行状。
    染色体数2n＝72
    └─ 筍は晩夏
```

*1 ササ属

- **チシマザサ節**　稈：地表部で湾曲または斜上し、稈長は 2m 前後で、直径 0.7～1 cmになり、上方部で枝分かれする。籜：節間長の 2/3。節：普通。
- **ナンブスズ節**　稈：稈長 1～2m。籜：節間長と同じかやや短い。節：隆起は少ない。葉：長楕円状披針形で厚い。
- **アマギザサ節**　稈：地表で斜上し、1～2m の稈長になる。籜：短く、節間の 1/2 以下。節：著しく膨出して球状。葉：長楕円状披針形で紙質。稈の上部で分枝。
- **チマキザサ節**　稈：長さ 1.5m 以上。下方部でまばらに分枝。節：隆起し、節間は長い。
- **ミヤコザサ節**　稈：長さ 1m 以下。稀に基部で分枝。節：膨出し球状。1年で枯死し、再生する。

第5部　タケ・ササ類のフィールド知識

簡易検索表

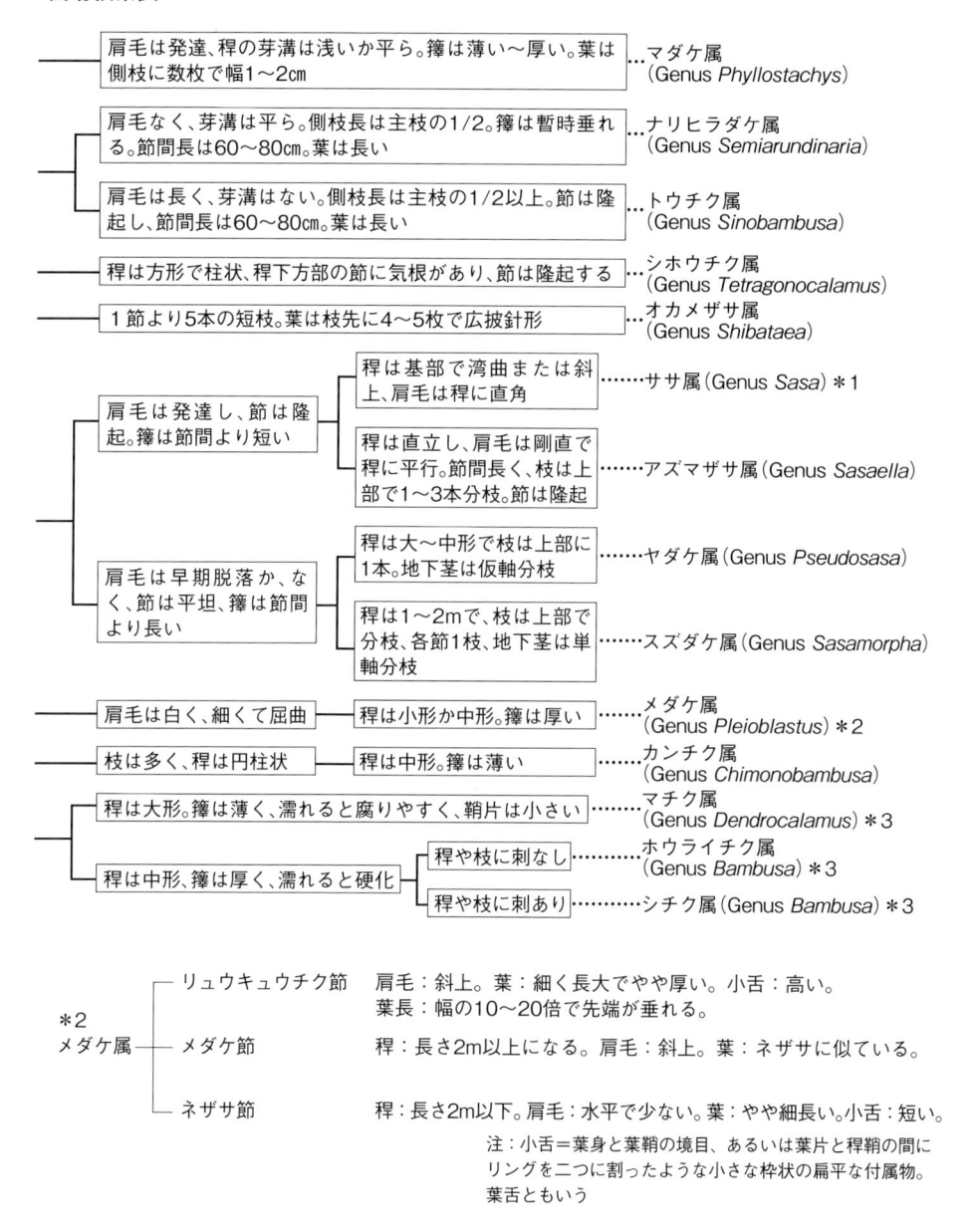

```
┌─ 肩毛は発達、稈の芽溝は浅いか平ら。籜は薄い～厚い。葉は
│  側枝に数枚で幅1～2cm                                    …マダケ属 (Genus Phyllostachys)
│
├─┬─ 肩毛なく、芽溝は平ら。側枝長は主枝の1/2。籜は暫時垂れ
│ │   る。節間長は60～80cm。葉は長い                       …ナリヒラダケ属 (Genus Semiarundinaria)
│ │
│ └─ 肩毛は長く、芽溝はない。側枝長は主枝の1/2以上。節は隆
│    起し、節間長は60～80cm。葉は長い                      …トウチク属 (Genus Sinobambusa)
│
├─ 稈は方形で柱状、稈下方部の節に気根があり、節は隆起する   …シホウチク属 (Genus Tetragonocalamus)
│
├─ 1節より5本の短枝。葉は枝先に4～5枚で広披針形            …オカメザサ属 (Genus Shibataea)
│
├─┬─ 肩毛は発達し、節は隆 ┬─ 稈は基部で湾曲または斜
│ │   起。籜は節間より短い │  上、肩毛は稈に直角            ……ササ属 (Genus Sasa) *1
│ │                       │
│ │                       └─ 稈は直立し、肩毛は剛直で
│ │                          稈に平行。節間長く、枝は上
│ │                          部で1～3本分枝。節は隆起       ……アズマザサ属 (Genus Sasaella)
│ │
│ └─ 肩毛は早期脱落か、な ┬─ 稈は大～中形で枝は上部に
│    く、節は平坦、籜は節間 │  1本。地下茎は仮軸分枝        ……ヤダケ属 (Genus Pseudosasa)
│    より長い             │
│                         └─ 稈は1～2mで、枝は上部で
│                            分枝、各節1枝、地下茎は単
│                            軸分枝                         ……スズダケ属 (Genus Sasamorpha)
│
├─ 肩毛は白く、細くて屈曲 ── 稈は小形か中形。籜は厚い       …メダケ属 (Genus Pleioblastus) *2
│
├─ 枝は多く、稈は円柱状 ── 稈は中形。籜は薄い              …カンチク属 (Genus Chimonobambusa)
│
└─┬─ 稈は大形。籜は薄く、濡れると腐りやすく、鞘片は小さい  …マチク属 (Genus Dendrocalamus) *3
  │
  └─ 稈は中形、籜は厚く、濡れると硬化 ┬─ 稈や枝に刺なし    …ホウライチク属 (Genus Bambusa) *3
                                       └─ 稈や枝に刺あり    …シチク属 (Genus Bambusa) *3
```

*2　　　┌─ リュウキュウチク節　　肩毛：斜上。葉：細く長大でやや厚い。小舌：高い。
メダケ属─┤　　　　　　　　　　　　葉長：幅の10～20倍で先端が垂れる。
　　　　├─ メダケ節　　　　　　　稈：長さ2m以上になる。肩毛：斜上。葉：ネザサに似ている。
　　　　│
　　　　└─ ネザサ節　　　　　　　稈：長さ2m以下。肩毛：水平で少ない。葉：やや細長い。小舌：短い。
　　　　　　　　　　　　　　　　　　注：小舌＝葉身と葉鞘の境目、あるいは葉片と稈鞘の間に
　　　　　　　　　　　　　　　　　　リングを二つに割ったような小さな枠状の扁平な付属物。
　　　　　　　　　　　　　　　　　　葉舌ともいう。

*3 国際的な分類からは、日本で通称しているマチク属はデンドロカラムス属であり、ホウライチク属やシチク属は
　　バンブーサ属である。

主な参考資料

牧野富太郎鑑定『我日本の竹類』(1913) 島津製作所標本部
竹内叔雄『竹の研究』(1932) 養賢堂
室井綽著『有用竹類図説』(1962) 六月社
上田弘一郎著『有用竹と筍』(1963) 博友社
上田弘一郎著『竹と人生』(1971) 明玄書房
室井綽著『タケ類』(1972) 加島書店
F.A.Mc Clure 著
　『Genera of Bamboos Native to the New World
　　(Gramineae：Bamboosoldeae)』(1973) Smithonian Institation Press
室井綽著『ものと人間の文化史10　竹』(1973) 法政大学出版局
鈴木貞雄著『日本タケ科植物総目録』(1978) 学習研究社
朝日新聞社編『竹の博物誌』(1985) 朝日新聞社
Hata Okamura, Yukio Tanaka 著
　『The Horticultural Bamboo Species in Japan』(1986) 自費出版
上田弘一郎・吉川勝好著『竹庭と竹・笹』(1989) ワールドグリーン出版
岡村はた編著『原色日本園芸竹笹総図説』(1991) はあと出版
S.Dransfield and E.A.Widjaja 編
　Plant Resources of South-East Asia No.7 Bamboos (1995)
内村悦三著『「竹」への招待』(1994) 研成社
濱田甫著『暮らしに生きる竹』(1996) 春苑堂書店
V.Cusack 著 Bamboo Rediscovered (1997) Earth Garden Books
岡村はた編著『日本竹笹図譜』(2002) 自費出版書
並川悦子著『［遊び尽くし］産地発 たけのこ料理』(2003) 創森社
清水建美著『図説植物用語事典』(2003) 八坂書房
内村悦三編『竹の魅力と活用』(2004) 創森社
杉浦銀治・鳥羽曙・谷田貝光克監修
　『竹炭・木竹酢液のつくり方生かし方』(2004) 創森社
吉河功著『竹垣デザイン実例集』(2005) 創森社
内村悦三著『タケ・ササ図鑑』(2005) 創森社
谷田貝光克監修・木質炭化学会編
　『炭・木竹酢液の用語事典』(2007) 創森社
易同培編著『中国竹类图志』(2008) 科学出版社
内村悦三著『育てて楽しむタケ・ササ』(2008) 創森社
内村悦三監修『現代に生かす竹資源』(2009) 創森社
内村悦三著『竹資源の植物誌』(2012) 創森社
高知新聞社編『MAKINO』(2014) 北隆館

タケ・ササ名さくいん(五十音順)
属名なども含む。なお、•印はよく使われる地方名、一般名(括弧内は種名)

ア

アオナリヒラ　64
アケボノサ　162
アケボノスジヤダケ　138
アケボノモウソウ　38、39
アケボノヤダケ　138
• アサコギダケ
　(クマナリヒラ)　66
アズマザサ　121
アズマザサ属　121
アズマネザサ　154
アポイザサ　116、117
アマギザサ節　97
アリマコスズ　92
アルンディナリア属　201
アルンディナリア　アルピナ　201
• アワダケ(ハチク)　48

イ

イッショウチザサ　93
イブキザサ　97
• イヨスダレ
　(ゴキダケ)　158
インヨウチク　60

ウ

ウエダザサ　166
ウサンチク　58
ウラゲタンナザサ　114
ウンゼンザサ　119
ウンモンチク　44

エ

エゾミヤコザサ　116、117
エゾナンブスズ　95

オ

オウゴンアズマネザサ　154
オウゴンカムロザサ　165
オウゴンチク　22
オウゴンベニホウオウ　177

オウゴンホテイ　57
オウゴンモウソウ　38、40
オウゴンヤシャダケ　69、70
オウソウチク　29
オオクマザサ　116
オオサカザサ　131
オオザサ　102
オオバザサ　110
オオバヤダケ　137
オカメザサ　80
オカメザサ属　80
オキシテナンセラ　アビシニカ　202
オキシテナンセラ属　202
オキナダケ　27
オクヤマザサ　88
オジハタコスズ　94
オタテア属　200
• オトコダケ(マダケ)　12
• オナゴダケ(メダケ)　149
オヌカザサ　118
オモエザサ　95
オレオバンボス属　202
オレオバンボス　ブフワルディ　202
オロシマチク　160

カ

カガミナンブスズ　94
カシダザサ　95
カシロダケ　18
カタシボチク　21
カツラギザサ　120
カムロザサ　165
• カラタケ
　(モウソウチク)　30
• カラタケ(マダケ)　12
• カワタケ(メダケ)　149
カンザンチク　146
カンチク　167
カンチク属　167
• カントウザサ
　(アズマザサ)　121

キ

キカンシロアケボノチシマ　86
ギガントクロア　アプス　194
ギガントクロア属　194
• キシマオカメザサ
　(シマオカメザサ)　82
キシマシイヤ　130
キシマメダケ　149、151
キシマヤネフキザサ　113
• キスジシイヤ
　(キシマシイヤ)　130
キスジネザサ　164
キッコウカンザン　146
キッコウチク　34
キリシマコスズ　96
キンキナンブスズ　91
キンシチク　179、189
キンジョウギョクチク　29
ギンタイアズマネザサ　157
キンタイオオバザサ　110
キンタイザサ　103
• キンチク
　(オウゴンチク)　22
キンメイアズマザサ　121
キンメイアズマネザサ　154、157
ギンメイカンチク　167
キンメイゴキダケ　159
キンメイシホウ　77、79
ギンメイシホウ　77、79
キンメイスホウ　174
ギンメイスホウ　174
キンメイチク　16
ギンメイチク　17
キンメイネマガリ　87
• キンメイハチク
　(キンメイホテイ)　58
• ギンメイハチク
　(ギンメイホテイ)　56
ギンメイホウライ　173
キンメイホテイ　58

ギンメイホテイ　54、56
キンメイモウソウ　36
ギンメイモウソウ　38
キンメイヤシャダケ　69、71
ギンメイヤシャダケ　69、71

ク

グアドゥア　アングスティ
　フォリア　198
グアドゥア属　197
クテガワザサ　106
・クビツリダケ
　（リクチュウダケ）　68
・クマイザサ
　（シナノザサ）　103
クマザサ　106
・クマザサ
　（クマスズ）　143
・クマザサ
　（ミヤマザサ）　105
・クマザサ
　（ヤネフキザサ）　112
クマスズ　143
クマナリヒラ　66
クリオザサ　131
・クレタケ（ハチク）　48
・クレタケ
　（ホテイチク）　53
クロチク　41

ケ

・ケイチク
　（タイワンマダケ）　28
ケオロシマ　160、161
ケザヤノゴキダケ　159
ケスズ　142
ケネザサ　166
・ゲンケイチク
　（クリオザサ）　131

コ

ゴキダケ　158
・ゴキダケ
　（カンザンチク）　146
・コクマザサ
　（ヒメシノ）　124

・コサンチク
　（ホテイチク）　53
・コチク（ヒメシノ）　124
・コチク（ネザサ）　156
ゴテンバザサ　91
ゴマダケ　52
コマチダケ　178
コンシマダケ　26

サ

サカサダケ　52
ササ属　84
サトチマキ　102

シ

シイヤザサ　128
・シカクダケ
　（シホウチク）　77
シチク　181
シナノザサ　103
・シノダケ（メダケ）　149
・シノメダケ
　（スズダケ）　139
シブヤザサ　166
シホウチク　77
シホウチク属　77
シボチク　20
シマオカメザサ　82
・シマダイミョウ
　（スズコナリヒラ）　75
シマダケ　46、47
シマホテイチク　54、55
シモフリネマガリ　87
・ジャクチク
　（オオバヤダケ）　137
シャコタンチク　89
・シュチク
　（チゴカンチク）　169
ショウコマチ　178
シラシマアズマザサ　122
シロアケボノネザサ　164
・シロスジスズ
　（フイリスズ）　143
・シロシマイヨスダレ
　（フイリイヨスダレ）　159
シロシマインヨウ　60

シロシマネザサ　164
シロシマシイヤ　129
シロシマケネザサ　163
シロシマメダケ　151
シロスジカンザン　146
シロスジシイヤ　129
・シロダケ
　（カシロダケ）　18
シロフオカメザサ　82
・シワダケ（シボチク）　20
・ジンメンチク
　（キッコウチク）　34

ス

スエコザサ　123
・スオウシカクダケ
　（タテジマシホウ）　79
・スズ（スズダケ）　139
スズコナリヒラ　75
スズダケ　139
スズダケ属　139
・スダレヨシ
　（ゴキダケ）　158
スホウチク　174
スワレノクロア　サブテッセ
　ラータ　200
スワレノクロア属　200

セ

セイヒチク　183
セファロスタキウム属　190
セファロスタキウム　ペルグ
　ラシール　190
・センダイザサ
　（オオクマザサ）　116
センダイムラサキシノ　126

ソ

・ソロバンダケ
　（オカメザサ）　80

タ

タイサンチク　179
ダイフクチク　182
・ダイミョウダケ
　（ヤシャダケ）　69

タケ・ササ名さくいん

- ダイミョウチク
  (カンザンチク) 146
- ダイミョウチク
  (トウチク) 72
- ダイミョウチク
  (ナリヒラダケ) 62
- タイミンチク 148
- タイワンマダケ 28
- タキザワザサ 92
- タテジマキョウチク 29
- タテジマシホウ 77、79
- タテジマモウソウ 38、39
- タンザワザサ
  (ミヤマクマザサ) 98
- タンナザサ 114
- タンバハンチク
  (ウンモンチク) 44、45

チ

- チゴカンチク 169
- チゴザサ 163
- チシマザサ 85
- チシマザサ節 84
- チトセスズ 139
- チトセナンブスズ 92
- チマキザサ 100
- チマキザサ節 100
- チャボオロシマ 161
- チャボマキバネマガリ 86
- チャボヤクシマ 136
- チュウゴクザサ 111
- チュスクエア属 199
- チュスクエア メイエリアナ 199
- チュスクエア ロンギフォリア 199
- チルソスタキス シアメンシス 195
- チルソスタキス属 195

ツ

- ツウシチク
  (タイミンチク) 148
- ツウシチク
  (ハガワリメダケ) 151
- ツクバナンブスズ 91

- ツボイザサ
  (イブキザサ) 97

テ

- デミョウダケ
  (カンザンチク) 146
- テンジンザサ
  (オカメザサ) 80
- デンドロカラムス アスパー 191
- デンドロカラムス ギガンチウス 192
- デンドロカラムス ストリクタス 193
- デンドロカラムス属 184、191
- デンドロカラムス ラティフロラス 192

ト

- トウゲダケ 124
- トウチク 72
- トウチク属 72
- トウチク
  (タイサンチク) 179
- トクガワザサ 99
- トサトラフダケ 51

ナ

- ナガバネマガリ 88
- ナリヒラダケ 62
- ナリヒラダケ属 61
- ナンブスズ 90
- ナンブスズ節 89

ニ

- ニタグロチク 46、47
- ニッコウザサ 120
- ニッコウナリヒラ 67

ネ

- ネザサ 156
- ネザサ節 154
- ネマガリダケ
  (チシマザサ) 85

ノ

- ノダケ(ヤダケ) 132

ハ

- ハガワリメダケ 149、151
- ハクチク
  (カシロダケ) 18
- ハクホケイチク 29
- ハコネシノ 127
- ハコネスズ
  (トクガワザサ) 99
- ハコネダケ 152
- ハコネダケ
  (アズマネザサ) 154
- ハコネナンブスズ 89
- ハコネメダケ
  (ハコネシノ) 127
- ハチク 48
- ハチジョウスズダケ 141
- ハッキョウチク 29
- バンブーサ属 172、186
- バンブーサ ツルダ 188
- バンブーサ バンボス 186
- バンブーサ ブルガリス 189
- バンブーサ ブルメアナ 187

ヒ

- ビゼンチク
  (ビゼンナリヒラ) 65
- ビゼンナリヒラ 65
- ヒメシノ 124
- ヒメシマダケ 154、158
- ヒメダケ
  (コマチダケ) 178
- ヒメタケノコ
  (シナノザサ) 103
- ヒメハチク 50
- ヒメヤシャダケ 69、70
- ヒュウガハンチク 44
- ビロードナリヒラ 67
- ビロードミヤコザサ 116、118
- ヒロハアズマザサ 122

267

フ

フイリアズマネザサ　154
フイリイヨスダレ　159
・フイリケネザサ
　（チゴザサ）　163
フイリスズ　142、143
フイリチマキザサ　102
フイリネザサ　164
・フイリハコネザサ
　（ヒメシマダケ）　158
フイリホウオウ　176
フイリホソバザサ　118
フシゲオオザサ　102
フシゲクマザサ　106
フシゲミナカミザサ　115
フシダカシノ　156
フジマエザサ　153
フタタビコスズ　96
・ブットチク
　（ダイフクチク）　182
ブツメンチク　34、35
・ブンゴザサ
　（オカメザサ）　80

ヘ

・ベニカンチク
　（チゴカンチク）　169
ベニホウオウ　177

ホ

ホウオウチク　176
ホウショウチク　175
・ホウチク
　（シホウチク）　77
・ホウビチク
　（ホウオウチク）　176
・ホウビチク
　（ホウライチク）　172

ホウライチク　172
ホソバトウチク　75
ホソバノナンブスズ　90
ホテイナリヒラ　62、63
ホテイチク　53

マ

マダケ　12
マダケ属　10
マチク　184

ミ

ミカワザサ　96
ミクラザサ　87
ミタケシノ　126
ミドリベニホウオウ　177
ミナカミザサ　115
ミヤコザサ　116
ミヤコザサ節　116
ミヤマクマザサ　98
ミヤマザサ　105

ム

ムツオレダケ　24

メ

メグロチク　46
メダケ　149
メダケ節　149
メダケ属　144
メジロチク　46、47
メロカンナ属　196
メロカンナ　バンブーソイデ
　ス　196
メンヤダケ　134

モ

モウソウチク　30

ヤ

・ヤクシノ
　（クリオザサ）　131
ヤクシマヤダケ　136
ヤシバタケ　152
ヤシャダケ　69
ヤダケ　132
ヤダケ属　132
ヤネフキザサ　112
ヤヒコザサ　104
ヤマキタダケ　153
ヤリクマザサ　115

ヨ

ヨコハマダケ　153
・ヨナイザサ
　（カガミナンブスズ）　94

ラ

・ラオダケ
　（シャコタンチク）　89
ラセツチク　147
・ラセンチク
　（ラセツチク）　147
・ラッキョウチク
　（ラッキョウヤダケ）　134
ラッキョウヤダケ　134

リ

リクチュウダケ　68
リュウキュウチク　144
リュウキュウチク節　144
リョクチク　180

レ

レイコシノ　126

タケ・ササ名さくいん＝外国（第4部、アルファベット順）

A
Arundinaria 属　201
A. alpina　201

B
Bambusa 属　186
B. arundinacea　186
B. bambos　186
B. blumeana　187
B. spinosa　187
B. tulda　188
B. vulgaris　189

C
Cephalostachyum 属　190
C. pergracile　190
Chusquea 属　199
C. longifolia　199
C. meyeriana　199

D
Dendrocalamus 属　191
D. asper　191
D. gigantius　192
D. latiflorus　192
D. strictus　193

G
Gigantochloa 属　194
G. apus　194
Guadua 属　197
G. angustifolia　198

M
Melocanna 属　196
M. bambusoides　196

O
Oreobambos 属　202
O. buchwaldii　202
Otatea 属　200
O. acumiata　200
O. aztecorum　200
O. fimbriatano　200
Oxytenanthera 属　202
O. abyssinica　202

S
Swallenochloa 属　200
S. subtessellata　200

T
Thyrsostachys 属　195
T. siamensis　195

キッコウチク（京都市洛西竹林公園、6月）

●

```
       デザイン ───── 寺田有恒　ビレッジ・ハウス
         撮影 ───── 三宅　岳
       撮影協力 ───── 蜂谷秀人　山本達雄　樫山信也　熊谷　正　永田忠利
    取材・写真協力 ───── 釧路市博物館　東北大学植物園　千葉県花植木センター
                    大多喜県民の森・竹笹園　神代植物公園　六義園
                    清澄庭園　日比谷公園　名主の滝公園　皇居東御苑
                    小石川後楽園　新宿御苑　牧野記念庭園　椿山荘
                    夢の島熱帯植物館　横浜市こども植物園　三溪園
                    フラワーセンター大船植物園　恩賜箱根公園　楽寿園
                    富士竹類植物園　松本みすずの会（小田詩世）　有楽苑
                    名古屋市東山動植物園　サカサダケ保存会　渡邊政俊
                    蓼科笹類植物園　輪島市交流制作部　京都府立植物園
                    京都市洛西竹林公園　京都市メディア支援センター
                    並河悦子　松花堂庭園　高山竹林園　生駒市広報広聴課
                    船岡竹林公園　好古園竹の庭　高知県立牧野植物園
                    山岸竹材店　水俣竹林園　かぐや姫の里ちくりん公園
                    村松幹夫　鹿児島県大島支庁＆屋久島事務所　濱田　甫
                    磯庭園　脇田工芸社　旧岩崎邸庭園　柏木治次　JR九州
                    神之門　晃（日吉緑竹会）　日の丸竹工　ほか
         校正 ───── 吉田　仁
```

著者プロフィール

●**内村悦三**（うちむら えつぞう）

　現在、竹資源活用フォーラム会長、富山県中央植物園顧問、日本竹協会副会長、竹文化振興協会常任理事、地球環境100人委員会委員などを務める。

　京都市生まれ。京都大学農学部林学科（造林学専攻）卒業。農学博士。京都大学農学部、熊本県林業研究指導所、農林省林業試験場（現在の独立行政法人森林総合研究所）、国立フィリピン林産研究所客員研究員、在コスタリカ・国際研究機関・熱帯農業研究教育センター（CATIE）研究教授、大阪市立大学理学部教授および附属植物園園長、日本林業技術協会技術指導役、日本林業同友会専務理事、富山県中央植物園園長などを歴任。

　竹に関する主な著書に『竹への招待』（研成社）、『竹の魅力と活用』（編・分担執筆、創森社）、『森林・林業百科事典』（分担執筆、丸善）、『現代に生かす竹資源』（監修・分担執筆、創森社）、『タケの絵本』（編・分担執筆、農文協）、『タケ・ササ図鑑～種類・特徴・用途～』『育てて楽しむタケ・ササ～手入れのコツ～』『竹資源の植物誌』（ともに創森社）など

タケ・ササ総図典（そうずてん）

	2014年11月14日　第1刷発行
	2022年6月6日　第2刷発行

著　者──内村悦三（うちむらえつぞう）
発 行 者──相場博也
発 行 所──株式会社　創森社
　　　　　〒162-0805 東京都新宿区矢来町96-4
　　　　　TEL 03-5228-2270　FAX 03-5228-2410
　　　　　http://www.soshinsha-pub.com
　　　　　振替00160-7-770406
組　　版──有限会社　天龍社
印刷製本──中央精版印刷株式会社

落丁・乱丁本はおとりかえします。定価は表紙カバーに表示してあります。
本書の一部あるいは全部を無断で複写、複製することは、法律で定められた場合を除き、著作権および出版社の権利の侵害となります。

©Etsuzo Uchimura 2014　Printed in Japan　ISBN978-4-88340-294-6　C0645

〝食・農・環境・社会一般〟の本

創森社　〒162-0805 東京都新宿区矢来町96-4
TEL 03-5228-2270　FAX 03-5228-2410
http://www.soshinsha-pub.com
＊表示の本体価格に消費税が加わります

農福一体のソーシャルファーム
新井利昌 著　A5判160頁1800円

西川綾子の花ぐらし
西川綾子 著　四六判236頁1400円

解読 花壇綱目
青木宏一郎 著　A5判132頁2200円

ブルーベリー栽培事典
玉田孝人 著　A5判384頁2800円

育てて楽しむ スモモ 栽培・利用加工
新谷勝広 著　A5判100頁1400円

育てて楽しむ キウイフルーツ
村上覚 ほか著　A5判132頁1500円

ブドウ品種総図鑑
植原宣紘 編著　A5判216頁2800円

育てて楽しむ レモン 栽培・利用加工
大坪孝之 監修　A5判106頁1400円

未来を耕す農的社会
蔦谷栄一 著　A5判280頁1800円

農の生け花とともに
小宮満子 著　A5判84頁1400円

育てて楽しむ サクランボ 栽培・利用加工
富田晃 著　A5判100頁1400円

炭やき教本〜簡単窯から本格窯まで〜
恩方一村逸品研究所 編　A5判176頁2000円

九十歳 野菜技術士の軌跡と残照
板木利隆 著　四六判292頁1800円

エコロジー炭暮らし術
炭文化研究所 編　A5判144頁1600円

図解 巣箱のつくり方かけ方
飯田知彦 著　A5判112頁1400円

とっておき手づくり果実酒
大和富美子 著　A5判132頁1300円

分かち合う農業CSA
波夛野豪・唐崎卓也 編著　A5判280頁2200円

虫への祈り──虫塚・社寺巡礼
柏田雄三 著　四六判308頁2000円

新しい小農〜その歩み・営み・強み〜
小農学会 編著　A5判188頁2000円

とっておき手づくりジャム
池宮理久 著　A5判116頁1300円

無塩の養生食
境野米子 著　A5判120頁1300円

図解 よくわかるナシ栽培
川瀬信三 著　A5判184頁2000円

鉢で育てるブルーベリー
玉田孝人 著　A5判114頁1300円

日本ワインの夜明け〜葡萄酒造りを拓く〜
仲田道弘 著　A5判232頁2200円

自然農を生きる
沖津一陽 著　A5判248頁2000円

シャインマスカットの栽培技術
山田昌彦 編　A5判226頁2500円

農の同時代史
岸康彦 著　四六判256頁2000円

ブドウ樹の生理と剪定方法
シカバック 著　B5判112頁2600円

食料・農業の深層と針路
鈴木宣弘 著　A5判184頁1800円

医・食・農は微生物が支える
幕内秀夫・姫野祐子 著　A5判164頁1600円

農の明日へ
山下惣一 著　四六判266頁1600円

ブドウの鉢植え栽培
大森直樹 編　A5判100頁1400円

食と農のつれづれ草
岸康彦 著　四六判284頁1800円

半農半X〜これまでこれから〜
塩見直紀 ほか編　A5判288頁2200円

醸造用ブドウ栽培の手引き
日本ブドウ・ワイン学会 監修　A5判206頁2400円